AF610530

TRAITÉ PRATIQUE

DE

L'ÉLEVAGE DU PORC

ET DE

CHARCUTERIE

CONTENANT UN RÈGLEMENT DE POLICE SANITAIRE CONCERNANT LA CHARCUTERIE

Par Aug. VALESSERT

ANCIEN CHARCUTIER

SUIVI D'UNE ÉTUDE

SUR

LES TRUFFES ET LES TRUFFIÈRES

Par Alb. LARBALÉTRIER

Professeur d'agriculture

PARIS

GARNIER FRÈRES, LIBRAIRES-ÉDITEURS

6, RUE DES SAINTS-PÈRES 6,

TRAITÉ PRATIQUE

DE

L'ÉLEVAGE DU PORC

ET DE

CHARCUTERIE

CONTENANT UN RÈGLEMENT DE POLICE SANITAIRE CONCERNANT LA CHARCUTERIE

Par Aug. VALESSERT

ANCIEN CHARCUTIER

SUIVI D'UNE ÉTUDE

SUR

LES TRUFFES ET LES TRUFFIÈRES

Par Alb. LARBALÉTRIER

Professeur d'agriculture

PARIS

GARNIER FRÈRES, LIBRAIRES ÉDITEURS

6, RUE DES SAINTS-PÈRES 6.

TRAITÉ PRATIQUE

DE

L'ÉLEVAGE DU PORC

ET DE

CHARCUTERIE

TRAITÉ PRATIQUE

DE

L'ÉLEVAGE DU PORC

ET DE

CHARCUTERIE

CONTENANT UN RÈGLEMENT DE POLICE SANITAIRE CONCERNANT LA CHARCUTERIE

Par Aug. VALESSERT

ANCIEN CHARCUTIER

SUIVI D'UNE ÉTUDE

SUR

LES TRUFFES ET LES TRUFFIÈRES

Par Alb. LARBALÉTRIER

Professeur d'agriculture

PARIS

GARNIER FRÈRES, LIBRAIRES-ÉDITEURS

6, RUE DES SAINTS-PÈRES, 6

1891

(G.)

TRAITÉ PRATIQUE

DE

L'ÉLEVAGE DU PORC

ET DE

CHARCUTERIE

PREMIÈRE PARTIE

CHAPITRE PREMIER

HISTOIRE NATURELLE DU PORC

Caractères généraux. — Le porc domestique (*Sus domesticus*) appartient à l'ordre zoologique des *Pachydermes* dont il constitue, avec le sanglier et quelques autres espèces, le groupe des *Suidés*. Chez ces animaux, le squelette est plus ou moins fortement charpenté. On y compte treize à quatorze vertèbres dorsales, six à sept lombaires, quatre à six vertèbres sacrées et de neuf à dix-neuf caudales. Les côtes sont étroites et arrondies.

Chez tous les suidés, fait remarquer le naturaliste Brehm, il existe les trois espèces de dents à chaque mâchoire. Les incisives sont au nombre de deux à trois paires; elles tombent presque toutes quand l'animal vieillit. Les canines sont souvent très développées, et prennent le nom de boutoirs; elles sont triangulaires, fortes, recourbées en haut; les inférieures, bien plus fortes que les supérieures, sont l'arme la plus terrible de ces animaux. Les molaires sont comprimées, multituberculeuses et de nombre variable.

Mœurs et genre de vie. — « Ils se tiennent dans les grandes forêts humides et marécageuses de la plaine et de la montagne, dans les fourrés, les buissons, les prairies à hautes herbes. Tous recherchent le voisinage de l'eau; ils se gîtent dans les marais, au bord des rivières et des lacs; se vautrent dans la vase, et se reposent soit dans la fange, soit dans l'eau. Une espèce se réfugie dans des trous, sous les racines des arbres.

Les suidés sont pour la plupart des animaux sociables; mais rarement ils se réunissent en troupes bien nombreuses. Une espèce même vit par paires.

Leurs habitudes sont généralement nocturnes; même là où ils n'ont à craindre aucun danger, ils ne vaguent que la nuit. Ils ne sont point, il s'en faut, aussi lourds et aussi maladroits qu'ils le paraissent. Leurs mouvements sont relativement faciles; leur marche est assez aisée, leur course rapide. Tous nagent très bien, mais pas longtemps; une espèce, cependant, va d'une île à l'autre, à travers les bras de mer. Leur galop est une suite de bonds réguliers.

De tous leurs sens, l'ouïe et l'odorat sont les mieux développés. Leurs yeux petits et stupides ne paraissent pas avoir une grande portée visuelle; leur goût et leur toucher semblent assez obtus. Tous sont prudents, plusieurs même craintifs. Ils fuient devant le danger; mais, quand ils sont poursuivis, ils tiennent tête courageusement; ils attaquent même parfois leur adversaire, cherchent à le renverser, à le blesser à coups de boutoir, et se servent de cette arme terrible avec autant d'adresse que de force. Les mâles défendent leur femelle et leurs petits, et se sacrifient pour eux. Leur intelligence est bornée; ils ne sont pas susceptibles d'éducation; leurs facultés, d'ailleurs, n'en font nullement des animaux agréables. La voix des suidés est un grognement particulier; on ne peut pas dire qu'il soit harmonique, mais il est néanmoins l'expression d'un grand contentement.

Les suidés sont omnivores, dans toute l'acception du mot. Tout ce qui est mangeable leur est bon. Un petit nombre se nourrissent exclusivement de végétaux, de racines, d'herbes, de fruits, de bulbes, de champignons; les autres dévorent, en outre, des insectes, des chenilles, des mollusques, des vers, des lézards, des souris, des poissons même, et surtout des charognes. Aucun ne peut se passer d'eau. Leur voracité est si connue, qu'il est inutile d'en parler; c'est en elle que se résument toutes leurs propriétés, leur malpropreté exceptée, qui a valu aux races domestiques le mépris de l'homme. Les suidés comptent parmi les mammifères les plus féconds; le nombre de leurs petits varie de un à vingt-quatre. Dans peu d'espèces, les femelles n'ont que quelques petits à chaque portée. Ceux-ci sont des créatures charmantes, gaies, agiles et bien propres à plaire[1] si, à peine nés, ils n'étaient déjà aussi malpropres que leurs parents[2]. »

Détermination de l'âge. — La détermination de l'âge chez le porc présente beaucoup moins d'intérêt que chez les autres animaux; cependant on a quelquefois besoin d'être fixé sur ce point, et alors on a recours à la dentition.

Chez le porc, la mâchoire au complet porte :

12 incisives.	6 supérieures.
	6 inférieures.
4 canines	2 supérieures.
	2 inférieures.
14 fausses molaires. . . .	6 supérieures.
	8 inférieures.
14 vraies molaires	8 supérieures.
	6 inférieures.

Les six incisives de la mâchoire inférieure sont cou-

1. Brehm raconte à ce sujet que lorsque Louis XI était malade, ses courtisans s'évertuaient par tous les moyens possibles à distraire sa mélancolie. La plupart de leurs tentatives n'eurent aucun succès : mais un quidam trouva enfin le moyen d'amuser le roi. Il lui vint à l'idée de faire danser au son de la musette des petits cochons qu'il habilla des pieds à la tête, auxquels il mit de riches vêtements, des chapeaux, des épées, des écharpes, tout l'attirail enfin d'un homme de qualité. Admirablement dressés, ces petits cochons sautaient et dansaient au commandement, faisaient la révérence; une seule chose leur était impossible, c'était de se tenir debout. A peine se soulevaient-ils sur deux pattes de derrière, qu'ils retombaient en grognant, et toute la bande faisait entendre des cris et des grognements si comiques que le roi ne put s'empêcher de rire.

2. A.-E. Brehm, *l'Homme et les animaux. — Les Mammifères*, t. II.

chées en avant. Les fausses molaires sont tranchantes; les vraies molaires ont une couronne tuberculeuse.

Les canines sortent quelque peu de la bouche chez les mâles, elles constituent les *défenses* ou *crochets*.

En ce qui concerne la détermination de l'âge, voici ce que dit M. A. Sanson :

« Le jeune cochonnet apporte toujours en naissant huit dents de lait et quelques jours après sa naissance, il en a vingt : les crochets, les coins et les six molaires caduques des deux mâchoires. Au vingtième jour, apparition des deux pinces à la mâchoire inférieure.

Au quarante-cinquième jour, apparition des pinces à la mâchoire supérieure, et des mitoyennes à l'inférieure.

A trois mois, apparition des mitoyennes à la mâchoire supérieure. La première dentition est complète.

A six mois, les coins sont remplacés, et les quatrièmes molaires ont fait leur évolution.

A un an, remplacement des crochets et évolution des cinquièmes molaires, dites surdents.

A un an et demi, évolution des sixièmes molaires.

A deux ans, remplacement des molaires caduques.

A deux ans et demi, remplacement des pinces à la mâchoire inférieure.

A trois ans, évolution des septièmes et dernières molaires. La dentition permanente est complète. Toutes les épiphyses sont soudées. L'état adulte est arrivé.

Le cochon n'est gardé qu'exceptionnellement en vie passé cet âge. La précocité en devance la manifestation d'une année au moins. »

Dénominations du porc. — Le mâle porte le nom de *verrat*; la femelle est appelée *truie;* les petits constituent les *gorets*, *cochonnets*, *cochonneaux* ou *porcelets*, suivant les localités.

Les individus, privés des organes de la reproduction par la castration, sont dénommés : les mâles, *cochons* ou *pourceaux ;* les femelles, *porcelles* ou *coches*.

Le terme *cochon de lait* est synonyme de goret.

Considérations historiques. — Dans son ouvrage sur le Porc, M. Heuzé donne quelques détails historiques sur cet animal, qui, en raison de l'intérêt qu'ils présentent, ne seront pas déplacés ici :

« Le porc est connu depuis les temps les plus reculés, mais il n'a pas toujours été regardé comme un animal domestique. Le *Lévitique*, ch. XI, 7, le range parmi les animaux impurs, et Moïse, dans le *Deutéronome*, défend aux Israélites d'en manger parce qu'il ne rumine pas. C'est pourquoi, dans les premiers âges, les Juifs regardaient le sacrifice d'un porc comme une injure envers le Seigneur et le comparaient aux plus grands crimes ; c'est pourquoi aussi les prophètes menaçaient de mort quiconque faisait usage de sa chair.

Selon Tacite, les Juifs s'abstinrent de manger de la viande de porc à la suite d'une lèpre qui ravagea la Palestine et l'Égypte, et qui fut attribuée à la chair de cet animal. Les Égyptiens ont toujours regardé la viande de porc comme saine.

Mais alors que l'Asie frappait le porc d'une réprobation qu'on respecte encore de nos jours dans tout l'Orient, les anciens peuples de la Grèce et de l'Italie l'offraient en sacrifice à Cérès, à Cybèle et à Mars[1], et se nourrissaient de sa chair.

1. Le porc était regardé comme un animal pur le cinquième jour qui suivait sa naissance.

Les porcs étaient nombreux en Grèce, et Homère, dans l'*Odyssée*, fait engraisser avec du gland les animaux que surveillait Eumée et qui fournissaient des produits qu'on utilisait dans le *repas d'honneur*. Ulysse possédait douze cours contiguës qui contenaient chacune cinquante truies fécondes. La Gaule élevait beaucoup de porcs, et sa charcuterie avait une très grande renommée. Strabon rapporte qu'elle expédiait de nombreuses salaisons à Rome et dans toute l'Italie. D'après Polybe, il y avait dans les environs de Rome des fosses assez grandes pour contenir jusqu'à 4,000 pièces de lard, et les Gaulois entretenaient des troupeaux considérables de porcs sur les bords du Pô. Enfin, suivant Athénée, la Gaule avait alors la réputation de fabriquer les meilleurs jambons.

La viande de porc consommée par les Romains fut si considérable, qu'on jugea nécessaire d'interdire la consommation des diverses parties alimentaires fournies par cet animal. Ainsi, de nombreuses ordonnances des censeurs défendirent l'usage de la hure, des mamelles, etc...

Les festins d'Antoine et de Cléopâtre sont célèbres dans Plutarque par le grand nombre de porcs qu'on y consommait.

La Gaule regardait cet animal comme très utile. La loi salique renferme dix-neuf articles contre le vol des cochons vivant dans les forêts.

Les Germains, après avoir pénétré dans les Gaules, élevèrent aussi beaucoup de porcs. Ces animaux vivaient en troupes dans les parties boisées..... Si Mahomet, à l'imitation du peuple d'Israël, a interdit la viande de porc à ses disciples, les Chinois en consomment de temps immémorial.

La vente des viandes fraîches et salées, des saucisses, etc., a donné lieu au commerce de la charcuterie, nom qui dérive de *charcuitiers*, dénomination qui, au moyen âge, servait à désigner les marchands qui débitaient de la chair de porc cuite, de la chair rôtie, des saucisses cuites, etc.[1].

Ce commerce devint si lucratif au XVe siècle, que beaucoup d'individus embrassèrent cette profession. Le Parlement jugea utile alors de limiter le nombre de ceux qui pouvaient l'exercer, et, par l'arrêt qu'il rendit le 2 avril 1419, il interdit la vente de la viande de porc aux chandeliers, aux corroyeurs, etc.

On possédait autrefois beaucoup de porcs dans l'intérieur de Paris. Saint Louis, en 1261, et François Ier, en 1539, firent défense d'en avoir, mais les religieux de Saint-Antoine prétendirent n'être point assujettis à ces ordonnances spéciales. En 1663, le Parlement, constatant que le grand nombre d'animaux qui divaguaient dans les rues de Paris nuisaient à la salubrité, fit défense « à toutes personnes d'avoir, en leurs maisons, aucuns porcs, à peine de 30 livres d'amende et de confiscation ». Cette interdiction a été renouvelée le 17 brumaire an V, et elle est encore en vigueur[2].

Intelligence du porc. — Nous avons vu précédemment que le porc, d'après Brehm, était dépourvu de toute intelligence, ce qui est d'ailleurs parfaitement exact; il n'en est pas moins vrai que l'on voit, depuis quelques années dans les foires et dans bon nombre de cirques, quelques *porcs savants*, ou plutôt dressés, qui font la joie du public. Or, on n'arrive à ce résultat

1. Les Romains appelaient les charcutiers *porcinarii*.
2. G. Heuzé, *le porc*.

qu'avec des coups et des corrections sévères et les animaux obéissent alors sous l'empire de la crainte; on peut encore mettre à profit la grande voracité et la gourmandise de cet animal pour lui faire exécuter différents tours.

Sous ce rapport, nous trouvons dans le livre de M. Romanes, sur l'*Intelligence des animaux*, l'observation suivante qui est due à M. Stephen Harding :

« Le 15 du mois de novembre 1879, je vis, dit-il, une truie âgée de douze mois environ, courir dans un verger à un jeune pommier et le secouer tout en dressant les oreilles comme pour écouter s'il tombait des pommes, puis ramasser le fruit et le manger. Quand elle eut tout abattu, elle secoua encore l'arbre en écoutant comme avant; mais comme il n'y avait plus rien elle s'en alla. »

La réputation d'indifférence, en matière de propreté, que l'on a faite aux cochons, n'est guère fondée; tout au plus peut-on dire que ces animaux préfèrent la fraîcheur de la boue à une chaleur sèche; quant à l'aspect malpropre de leurs étables, la faute en est plutôt aux fermiers qu'aux cochons. Comme le dit Thompson : « Que pendant la saison chaude d'un climat tempéré comme le nôtre, ou la plupart des saisons d'un climat comme celui de la Palestine, une truie s'en retourne après avoir été lavée se vautrer dans la boue, c'est tout simplement parce qu'elle se sent incommodée, brûlée, rôtie, par les rayons ardents du soleil; que l'homme la traite avec les égards dus à un animal domestique, qu'il lui fournisse de l'ombre en été, un abri en hiver, une litière propre et sèche en toute saison, et elle se passera de fumier d'un bout de l'année à l'autre. »

CHAPITRE II

LE SANGLIER

Le genre porc. — Indépendamment du porc commun ou cochon domestique, dont il est question dans le chapitre qui précède et dans ceux qui suivent, le genre porc comprend d'autres espèces au sujet desquelles nous devons dire un mot.

Ce sont : le pécari, le phacochère, et surtout le sanglier.

Le pécari. — Le pécari (*Dicotyles torquatus*) habite les forêts de l'Amérique du Sud ; il est de petite taille et caractérisé par la présence de trois doigts seulement aux pieds de derrière ; la queue est tellement courte que le pécari semble ne pas en avoir ; il n'a que trente-huit dents.

Les formes du pécari sont assez élégantes ; la tête est haute, mais un peu forte, le museau obtus ; la couleur générale est un brun noirâtre passant au brun jaunâtre sur les flancs, avec quelques taches blanches ; la poitrine est blanche ; de cette région, part une bande jaune qui monte jusqu'aux épaules ; le ventre est brun. Enfin, particularité curieuse, sur le dos est une glande particulière qui fournit un liquide à odeur pénétrante.

Les pécaris vivent en troupes nombreuses dans les forêts ; ils cherchent leur nourriture le jour et la nuit ; celle-ci se compose de fruits, de racines et de tubercules, de lézards, de vers, d'insectes, etc. Quelquefois ils ravagent les plantations. On fait souvent la chasse à ces animaux, d'abord à cause des dégâts qu'ils occasionnent et ensuite à cause de sa chair, qui toutefois n'a rien de particulièrement délicat, d'autant plus que lorsque le pécari a été longtemps poursuivi, sa viande prend l'odeur de la glande dorsale, si l'on n'a soin d'enlever celle-ci aussitôt que l'animal est tué.

D'après Humbold, le pécari s'apprivoise parfaitement, comme le porc et le chevreuil, et ses mœurs douces rappellent l'analogie anatomique qui existe entre sa structure et celle des ruminants.

Il est peu de jardins zoologiques en Europe, bien peu de ménageries qui ne possèdent de ces petits animaux ; ils supportent bien notre climat et s'y reproduisent assez facilement. On leur donne la même nourriture qu'aux cochons domestiques et ils ne sont nullement sauvages.

Le phacochère. — Le phacochère d'Afrique (*Phacocherus incisivus*), souvent appelé cochon d'Afrique, est certes un des êtres les plus laids et les plus hideux de la création. C'est surtout la tête qui est effroyablement hideuse, la face est couverte de bourrelets cutanés, de verrues ; le groin est très large, presque carré, les yeux petits et les oreilles très courtes. La longueur du corps est d'environ 2 mètres, avec une hauteur de $1^{m},15$ au garrot ; les incisives forment deux grandes défenses recourbées très dangereuses.

Le phacophère habite le Cap, l'Afrique centrale et

le sud de l'Abyssinie; il vit dans les forêts; c'est un animal méchant qu'on ne chasse même pas, car sa chair n'est pas bonne et en Abyssinie notamment, chrétiens et mahométans regardent le phacochère comme un animal impur.

Sanglier. — Le sanglier ordinaire (*Sus scrofa*), lisons-nous dans Brehm, auquel nous empruntons en grande partie les lignes qui suivent, est un vigoureux animal, de près de 2 mètres de long, sans compter la queue qui mesure plus de 30 centimètres; il a 1 mètre de hauteur au garrot; son poids, selon qu'il habite tel ou tel canton, et selon sa nourriture, varie entre 100 et 250 kilogrammes. Les sangliers des marais sont plus grands que ceux des forêts sèches; ceux des îles de la Méditerranée ne sont pas à comparer à ceux du continent.

Le sanglier ressemble beaucoup au cochon domestique; il a le corps plus court, plus ramassé; les jambes plus fortes, la tête plus allongée et plus aiguë, les oreilles plus droites, plus longues, plus pointues; les boutoirs plus développés. Sa couleur varie : elle est en général noire; les sangliers gris, roux, blancs ou tachetés sont rares. Les jeunes sont gris roux avec des raies jaunâtres, dirigées d'arrière en avant, et qui disparaissent dans le cours du premier mois. Le corps est recouvert de soies longues, noires, souvent divisées à leur pointe; entre elles se trouve un duvet plus ou moins abondant, suivant les saisons. Sous le cou et au bas-ventre, les soies sont dirigées en avant; elles se dirigent en arrière sur tout le reste du corps, et forment sur le dos une sorte de crinière. Les oreilles sont d'un brun noir; la queue, le groin, la partie inférieure des jambes et des sabots sont également noirs, la couleur des soies de la partie antérieure de la face varie ordinairement. On regarde en général les sangliers roux, tachetés, ou mi-partie noirs, mi-partie blancs, comme des descendants de cochons domestiques qu'on a lâchés autrefois, pour augmenter le nombre de ce gibier.

Le sanglier est le seul pachyderme d'Europe. A la grande joie des cultivateurs, au grand chagrin des chasseurs, il est menacé d'une disparition prochaine....

Le sanglier recherche les endroits humides et marécageux, les forêts comme les lieux couverts de hauts et épais roseaux. En Europe, il préfère les grands bois; en Asie et en Afrique, il se gîte au milieu des marais ou des grandes forêts. Dans plusieurs localités d'Égypte, les sangliers habitent toute l'année, sans jamais les quitter, les plantations de cannes à sucre. Ils mangent les cannes, se vautrent dans l'eau, et s'y trouvent si bien qu'on ne peut les en faire déguerpir.

Dans les forêts, ils se choisissent d'ordinaire des fourrés à sol humide. Dans l'Inde, ils habitent des fourrés épais et buissonneux, qu'on ne peut leur faire abandonner.

... En été, les sangliers, à l'exception des vieux mâles qui ont des habitudes solitaires, changent de demeure et deviennent ainsi nuisibles. Les sangliers sont généralement sociables. Jusqu'à l'époque du rut, les laies vivent avec les jeunes mâles. Le jour, toute la bande est nonchalamment étendue dans son bouge; le soir, elle cherche sa nourriture. Les sangliers restent d'abord sous bois et dans les clairières; ils fouillent le sol ou courent à un étang dans lequel ils se vautrent. Ce bain paraît leur être nécessaire; ils font souvent plusieurs lieues pour le prendre. Ce n'est que quand tout est tranquille qu'ils entrent dans les champs, et, une fois installés, ils ne les quittent pas facilement. Quand les blés commencent à mûrir, il est fort difficile de les en éloigner; ils mangent encore moins qu'ils ne détruisent sous leurs pas. Ils saccagent souvent de grandes étendues de terrain.

Dans les forêts et dans les prairies, ils cherchent des truffes, des vers, des larves d'insectes; en automne et en hiver, des glands, des faînes, des noisettes, des chataignes, des pommes de terre, des raves. Ils mangent de tout : des animaux morts et même les cadavres de leurs semblables; mais jamais ils n'attaquent ni mammifères, ni oiseaux vivants pour les dévorer.

... Tous les sangliers sont prudents et vigilants sans qu'on puisse les traiter de craintifs; car ils peuvent se fier à leur force et à leurs armes formidables. Ils entendent et flairent très bien, mais voient mal, comme on a souvent occasion de le constater à la chasse. Aucun autre gibier ne vient comme lui sur le chasseur, quand celui-ci se tient tranquille et sous le vent, et aucun autre animal ne se laisse approcher d'aussi près. On ne peut pas dire que le sanglier ait un goût dépravé, car lorsqu'il a de la nourriture en abondance il sait toujours choisir les meilleurs morceaux.

Son intelligence est moins bornée qu'on ne l'admet généralement....

La voix du sanglier ressemble tout à fait à celle du cochon domestique. Quand il marche tranquillement, il fait entendre un grognement qui marque sa satisfaction [1].

1. A.-E. Brehm, *loc. cit.*

Usages et produits du sanglier. — Le sanglier est loin d'offrir autant de ressources que le porc ; il n'a pas de lard ; sa graisse est placée entre les fibres de sa chair. Par contre, celle-ci est appréciée à juste titre ; elle a la succulence de la viande de jambon et le goût du gibier. Les *marcassins*, c'est-à-dire les sangliers âgés de moins de six mois, sont particulièrement goûtés, toutes les parties en sont comestibles. La hure de sanglier est un mets très délicat.

C'est donc un animal qu'il faut détruire, car sa chair est saine et succulente, et il occupe parmi les bêtes nuisibles un des premiers rangs, dans tous les pays qu'il habite.

CHAPITRE III

IMPORTANCE DE LA PRODUCTION PORCINE

Population porcine de la France. — Quoique les porcs ne soient pas aussi nombreux en France que les bêtes bovines et ovines, ils n'en constituent pas moins une catégorie très importante de notre bétail ; en effet, d'après les dernières statistiques il existerait dans notre pays :

3.500.000 chevaux.
9.900.000 bêtes bovines (veaux non compris).
21.600.000 bêtes ovines.
5.800.000 bêtes porcines.
1.500.000 bêtes caprines (chèvre).

Cette statistique qui date de 1883 porte donc à 5.800.000 la population porcine de notre pays, mais ces animaux allant toujours en augmentant ainsi qu'il résulte des données qui suivent, on peut dire qu'à l'heure actuelle (1890), il y en a en France 6,000,000 au moins.

Voici d'ailleurs la progression :

1789	4.000.000	têtes
1812	4.655.700	—
1829	4.968.597	—
1840	4.910.721	—
1852	5.246.403	—
1866	5.889.624	—

1872	5.377.231	têtes
1883	5.800.000	—
1890	6.000.000	— (environ)

Les départements où il y a le plus de porcs sont : le Lot-et-Garonne, la Dordogne, la Saône-et-Loire, les Côtes-du-Nord, la Somme, etc.

Sous le rapport de la population porcine, la France est loin d'être en retard sur les autres puissances européennes comme le montrent ces chiffres.

Russie	10.000.000	de porcs.
Allemagne	6.000.000	—
Autriche-Hongrie	7.000.000	—
Angleterre	3.500.000	—
Italie	1.500.000	—

D'après M. de Foville, pour l'ensemble du pays, la proportion moyenne ressort à 12 animaux par 100 hectares et près de 17 par 100 habitants.

Or, la statistique internationale de 1876 donnait, pour les principaux pays, les proportions suivantes :

PAYS	PORCS	
	PAR 100 HECTARES	PAR 100 HABITANTS
Belgique	21	12
Hongrie	14	29
Irlande	12	19
Prusse	12	17
Grande-Bretagne	11	9
France	11	16
Espagne	9	26
Portugal	8	19
Autriche	8	12
Suisse	7	11
Russie	2	14

Pour l'Europe entière, la statistique internationale de 1876 arrivait à 43 millions de têtes, le chiffre actuel doit être compris entre 45 et 50. Les États-Unis, à eux seuls, en nourrissent autant (48 millions en 1880) contre 25 millions en 1870 ; 45 millions en 1885, l'Europe ayant plus ou moins fermé ses portes, pour cause de trichine, aux viandes de porc américain.

Poids moyen des porcs. — Le poids moyen des porcs a notablement augmenté dans ces dernières années, tandis qu'en 1840 et 1852 le poids moyen brut des porcs élevés en France était de 123 kg.700, en 1862 il était de 144 kg.500. Toutefois nous produisons des porcs beaucoup moins lourds et les chiffres précédents ne s'appliquent qu'aux départements qui produisent les plus gros sujets, c'est-à-dire la Loire, le Lot, l'Aveyron, le Tarn, l'Ardèche, le Gard, l'Hérault, le Lot-et-Garonne, la Lozère, le Tarn-et-Garonne, etc.

Dans les départements de la Loire-Inférieure, la Creuse, la Somme, la Nièvre, l'Yonne, le Cher, l'Aisne, etc., le poids brut moyen est moins élevé, mais il n'ena pas moins également augmenté dans une notable mesure comme le montrent les chiffres suivants :

En 1840	kg.	72 400
En 1852		77 400
En 1862		91 800

Valeur moyenne des porcs. — La valeur des porcs a été elle aussi en augmentant, tandis qu'en 1840, les extrêmes étaient de :

	60 et 21 fr. 60
En 1852	69 et 31 fr. 80
En 1862	110 et 64 fr. 50

Toutefois ce ne sont là que des moyennes et les prix varient beaucoup suivant les départements ; c'est ainsi qu'en 1862, les départements qui ont présenté la valeur *moyenne* par tête la plus élevée étaient les suivants :

Seine-et-Oise	fr.	123
Marne		115
Bouches-du-Rhône		114
Aube		113
Eure-et-Loir		112
Seine-et-Marne		108
Gironde		108
Seine		105
Landes		105
Hérault		102

Dans cette même année, les dix départements qui suivent avaient au contraire des prix beaucoup plus bas :

Indre	fr.	59
Creuse		62
Drôme		63
Vaucluse		64
Moselle		65
Nièvre		66
Pas-de-Calais		66
Ardèche		66
Allier		67
Seine-Inférieure		67

En ce qui concerne le prix du kilogramme de viande de porc, il a également augmenté, mais avec des variations locales non moins grandes ainsi que l'indiquent les chiffres suivants empruntés comme les précédents à M. G. Heuzé [1] :

1. Ce sont les moyennes.

Prix du kilogramme de viande de porc dans les départements où cette viande a été vendue en 1840 et 1862 aux prix les plus élevés :

En 1840 :

Bouches-du-Rhône	fr.	1 49
Seine		1 24
Cantal		1 23
Nord		1 23
Rhône		1 14
Hérault		1 13
Seine-et-Oise		1 12
Meurthe		1 10
Somme		1 10
Var		1 10

En 1862 :

Nord	fr.	1 56
Bouches-du-Rhône		1 56
Basses-Pyrénées		1 54
Gard		1 54
Somme		1 50
Seine-et-Oise		1 50
Var		1 50
Pas-de-Calais		1 50
Meurthe		1 42
Hérault		1 24

Ceux où elle a été livrée au meilleur marché sont :

En 1840 :

Finistère	fr.	» 60
Creuse		» 72
Vendée		» 72
Mayenne		» 74
Manche		» 77
Corrèze		» 78
Loire-Inférieure		» 80
Ariège		» 83
Puy-de-Dôme		» 83
Sarthe		» 84

En 1862 :

Lot	fr.	» 88
Calvados		1 18
Creuse		1 06
Gers		1 10
Ariège		1 10
Haute-Vienne		1 14
Manche		1 16
Moselle		1 16
Lot-et-Garonne		1 20
Tarn		1 22

Importations et exportations. — Tarifs de douane. — Les porcs donnent lieu à un mouvement commercial assez considérable entre la France et les puissances étrangères.

Toutefois nous exportons plus que nous n'importons, d'une manière générale, quoiqu'il y ait eu des fluctuations remarquables sous ce rapport, dans ces dernières années, comme l'indiquent les chiffres suivants :

ANNÉE	IMPORTATION ANNUELLE	EXPORTATION ANNUELLE
—	—	—
1877-81	150.990 têtes.	52.835 têtes.
1882	99.150 —	50.225 —
1883	74.590 —	79.280 —
1884	71.130 —	105.020 —
1885	58.115 —	76.240 —

C'est surtout en Suisse que nous exportons les porcs. Ce pays reçoit environ 50 pour 100 de notre exportation totale.

Pour les autres pays, la proportion est à peu près la suivante :

Angleterre	15 p. 0/0
Belgique	10 —

Mais c'est surtout la Belgique qui nous envoie des porcs, environ 40 à 50 pour 100 de notre importation, et l'Allemagne 20 à 25 pour 100. Il est à remarquer que ce sont surtout des cochons de lait que l'étranger nous envoie, et comme on a pu le constater par les chiffres donnés précédemment, ces importations vont toujours en diminuant depuis une vingtaine d'années surtout.

Les évaluations douanières ont également varié en ce qui concerne les porcs.

En 1826	fr.	30
En 1847		30
En 1850		40
En 1860		110

Depuis, l'évaluation maximum a été 132 francs en 1876 et 1877 ; l'évaluation minimum 105 francs en 1865 et 1884. Le droit d'entrée sur les porcs, réduit de 5 francs à 25 centimes par l'Empire (0 fr. 31 cent. après 1871), a été porté à 3 francs en 1881 et à 6 francs en 1885.

Viande de porc consommée en France. — De même que nous avons constaté une augmentation dans le nombre de porcs, dans leur poids moyen, leur prix, etc., de même, et cela est rationnel, nous devons constater une marche progressive dans la consommation de la viande de porc. En 1812, on consommait annuellement 241,000,000 kilogrammes de viande de porc ; en 1829, 255,000,000 kilogrammes ; en 1831, 270,000,000 kilogrammes ; en 1840, 290,000,000 kilogrammes ; en 1852, 298,000,000 kilogrammes ; en 1862, 378,000,000 kilogrammes ; enfin, en 1880, la quantité consommée atteignait près de 370,000.000 kilogrammes.

Néanmoins toutes les populations de la France ne sont pas également friandes de la viande de porc.

Voici d'ailleurs quelques chiffres à ce sujet, empruntés à la statistique de 1840 :

Meuse	kg.	18 54
Moselle		18 27
Vosges		16 22
Marne		15 41
Côte-d'Or		15 56
Haute-Loire		15 01
Aveyron		14 68
Gironde		14 91
Loire		13 05
Gard		12 60
Indre		5 27
Isère		4 66
Allier		4 95
Hautes-Pyrénées		4 03
Orne		3 68
Seine-Inférieure		3 98
Creuse		3 92
Nièvre		3 86
Cher		3 03
Bouches-du-Rhône		2 12

En ce qui concerne la consommation de Paris, M. Husson a relevé les moyennes suivantes :

1757 à 1764	kg.	6 250
1799 à 1808		9 149
1819 à 1830		12 681
1847 à 1854		10 267

CHAPITRE IV

RACES PORCINES

Détermination des races. — Les auteurs admettent un grand nombre de races porcines domestiques, désignées généralement par le nom de la localité qu'habitent les porcs considérés. Les uns classent les races d'après leur conformation générale; M. Magne, par exemple, admet trois groupes :

1° Races à corps trapus, à courtes jambes;

2° Races à corps élancé et à jambes longues ;

3° Croisement des races porcines indigènes par le type à courtes jambes.

D'autres, comme M. Léouzon, simplifient encore davantage et n'admettent que deux groupes :

1° Les races améliorées ;

2° Les races primitives.

Quelques-uns les rangent en trois groupes :

1° Races françaises ;

2° Races étrangères ;

3° Croisements de ces deux sortes de races.

D'autres admettent :

1° Les grandes races ;

2° Les petites races.

Cette division, du reste, est celle que l'on a adoptée

en France, depuis dix ans, dans les concours d'animaux de boucherie et d'animaux reproducteurs.

M. G. Heuzé, dans son intéressant ouvrage sur *le Porc*, divise les races en trois classes :

1° Les races françaises et leurs variétés ;

2° Les races ayant une origine étrangère ;

3° Les variétés provenant d'alliances faites entre les deux précédentes.

Chacune de ces classes comprend plusieurs subdivisions.

Enfin, M. A. Sanson, professeur de zoologie et zootechnie à l'École nationale d'agriculture de Grignon, admet trois races ou types spécifiques bien distincts, caractérisées par la conformation craniologique.

Cette classification, qui nous paraît la plus rationnelle, est celle que nous adopterons, et aux trois types *spécifiques* de M. Sanson, nous rattacherons toutes les autres *variétés* géographiques, généralement appelées *races*.

Des trois espèces que nous connaissons, dit M. Sanson, deux ont le profil de la tête formant un angle rentrant presque droit, au niveau de la racine du nez; mais l'une a la face longue et allongée, et l'autre l'a très courte, fortement camuse. La troisième a le profil en arc rentrant à courte flèche et le groin petit, étroit.

Sur les sujets vivants, il y a un caractère qui peut même dispenser de tout examen craniologique : c'est celui qui est fourni par la forme des oreilles.

Chez l'une des espèces, les oreilles sont élargies et tombantes de chaque côté de la face; chez l'autre, elles sont étroites, allongées et dirigées plus ou moins horizontalement en avant; chez la dernière enfin, elles sont courtes, petites et dressées, comme chez le sanglier[1].

Nous allons décrire les principales *races* porcines en les rattachant aux trois types en question, les caractères de ces trois *espèces* sont indiqués d'après M. Sanson, ainsi que les notions relatives à leur aire géographique.

Race asiatique.

(Sus asiaticus.)

Caractères spécifiques. — Crâne brachycéphale. Front large et plat, à bord supérieur épais et presque rectiligne. Sus-naseaux très courts, unis aux frontaux en formant un angle rentrant presque droit. Rangées molaires divergentes; arcades incisives étroites. Profil de la tête anguleux rentrant. Face large, très camuse.

Caractères zootechniques généraux. — Tête relativement petite, à oreilles courtes, étroites, aiguës et dressées. Col court et épais, se confondant avec les joues fortes et pendantes. Corps également court, cylindrique (la brièveté du corps est due au moindre nombre de vertèbres dorsales et lombaires que possède l'espèce). Membres courts et peu volumineux, par conséquent taille toujours petite. Soies peu abondantes, souvent même rares, de couleur blanche, noire ou rousse, uniformément colorées ou de couleurs mélangées. Peau pigmentée ou non, mais l'étant le plus souvent à des degrés divers chez le type pur.

Les cochons asiatiques ont le caractère éminemment

1. A. Sanson. *Traité de Zootechnie* ou *Economie du bétail*, t. V.

sociable et un appétit qui ne recule devant rien. En Chine, par exemple, ils vivent des débris répandus dans les rues des villes. Leur aptitude digestive est portée au plus haut degré. Ils élaborent surtout de la graisse. Ils sont très précoces.

Aire géographique. — Les documents précis nous manquent pour déterminer exactement le lieu de

Fig. 1. — Porc de race asiatique.

l'Asie où se trouve le berceau de la race asiatique. Pratiquement, cela n'a du reste pas grand intérêt.

Depuis que sont établies des relations régulières entre l'Europe occidentale et l'Indo-Chine, nous savons seulement que cette race peuple surtout le Céleste-Empire, la Cochinchine, le royaume de Siam et le Japon. Elle est aussi abondante dans les îles de la Polynésie, peut-être avec d'autres moins connues, parmi lesquelles se trouve vraisemblablement celle du *cochon masqué*, dont quelques sujets, sur l'origine desquels subsistent des doutes, ont été introduits en Europe dans ces derniers temps et se sont montrés remarquables par leur grande fécondité.

Les cochons de la race asiatique introduits en Angleterre et en France au commencement de ce siècle provenaient de la Chine. Ils étaient connus sous le nom de *cochons chinois* et de *tonkins*. C'est plus tard qu'on en a importé de Siam. On s'est aperçu que les *siamois* ne différaient point des chinois ou tonkins Le *Chou-King*, antique livre de la Chine, établit, d'après Is. Geoffroy-Saint-Hilaire, que la domesticité du cochon dans l'Extrême-Orient date au moins de quarante-neuf siècles. Il est probable qu'elle remonte bien plus haut, la civilisation chinoise étant beaucoup plus ancienne que cela.

Quoi qu'il en soit, l'aire géographique actuelle de la race en question paraît embrasser tout l'Extrême-Orient et s'être étendue vers les îles plutôt que vers l'intérieur du continent asiatique à cause sans doute de l'obstacle opposé par le mahométisme, qui fait considérer le porc comme un animal immonde[1].

Race ou variété cochinchinoise. — La race porcine *cochinchinoise* est connue en Europe depuis longtemps. Cette race a une tête large au sommet, un front bombé, un museau court et droit. Son corps est épais, rond et allongé; son dos est large et droit, son poitrail est bien ouvert, mais son ventre, qui est très développé, touche souvent presque à terre. Ses oreilles sont petites, courtes, pointues et très relevées. Ses soies, qui sont peu abondantes, varient quant à leur couleur du noir au roux.

(1) André Sanson, *loc. cit.*

C'est exceptionnellement que la robe de cette race est entièrement noire à la partie postérieure et complètement blanc jaunâtre depuis le milieu du corps jusqu'à l'extrémité du boutoir.

La race cochinchinoise est mauvaise marcheuse, parce qu'elle a des jambes courtes et fines, mais elle est très précoce et s'engraisse très aisément. On lui reproche très justement de donner un lard mou et de qualité très inférieure. Pour un grand nombre d'agriculteurs, la finesse et la blancheur de sa chair ne compensent pas ce défaut.

Cette race est aujourd'hui très rare, soit en France, soit en Angleterre. Ses porcelets n'ont pas la *livrée*. (G. HEUZÉ.)

Race ou variété siamoise. — Cette race, encore désignée sous le nom de race tonquine, race malaise, ou race du Cap, a une grande analogie avec la race cochinchinoise. Sa tête est petite, son chanfrein est uni et court, son œil est petit et ses oreilles sont droites, peu développées et pointues. En général, son crâne est plus bombé dans la région frontale que le crâne du cochon ordinaire. Sa poitrine est profonde et ouverte, son cou est court et peu volumineux, ses épaules sont arrondies, son dos est souvent ensellé chez la femelle, ses flancs sont larges et abattus et sa croupe arrondie est légèrement déprimée. Sa robe est ordinairement noire.

Cette race est aussi précoce et aussi féconde que la race cochinchinoise. Les jeunes gorets conservent jusqu'à l'âge de deux à trois mois la *livrée* (robe noire et blanche) qui distingue les jeunes marcassins. Plus tard, leur pelage devient unicolore et prend une teinte noirâtre. C'est la race siamoise que l'on a croisée avec les races anglaises, au commencement de ce siècle, quand on s'est occupé en Angleterre d'améliorer les races porcines. Les animaux provenant de ce croisement et de l'alliance des races indigènes avec la race chinoise ont pendant longtemps constitué les sous-races que l'on désignait alors sous le nom de *races cochinchinoises*.

Son lard est abondant, mais il manque de fermeté. C'est pourquoi on lui préfère les races dites anglaises.

Cette race est aujourd'hui peu répandue en France et en Angleterre. A cause de la petitesse de ses jambes, on ne peut la conduire à la glandée dans les forêts[1].

Race ou variété turque. — Cette race a été importée de l'Europe orientale, du bassin de la mer Noire. Elle se rapproche par ses formes de celle qui provient du fond de l'Orient, d'où probablement elle est originaire. Bien conformé pour donner beaucoup de graisse, le porc turc a les jambes courtes et fines, les oreilles petites et dressées, la tête pointue et à soies rares, noires, grises ou brunes et souvent frisées. Il est l'objet d'un commerce considérable dans la vallée du Danube.

1. G. Heuzé, *le Porc*.

Race celtique.

(Sus celticus.)

Caractères spécifiques. — Crâne brachycéphale[1]. Front large et plat, à bord supérieur anguleux rentrant. Sus-naseaux très longs, étroits, formant avec le frontal un angle rentrant obtus à la racine du nez. Rangées molaires très peu divergentes ; arcades incisives larges. Profil de la tête anguleux rentrant. Face large et très allongée.

Caractères zootechniques généraux. — Tête relativement forte, à groin large et épais, à oreilles larges et tombantes le long des joues, couvrant les yeux petits. Col long et mince. Corps très allongé (c'est le type chez lequel le nombre des vertèbres dorsales et lombaires est le plus grand), dos voussé, relativement étroit et souvent tranchant. Membres longs, volumineux, fortement musclés, et conséquemment taille grande. Soies grossières, abondantes, de couleur toujours d'un blanc jaunâtre. Peau constamment dépourvue de pigment, de nuance rosée.

Les cochons celtiques sont forts marcheurs et faits principalement pour vivre de glands dans les forêts de

1. Dans les races brachycéphales, les oreilles sont écartées et le front large. En prenant pour limite inférieure de son crâne, le fond des orbites et pour limite supérieure la ligne qui joint les deux trous auditifs ou la base des oreilles, on constate que toujours la distance entre ces deux limites est moins grande que celle qui existe entre les sommets des deux conduits auditifs ou les points les plus saillants des parois latérales des pariétaux. Chez les animaux du type brachycéphale le crâne est donc bien véritablement court, plus large que long.

chêne ou pour fouiller la terre afin d'y trouver des tubercules. Ils élaborent plutôt de la chair que de la graisse, et cette chair est savoureuse. Leur lard est ferme et se conserve bien, s'imprégnant facilement de sel.

En raison de leur grande taille et de la grande longueur de leur corps, quand ils sont bien traités, ils atteignent des poids vifs considérables. Il n'est pas rare d'en rencontrer qui pèsent au delà de 300 kilos.

FIG. 2. — Porc de race celtique.

Leur corps a souvent plus de $1^{m}.50$ de long. Les femelles sont très prolifiques ; elles font souvent au-dessus de douze petits.

Aire géographique. — A l'état de familles établies de longue date, on ne rencontre le type naturel que nous venons de décrire nulle part ailleurs que dans cette partie de l'Europe occidentale qui était anciennement connue sous le nom de Gaule celtique, et alors couverte de forêts sur la plus grande partie de son étendue.

Sur les autres points de l'Europe, sa présence est accidentelle, et là, quand il se trouve mélangé avec l'un ou l'autre ou les deux à la fois de ceux qui forment avec lui le groupe des Suidés domestiques, l'époque de l'introduction de ceux-ci nous est parfaitement connue.

De là son nom, ainsi tout à fait justifié. Il est évident que les traditions de la Gaule, les forêts gallo-romaines et mérovingiennes, dans lesquelles les grands troupeaux de porcs jouent souvent un rôle considérable, se rapportent à la race en question.

Si l'on juge du passé par le présent, c'est vers le nord-ouest qu'il faut placer le berceau de cette race. Elle s'est étendue de là, vers le sud, jusqu'à l'embouchure de la Gironde, et un peu moins bas du côté du plateau central, où elle a rencontré la concurrence d'une autre race. Vers le nord, où il n'y avait point d'obstacle, elle a gagné les Iles Britanniques, avant leur séparation du continent. Vers l'est, son extension ne peut plus être maintenant délimitée d'une façon nette, faute d'observations précises. Toujours est-il qu'actuellement son aire géographique embrasse toute la partie de l'Europe occidentale et centrale qui comprend environ la moitié septentrionale de la France, les Iles Britanniques, la Hollande, la Belgique, la Suède et la Norvège, le Danemark, l'empire d'Allemagne et une partie de la Russie. Elle s'y montre à l'état pur, ou plus ou moins mélangée, par suite d'introductions dues aux anciennes occupations espagnoles ou à des croisements récents.

Maintenant, la race celtique n'existe réellement en force, à l'état de pureté, que dans un petit nombre de localités de l'ouest et du nord-ouest de la France. Elle y est considérée comme formant plusieurs prétendues races, qui sont la craonaise, la mancelle, la bretonne, la normande ou augeronne.

Race ou variété craonaise. — Cette variété tire son nom de celui de la petite ville de Craon, dans le département de la Mayenne. aux environs de laquelle elle atteint son plus grand développement, y étant l'objet de soins très attentifs. On la trouve très répandue dans tout le centre-ouest de la France, comprenant les départements de la Mayenne, de Maine-et-Loire, de la Loire-Inférieure, de la Vendée, des Deux-Sèvres et de la Charente-Inférieure.

Craon est situé tout à fait au sud du département de la Mayenne, dans l'arrondissement de Château-Gontier, dans l'Anjou par conséquent. Aussi la variété est-elle aussi appelée angevine.

Par sa taille et sa finesse, le porc craonais, dit M. Magne, forme un des plus beaux porcs connus. Il est remarquable par ses formes et ses qualités. Grand, mais à corps épais, à côte ronde, à lombes larges et à dos bien soutenu, il est à oreilles moyennes, à tête petite, à chanfrein court, droit, à soies rares et courtes, à peau fine laissant distinguer les veines aux oreilles, à jambes bien garnies de muscles et donnant de beaux jambons.

Les angevins, aussi à oreilles minces, pas très grands, à pieds moyens, sont en général bien tournés, ont des jambons bien charnus. Souvent ils ont un épi sur les lombes, *sur le rognon*, dit-on dans le pays.

Les porcs poitevins et vendéens sont grands, à corps long, mince, à tête forte, à oreilles épaisses, sans être très grandes, à dos de carpe, à pied gros, à jambes trop hautes avec peu de muscles et donnant des jambons que l'on ne trouve pas assez charnus. Ils sont à soie grossière, à peau dure. Ceux du Marais présentent ces caractères à un degré très marqué ; ceux du Bocage

Fig. 3. — Porc craonais.

sont moins grands, mais plus fins, à corps plus épais et à dos plus droit.

Les porcs poitevins se mêlent à ceux du Berry et du Limousin.

Le porc angoumois a le corps assez épais ; dos d'ordinaire en carpe ; oreilles courtes moitié pendantes ; soies fines ; pieds fins, mignons ; jambons courts.

Dans l'Angoumois et la Saintonge, ces porcs se mêlent à ceux du Poitou, de la Gascogne et du Limousin. Du côté du Périgord, la production des porcs prend de l'importance.

Race ou variété mancelle. — Comme le fait remarquer M. A. Sanson, les différences entre les porcs manceaux et les craonais sont bien faibles, s'il en existe réellement. Ils sont si voisins de localité, d'ailleurs, que cela n'a pas d'inconvénient.

M. Magne les décrit ainsi : Grands, épais, bas sur jambes, à corps un peu moins long, les manceaux sont à nez raccourci, à oreilles de largeur moyenne. Le type se trouve dans le département de la Sarthe.

On appelle *mortagnards* ceux des environs de Mortagne. Ils ont les oreilles larges, fortement pendantes, le dos très large, des pieds moyens. Ces animaux sont trapus et donnent des jambons courts, bien fournis.

Plus à l'est se trouve le porc du Perche. Il manque souvent de largeur ; il est à oreilles grandes, mais plus étroites, à tête forte, à pieds gros, à peau épaisse, à soies longues et dures. Il fournit de bons jambons.

Les saumurois qui lui ressemblent sont meilleurs que ceux du Poitou avec lesquels ils se mêlent ; ils sont plus épais, pourvus de muscles plus forts et ont les côtelettes plus charnues, ce qui les fait préférer aux poitevins même dans le Poitou.

Race ou variété normande. — Les cochons de la Normandie sont, en général, moins bas sur jambes et un peu moins musclés que ceux du Maine et de l'Anjou. Leur ossature est aussi un peu plus grossière. On leur donne des noms divers, toujours tirés de ceux des localités, en raison de la coutume déjà signalée.

Ainsi on désigne de prétendues races cauchoise, cotentine, alençonnaise de Nohant, augeronne.

C'est dans la vallée d'Auge, fait remarquer M. Sanson, que se trouvent en réalité les plus beaux individus, les plus améliorés, les plus précoces. Dans cette vallée, tous les animaux sont plus abondamment nourris que partout ailleurs en Normandie.

Rien ne peut mieux donner une idée des différences individuelles présentées par les porcs normands, à l'égard de leur amélioration, que la comparaison des rendements faite par Baudement, à la suite du concours de Poissy, en 1860. Entre deux sujets engraissés dans le département de Seine-et-Oise, l'un pesait vif 250kg 500 et l'autre 262 kilogrammes. La tête du premier a pesé 12kg500 et celle du second 22kg800. Dans le premier cas, le rapport du poids de la tête au poids vif est 1 : 20 ; dans le second, il est 1 : 11,49. La différence est donc presque du simple au double. Ce rapport implique celui qui existait nécessairement entre les deux squelettes. Toutefois, le rendement moyen des porcs sur lesquels la comparaison a été faite, et qui étaient au nombre de cinq, s'est élevé à 80, 19 p. 100. Il s'agit, bien entendu, de la viande nette seulement.

Cette viande, chez les normands, est moins fine, moins savoureuse que chez les craonais. Le lard est moins ferme et se sale moins bien, surtout chez ceux de la vallée d'Auge.

Les truies normandes sont très fécondes. Aussi l'industrie de la production des gorets est-elle très répandue en Normandie et donne-t-elle lieu à un commerce considérable. Indépendamment des jeunes cochons sevrés que cette industrie fournit aux petits ménages de la Normandie, comme c'est le cas dans la région de la variété craonaise, elle en produit encore pour les départements de l'Oise, d'Eure-et-Loir, de Seine-et-Oise et de Seine-et-Marne, en un mot pour toutes les localités qui environnent Paris.

Race ou variété lorraine. — Encore appelée race vosgienne, race artésienne, race alsacienne, race picarde, suivant les localités où on la rencontre, cette population se rencontre dans l'ancienne Lorraine, elle est de taille moyenne, à robe blanc grisâtre, ayant souvent sur la tête ou à la partie postérieure une ou deux taches noires plus ou moins larges, à oreilles larges, un peu dressées, à tête longue et chanfrein droit. Cette race, suivant la remarque de M. Heuzé, est plus grossière et moins bien conformée que la race normande: ses membres sont très osseux et de moyenne longueur; son corps est long, mais souvent mince, et son dos n'est pas toujours droit; sa tête est un peu pointue. Si elle se développe avec lenteur, parce qu'elle est souvent mal nourrie dans son jeune âge, la viande qu'elle fournit est très recherchée pour sa qualité. Son lard est aussi excellent.

Elle est aussi répandue en Alsace et dans les Ardennes.

Les porcs qu'on rencontre dans la vallée du Rhin ont quelquefois des soies rougeâtres ou mi-rousses et mi-noires. Ces soies sont plus ou moins abondantes selon les animaux.

Tous les animaux appartenant à la race lorraine, qui vivent sur des exploitations abondamment pourvues de substances alimentaires, perdent chaque année de leurs anciens caractères et se rapprochent de plus en plus de la race normande et même de la race augeronne. En outre, leur alliance avec les races anglaises, qu'on ne cesse d'introduire et de propager dans les départements du Nord, de la Somme, etc., les modifie tellement, qu'il arrivera un jour où cette race et la race normande auront complètement disparu de la région septentrionale de la France.

CHAPITRE V

RACES PORCINES (*suite*)

Race ibérique.

(Sus ibericus.)

Caractères spécifiques. — Crâne dolichocéphale[1]. Front étroit et un peu déprimé, à bord supérieur saillant. Sus-naseaux étroits et de moyenne longueur, faiblement incurvés en contre-bas et continuant à la racine du nez la courbe commencée par la surface du frontal. Rangées molaires sensiblement parallèles ; arcades incisives très courtes. Profil de la tête curviligne rentrant en arc régulier à très courte flèche. Face étroite à sa base, allongée et effilée.

Caractères zootechniques généraux. — Tête peu forte, à groin petit, à oreilles étroites, allongées et dirigées obliquement en avant, de bas en haut, presque horizontales. Col court et de moyenne épaisseur. Corps de longueur moyenne, entre celles de la race celtique et de la race asiatique, cylindrique, a ligne dorsale droite. Membres relativement peu longs et fortement musclés, fesses arrondies.

1. Crâne allongé, par opposition au crâne court ou brachycéphale.

La peau est toujours fortement pigmentée, et les soies, assez rares, sont toujours noires. Quand il en est autrement, cela est dû à l'influence de croisements antérieurs. Chez les sujets purs, les soies sont au moins rousses ou grises. Les cochons de la race ibérique sont agiles et

Fig. 4. — Truie de race ibérique.

d'un tempérament vigoureux, rustique. Cependant ils sont, en général, forts mangeurs et doués d'une précocité relative. Ils atteignent en moyenne un poids vif de 150 kilogrammes. Ils sont plus aptes à produire de la chair que de la graisse, et cette chair a une saveur accentuée. Leurs jambons sont très estimés. Les truies sont moins fécondes que celles de la race celtique ; elles ne font guère plus de huit ou neuf petits, en moyenne.

Aire géographique. — Actuellement, le type naturel qui vient d'être décrit se trouve dans toute l'Europe méridionale, en Espagne et en Portugal, en Italie, en Grèce, dans les provinces du Danube, en Hongrie, en Autriche et dans le midi de la France, depuis le versant sud du Plateau Central jusqu'à la mer et aux Pyrénées. Partout où l'occupation espagnole s'est établie dans l'ancien empire d'Allemagne, dans les Flandres, dans les provinces du Rhin, en Lorraine, dans la Franche-Comté, etc., on le rencontre de même.

Mais là, comme sur les confins de son aire géographique qui touchent immédiatement à celle de la race celtique, le type se présente sous un aspect différent. Sa couleur est entièrement d'un blanc jaunâtre, comme celle de sa voisine, ou le plus souvent d'un blanc marqué de larges taches noires. C'est en Italie et en Grèce seulement, comme dans le sud de l'Espagne, que la race se montre uniformément de couleur noire.

Ces circonstances rendent indubitable que cette race a eu son berceau sur un point quelconque du centre hispanique. C'est d'elle évidemment qu'il est tant question dans l'Odyssée, où il est montré que dans les temps homériques les troupeaux de porcs étaient nombreux en Grèce. Ils l'étaient également au sud de l'Italie et en Sicile. Là ils le sont encore, et les sujets qui les composent y ont atteint le plus haut degré de leur perfectionnement. C'est pourquoi lord Western, au commencement de ce siècle, voyageant à Naples, fut frappé de ce perfectionnement et eut l'idée d'introduire en Angleterre des verrats napolitains pour améliorer la race de son pays.

A partir de ce moment, celle en question fut désignée par le nom de *race napolitaine*. On l'appelle en Allemagne *race romanique*, parce que, en réalité, elle habite les Romagnes comme le napolitain[1].

Race ou variété napolitaine. — Encore appelée race de Malte ou race espagnole, parce qu'elle est très répandue dans la Méditerranée, cette race est caractérisée par un corps ample et allongé, des membres fins, la poitrine épaisse, le dos large ; le museau est pointu, les oreilles courtes, les joues tombantes.

On trouve cette population dans la Calabre, en Toscane, en Portugal, etc., où, la plus grande partie de l'année, elle vit en liberté.

Très répandu en Angleterre, le porc napolitain a été employé sur une grande échelle dans les comtés de Norfolk et de Suffolk. Il est plus fort, plus long que le porc asiatique et bien conformé. La viande en est fort estimée.

Fortement constitué, d'un entretien facile et d'un engraissement économique, le porc napolitain a beaucoup contribué à former ce qu'on nomme communément les races anglaises améliorées dont nous aurons à nous occuper plus loin.

Race ou variété hongroise. — On a désigné sous les noms de race de la Hongrie une race porcine qui, par son ensemble, rappelle un peu le sanglier.

Cette race, fait remarquer M. Heuzé, a une taille élevée, un corps ramassé, de grandes oreilles à demi-dressées, mais ayant leurs extrémités dirigées en avant, des os moyens, les côtes assez aplaties et une

1. A. Sanson, *loc. cit.*

robe gris foncé, ou gris jaunâtre, ou gris roux. Ses soies sont abondantes, épaisses et un peu raides.

La race hongroise a une constitution robuste et elle n'est pas difficile à nourrir, mais si sa chair est très estimée, ses jambons sont de qualité secondaire et son lard manque de fermeté.

On l'élève dans les vastes plaines de la Hongrie, sur les bords de la Theiss, sous la surveillance de *kondas* ou gardeurs de porcs.

Race ou variété des Pyrénées.—Dans le sud de la Haute-Garonne, dans les Landes et dans les Pyrénées occidentales, on élève la même sorte de porcs. Ils sont hauts, fait remarquer M. Magne, minces, à dos arqué. Ceux qu'on conserve dans les fermes sont mieux conformés que ceux qui forment ces grands troupeaux que l'on voit sur les pentes abruptes des vallées. Dans les plaines, ils sont aussi plus épais et se confondent avec ceux de la Gascogne. Dans l'Ariège, les porcs ont la même conformation générale que dans la Gascogne, mais ils sont plus forts, ont des oreilles longues, pendantes et étroites ; ils ont aussi plus de dispositions à grandir qu'à prendre de l'engraissement.

En Corse, dans les environs de Porte, Santa-Lucia et dans la vallée d'Illesani, on trouve des porcs à peau brun noir recouverts de soies fines, noires et peu nombreuses. La tête est grosse, le museau pointu et un peu allongé, les oreilles sont courtes, droites ou demi-tombantes; le cou est court et les jambes sont assez fines. Le poitrail est large et le corps est arrondi. Cette race a une peau fine et une chair excellente; elle est peu exigeante et s'engraisse facilement.

Race ou variété limousine. — Des conditions particulières de terrain et de culture favorables à la multiplication du porc se rencontrent dans le Limousin, c'est la division des terres, l'abondance des châtaignes, la culture très répandue de la pomme de terre et le peu de fortune des cultivateurs pour lesquels le porc est un instrument de travail. Cette province exporte beaucoup.

Les porcs limousins sont presque toujours pies-blancs sur les côtes et noirs aux deux extrémités du corps ; à tête longue, conique, à chanfrein droit, à oreilles moyennes ou petites, baissées mais non pendantes ; à corps bien fait, à soies assez fines, pas très épaisses, à pieds minces, fins, allongés. Animaux très robustes, quoique ne venant pas très gros; les plus forts atteignent à peine 180 kilogrammes. Ceux du nord, qui se confondent avec ceux de la Marche, du côté de Bellac, d'Aigurande, du Grand-Boing, de la Souterraine, viennent de Paris; ceux de la Haute-Vienne descendent vers les ports de mer; ceux du coté de Tulle, de Brives sont conduits dans le Languedoc.

Race ou variété quercinoise. — Plus blancs que le type limousin, ils sont plus trapus de corps, un peu plus petits, plus courts et plus épais; à oreilles plus petites et en général droites, à soies moins fines. Ils sont également sobres et robustes.

Les porcs nés dans le Quercy sont la plupart conduits maigres dans le Rouergue. Ceux qu'on engraisse dans le pays, et qui ne sont pas utilisés pour la consommation locale, sont achetés aux foires de Gramat, de Figeac, et conduits gras dans le Languedoc, à Béziers, à Nîmes [1].

1. J.-H. Magne, *les Races porcines, leur amélioration.*

Race ou variété bressane. — Entre les populations des deux côtés du Jura, de la Suisse et des départements français de la frontière, il n'y a que des différences de nationalité. Sans donc nous arrêter à la *variété suisse*, très répandue dans les chalets pour consommer les résidus de la fabrication fromagère, nous décrirons seulement la française, dite bressane, qui se trouve non seulement en Bresse, mais encore, dit M. Sanson, auquel nous empruntons ces détails, dans toute l'étendue des départements de l'Ain, de l'Isère, du Jura, du Rhône, de Saône-et-Loire, de la Haute-Saône et du Doubs, dans les Dombes, dans le Bugey, dans le Dauphiné, le Beaujolais, la Comté, le Mâconnais, le Charolais et jusque dans le Bourbonnais.

Cette variété est parfois de couleur entièrement noire, comme le type naturel auquel elle appartient ; mais le plus souvent la partie médiane de son corps est entourée par une grande bande blanche ou jaunâtre. La marque de couleur claire, d'une étendue variable et parfois de figure irrégulière, est une trace certaine d'ancien mélange avec la race celtique, vraisemblablement dépossédée par l'extension de l'ibérique vers le nord, et surtout par son introduction durant l'occupation espagnole.

La variété bressane a la tête relativement forte; son dos est un peu voussé, et son corps, au lieu d'être cylindrique, est aplati; ses membres sont trop longs et souvent grossiers. Elle est vigoureuse, forte marcheuse et rustique, par conséquent tardive. Sa chair est en général grossière; mais en revanche les truies sont fécondes et bonnes mères.

Les porcs bressans atteignent des poids vifs très divers, selon qu'ils vivent en liberté, comme dans la

Dombe, ou qu'ils sont nourris à la porcherie. Ils ne dépassent guère cependant 150 kilogrammes.

Race ou variété périgourdine.—La race que l'on désigne sous le nom de race périgourdine ou race du Périgord est très connue dans les départements de la Haute-Vienne, de la Creuse, du Puy-de-Dôme.

« Cette race, comme le fait remarquer M. Heuzé, a une tête fine et pointue, des oreilles assez tombantes, un cou court et gros. Son corps est large et ramassé, sa côte est arrondie, ses membres sont forts et musculeux. Autrefois elle était haute sur jambe ; aujourd'hui elle est de taille moyenne.

Sa robe était anciennement gris-noir, mais, par suite de son alliance avec la race poitevine ou la race bourbonnaise, la plupart des animaux qui lui appartiennent présentent de larges taches blanches sur les épaules, sur les hanches et sur la croupe qui ont fait dire que la race périgourdine avait une robe pie-blanc avec une *bande noire vers le milieu du corps*. Quoi qu'il en soit, ses soies sont courtes, mais rudes.

Cette race, quoique d'une bonne conformation, est un peu grossière dans son ensemble, mais elle est rustique, docile et de moyenne précocité. La dureté de ses ongles et son énergie musculaire lui permettent de faire de longues marches. Enfin, elle s'engraisse assez facilement et fournit une viande tendre et d'excellente qualité.

Les meilleurs animaux de la race périgourdine se vendent aux foires de Saint-Yrieix et de Saint-Léonard (Haute-Vienne).

La race périgourdine, comme d'ailleurs la race quercinoise, sont employées pour la recherche des truffes, qui constituent une des principales productions de ces contrées. Nous reviendrons plus loin sur ce sujet.

Croisements.

Métis anglais. — Les prétendues *races porcines anglaises* améliorées dont on parle tant depuis quelques années, ne sont en réalité que des métis sans grande fixité. On a beaucoup écrit sur leur compte, sur leurs qualités ou leurs défauts, nous n'y ajouterons rien, et nous nous contenterons de rapporter ici ce qu'en dit M. Sanson, qui les a particulièrement bien jugées et étudiées :

Il n'y a plus, depuis longtemps, dans les Iles Britanniques, aucune race pure de suidés. Chose curieuse! en ce pays où la conservation de la pureté des races de tous les autres genres est élevée à la hauteur d'un dogme, elle a été universellement laissée de côté à l'égard de la race celtique qui, au commencement de ce siècle, la peuplait exclusivement.

Des croisements avec la race asiatique, importée de l'Extrême-Orient, et la race ibérique, importée de Naples, puis des métissages multipliés entre les sujets résultant de ces croisements, ont donné naissance à une complète confusion. Les prétendues races nouvelles ainsi créées, dont chacune recevait un nom nouveau, tiré soit de celui du comté, soit de celui même de la ferme ou du petit district où la famille métisse avait pris naissance, sont devenues si nombreuses qu'on a fini par ne plus s'y reconnaître du tout.

Le bon sens anglais voulut y mettre ordre en n'admettant plus, dans les concours de la Société royale, que deux catégories, l'une pour ce qu'on appelle les grandes races, l'autre pour les petites. L'expérience montra qu'il n'y avait point là non plus une condition de clarté suffisante.

En effet, on vit alors figurer dans chacune de ces deux catégories les sujets les plus disparates, quoique de même nom et par conséquent de même origine. Par exemple, dans celle dite des grandes races, des surreys blancs, des yorkshires blancs, des berkshires noir et blanc, des manchesters blancs légèrement tachés de noir, des wobburns blancs et des derby blancs; dans celle des petites, des leicesters blancs, des berkshires noir et blanc, des yorkshires blancs, des cumberlands blancs, des windsors blancs, des folkingtons blancs, des new-leicesters blancs, des middlesex blancs, des essex noirs, des essex blancs, des busheys blancs, des chicesters noirs, des nottinghams blancs, des suffolks noirs, des hampshires noir et blanc.

Il y avait donc, d'après cela, des yorkshires et des berkshires grands et des petits, des essex noirs et des blancs, etc. Il y avait surtout, parmi les grands et parmi les petits, parmi les blancs et parmi les noirs, des sujets se rattachant à des types naturels tout à fait différents.

Aussi a-t-on fini, en Angleterre, par renoncer à toute idée de catégorie et à ne juger que la valeur individuelle des reproducteurs d'après leur *pedigree*. C'est là qu'on en est maintenant. Les Anglais se sont convaincus qu'ils n'avaient réussi à créer aucune race de porcs. Ils s'en tiennent à la prétention d'avoir réalisé des machines extrêmement puissantes pour la transformation rapide des aliments en chair et graisse, surtout en graisse.

Certes, cette prétention est fondée, et la réputation

de ces machines est telle qu'elles se sont répandues partout, en France, en Hollande, en Belgique, en Allemagne, en Autriche et en Italie, pour améliorer l'aptitude des suidés de ces divers pays. Elles y ont formé de nombreuses populations métisses disséminées sur la surface de l'aire géographique de chacune des deux races européennes que nous avons décrites.

Il serait sans utilité de passer une revue détaillée de ces populations, qui ne diffèrent point sensiblement de leurs souches anglaises. Nous devons nous borner à décrire celles qui, parmi ces dernières, ont une réputation et dont le nom est connu partout, en insistant sur leur caractéristique, qui est l'état de variabilité désordonnée qu'elles manifestent. Quoique ce ne soient pas de véritables *races* comme on vient de le voir, nous garderons ce terme pour les dénommer, afin de faciliter la partie purement descriptive.

Race de Yorkshire. — Nous connaissons, en France, la grande et la petite race yorkshire; cette dernière est également désignée sous le nom de race Lincoln. La grande race se distingue par sa couleur blanche, son dos horizontal, la côte arrondie, la croupe forte, bien garnie, descendant jusqu'aux jarrets et constituant de gros jambons, la tête forte et large, les oreilles moyennes, les membres courts et minces proportionnellement au volume du corps.

Cette race conviendrait pour l'amélioration de nos grandes races françaises, à qui elle conserverait la taille, tout en améliorant les formes et en augmentant la précocité; elle est moins en vogue aujourd'hui qu'il y a quelques années, et on lui préfère généralement le ***berkshire*** ou le ***hampshire***.

La petite race est blanche; elle se confond avec la petite race Leicester dont nous allons parler [1].

Race de Leicester. — Cette race, plus connue en France sous le nom de New-Leicester, est de petite taille, très trapue, prenant rapidement une grande quantité de graisse ; elle est ordinairement blanche, sans taches, et a le poil fin et peu abondant.

Le cou est court, ce qui fait paraître la tête enfoncée entre les épaules, les ganaches sont écartées, la gorge très épaisse, le museau droit, les oreilles dressées, fines et très petites. Cette race convient dans les établissements où l'on veut engraisser les porcs jeunes et où l'on tient plus à la graisse qu'à la viande ; ils sont peu difficiles sur la qualité de la nourriture et s'engraissent avec une rapidité étonnante. On reproche à la race de Leicester d'être peu prolifique, ce qui est dû à sa grande propension à prendre la graisse. La race *New-Leicester* et ses variétés conviennent peu pour le métissage avec les races françaises.

« Sur trente-cinq cochons leicester ayant eu des premiers prix dans nos concours français, et dont les portraits sont reproduits dans les comptes rendus de ces concours, publiés par l'administration de l'agriculture, dix appartiennent au type naturel de la race asiatique, vingt à celui de la race ibérique, et les cinq autres participent à la fois de l'un et de l'autre dans des proportions diverses. » (André Sanson.)

Race d'Essex. — Cette race provient du croise-

1. H. Villier et A. Larbalétrier, *Manuel pratique de l'achat et de la vente du bétail.* Librairie Garnier frères, éditeurs, Paris.

ment des truies indigènes du comté d'Essex avec des verrats napolitains. Elle a été créée par lord Western et perfectionnée dans ces derniers temps par M. Fisher Hobbes, de Boxted-Lodge.

C'est au commencement du siècle actuel, fait remarquer M. Heuzé, que lord Western commença ses expériences. Ainsi, parcourant alors l'Italie, il acheta, entre Naples et Salerne, un mâle et une femelle de la race

FIG. 5. — Porc d'Essex.

napolitaine. A son retour en Angleterre, il croisa ces animaux avec la vieille race porcine du comté d'Essex.

Cette dernière race avait des jambes très longues, un dos arqué, etc., et exigeait beaucoup d'aliments pour s'engraisser. Après quarante années d'expériences, il eut la satisfaction de présenter au concours agricole qui eut lieu en 1840, à Cambridge, des animaux symétriques dans leurs formes et remarquables par leur finesse et leur qualité. A sa mort, M. Fisher Hobbes acheta les animaux reproducteurs qu'il avait conservés et poursuivit leur amélioration...

La race Essex a une tête fine et longue, un museau pointu, des joues charnues, un cou court, un corps cylindrique et épais, un dos presque droit, des os petits, des membres grêles et un ventre souvent très descendu. Ses soies sont noires et peu abondantes.

Cette race s'entretient aisément et elle s'engraisse avec une grande facilité; elle commence à être très recherchée en France et en Allemagne, quoiqu'on reproche au lard qu'elle fournit de n'avoir pas toute la fermeté désirable.

Les truies sont très fécondes, mais leurs porcelets exigent une nourriture plus abondante, plus alimentaire et des soins plus assidus que les jeunes animaux des races françaises.

Race de Middlesex.—Cette race a été introduite en France par M. E. Pavy. Elle a enlevé plusieurs fois le prix d'honneur au concours de Poissy, et les premiers prix d'animaux reproducteurs presque dans tous les concours. Elle a beaucoup de rapports avec la race new-leicester et non moins de propension à s'engraisser; mais elle a plus de taille, ce qui la fait préférer pour les croisements avec les races françaises.

Race de Berkshire.—La race dite de Berkshire a été obtenue en croisant successivement l'ancienne race du comté de ce nom avec les races chinoise et napolitaine. Cette race, à laquelle on a fait, en France surtout, une grande réputation en les introduisant à l'École d'agriculture de Grignon, est due à lord Barringtan et à M. Sherard qui, au commencement de ce siècle, introduisirent dans le comté de Berk des verrats siamois et cochinchinois et des verrats napolitains. S'il faut en croire M. Sanson, ils s'appliquèrent à maintenir la couleur mélangée de noir et de blanc, surtout à la tête, que l'on considère comme caractéristique des berkshires.

On ne peut refuser à ces cochons des qualités zootechniques remarquables, telles que leur rusticité relative et leur fécondité (la production moyenne des truies est de neuf petits à chaque portée), rusticité et fécondité que nous avons pu constater directement durant plusieurs années sur environ quatre-vingts truies mères. Mais tels qu'ils se présentent maintenant, on y reconnaît facilement deux types très différents, non pas seulement zoologiques (ce qui n'importerait guère pour les initiés), mais zootechniques. L'un a le corps court, cylindrique et les oreilles petites et dressées de l'asiatique.

Il est pour l'ordinaire entièrement de couleur noire. L'autre a le corps allongé et les oreilles de l'ibérique. Il nous a semblé, d'après ce que nous avons pu observer, que le premier de ces types tendrait à prédominer sur le second. Ce serait, croyons-nous, au détriment de l'ancienne renommée des cochons berkshires. Ceux-ci pouvant se plier, dans leur ensemble, à des circonstances d'alimentation peu favorables, sont cependant bons mangeurs. Ils atteignent des poids très élevés, mais variables, suivant le type auquel ils ont fait retour.

Race de Hampshire. — La race porcine de Hampshire a beaucoup d'analogie avec la précédente, il est même très difficile de la caractériser nettement ; c'est le produit de l'ancienne race de Hamp à soie hérissée (race des forêts) avec les cochons cochinchinois d'Essex, de Berkshire, etc. Toutefois, elle a le corps plus long que la précédente, sa tête est couverte, ses jambes grêles. Le pelage est blanc et noir, accidentellement noirâtre ou blanchâtre.

Cette race est moins répandue en France que la précédente; en Angleterre elle est très appréciée.

Fig. 6. — Porc du Hampshire.

Race Berkshire-Hampshire.—M. Bella père a croisé, il y a une cinquantaine d'années, les porcs hampshire qu'il avait reçu d'Angleterre, par les soins de M. Ruinard de Brimont, avec des porcs bershire élevés à l'École d'agriculture de Grignon. Il a obtenu ainsi des cochons très renommés par leur précocité et leur fécondité.

Telles sont les principales populations métisses désignées sous le nom de *races anglaises améliorées*. Indépendamment de ces races, il en existe bien d'autres qu'il serait trop long de décrire, qu'on rencontre un peu dans tous les pays et qui proviennent du croisement des diverses races porcines que nous avons fait connaître.

CHAPITRE VI

LES PORCHERIES

Habitation des porcs. — L'habitation du porc prend les noms de toit et de bauge, simple loge, petite box isolée à l'usage de toutes les petites éducations qui se font de cet animal, heureusement très répandu. L'appellation plus ambitieuse ou plus large de porcherie s'applique mieux aux éducations d'une certaine importance, car elle donne l'idée d'un établissement plus ou moins considérable.

La porcherie semble donc plus spécialement constituée par la réunion convenablement agencée de plusieurs loges à cochons [1].

Quelle qu'elle soit, l'habitation des porcs doit réunir trois conditions essentielles : la propreté, l'air et l'exercice; or, généralement, dans les campagnes, tout cela leur est refusé, pénétré que l'on est que le porc est le plus sale et le plus immonde des animaux, qu'il se plaît dans la fange où il se vautre avec délices. Or, nul animal n'est plus propre par instinct. Comme le fait remarquer M. Léouzon, le porc ne dépose jamais volontairement ses excréments sur la litière où il repose; et même, s'il peut sortir de sa loge, il n'hésitera pas à se rendre dehors. Le cheval, le bœuf, le

1. Eug. Gayot, *Habitations des animaux.*

mouton déposent leurs excréments où ils se trouvent et dorment paisiblement sur leurs ordures. Et s'il se couche dans les lieux frais et humides, mare, boue, fumier, c'est pour essayer de calmer des démangeaisons provenant du défaut de pansement. Son maître négligent mérite donc seul la qualification de malpropre.

« D'un autre côté, dit M. Max. Desaives, la graisse est, comme on le sait, un mauvais conducteur du calorique, et sous la couche épaisse qui l'enveloppe, le cochon suffoque de chaleur. Afin d'échapper à cette espèce de combustion intérieure, il a recours à tous les réfrigérants qu'il trouve à sa portée. Mais qu'on l'étrille régulièrement, qu'on le bouchonne, et qu'on le conduise à une eau fraîche et pure, il cessera de se vautrer dans les mares et la fange. Alors aussi on cessera de le considérer comme un animal immonde, et tous ses produits y gagneront; on verra encore qu'il est susceptible de reconnaissance, de docilité et d'attachement envers le porcher qui sait le soigner et le traiter avec douceur. »

Espace nécessaire aux porcs. — Le plus souvent dans les fermes et même dans les mieux tenues, le porc est relégué dans quelque coin, non seulement malpropre et mal aéré, mais aussi restreint que possible, et l'on s'étonne alors de voir cet animal dégénérer et dépérir dans bon nombre de cas, heureux quand les maladies ne viennent pas le décimer; or, le porc, tout comme le cheval et le bœuf, a besoin d'un certain espace pour se trouver à l'aise. C'est ce qu'a fort bien fait ressortir M. J. Grandvoinnet dans son étude sur les porcheries, que nous ne saurions mieux faire que de reproduire ici :

L'espace occupé par une porcherie, dit-il, dépend d'un grand nombre de circonstances. Et d'abord il est indispensable que les porcheries soient disposées de façon à pouvoir séparer les animaux suivant le sexe et l'âge, et aussi d'après leur destination, reproduction ou engraissement. Ainsi, les verrats, les truies mères, les gorets en sevrage et les porcs d'engrais exigent des logements séparés et de dispositions ou de grandeurs différentes.

L'exercice, pour les porcs d'élevage, est une condition de santé et d'amélioration, ou du moins de maintien de la race, dont on doit tenir grand compte en préparant des emplacements où, par les temps convenables, les jeunes porcs, les truies portières, les verrats, puissent se promener en liberté.

Les dimensions, largeur et longueur, nécessaires pour que le porc puisse être à l'aise dans sa loge, dépendent de la variété particulière dont il fait partie et de son âge : ainsi les grands porcs anglais ou normands exigeront évidemment plus d'espace que les petits porcs chinois purs ou croisés avec d'autres petites races telles que le porc noir à jambes courtes, etc.

Un cochonneau n'aura pas besoin de la même place qu'une truie portière, etc. Les auteurs, du reste, ne s'accordent guère sur ce point, comme le prouvent les chiffres du tableau suivant :

Entre les dimensions données par Viborg et celles des stalles qu'occupent les porcs d'engrais de M. Méchi, on voit qu'il y a de la marge. Si l'espace accordé par le premier est trop grand, en revanche on peut dire que M. Méchi est descendu au minimum. En effet, comme on peut avoir des porcs d'engrais de 1m,20 de

AUTEURS	ESPÈCE PARTICULIÈRE	SURFACE DE CHAQUE LOGE en mètres carrés		DIMENSIONS DE LA LOGE			
				LONGUEUR		LARGEUR	
		MINIMUM	MAXIM.	MINIMUM	MAXIM.	MINIMUM	MAXIM.
		m	m	m	m	m	m
D'après Viborg	Grand porc	5.04	9.00?	2.50?	3.02?	2.75?	2.09?
De Perthuis	Truie	3.10?	»	2.33	»	1.05?	»
.....	Porc d'engrais	2.00	»	2.00	»	1.00	»
De Gasparin	Truie	3.20	3.50?	2.00	2.10	1.60	1.68?
Id.	Verrat	2.00	3.00	1.08?	2.00?	1.01?	1.50?
Id.	Cochonneau	1.03	1.05?	1.41?	1.50?	1.90?	1.00
M. Méchi	Grand porc d'engrais	0.83	1.01	1.00	1.20	0.83	0.84
Id.	Petit porc d'engrais	0.55	0.74	0.88	0.92	0.62	0.80
Ferme de Grignon	Élevage	3.06	4.00	1.90	2.00	1.85	2.00
Id.	Engrais	3.00	3.60	1.90	2.00	1.60	1.80

longueur et de 0m,60 de largeur, il faut que, pour ce cas, la loge ait au moins cette longueur (1m,20) et une largeur telle que ce porc puisse s'y coucher; or, nous croyons que 0m,85 suffisent, mais que ce chiffre n'a rien d'exagéré, et ces deux dimensions sont justement celles qui correspondent à la surface 1m012 indiquée par M. Méchi pour ses grands porcs d'engrais.

La différence énorme entre les chiffres du tableau précédent s'explique d'abord, comme nous l'avons dit, par la différence des races, grandes ou petites, par l'âge et par la destination (engrais ou reproduction), mais en outre par la considération du plus ou moins de convenance de l'habitation. Nous nous expliquons. Une loge à porcs bien ventilée, c'est-à-dire dans laquelle le constructeur et le fermier ont préparé des moyens efficaces de renouvellement de l'air, d'une manière constante et dans la mesure exacte des besoins, une loge bien propre, bien disposée, enfin, peut avoir une capacité moindre que celle où le manque d'appropriation place les animaux dans un air stagnant, et par suite insalubre; on pense dans ce cas diminuer l'inconvénient de la viciation de l'air en augmentant le cube fourni à chaque animal dans sa loge, c'est-à-dire en donnant à celle-ci des dimensions plus ou moins considérables que celles nécessaires au repos pur et simple. Cette méthode, outre l'inconvénient d'augmenter la surface des bâtiments, et par suite leur prix de revient, a l'inconvénient de n'être qu'un palliatif insuffisant, car évidemment il n'y a que le renouvellement efficace de l'air, c'est-à-dire la ventilation, qui puisse conserver constamment dans les logements d'animaux un air pur et frais.

En résumé, il faut aux porcs d'élevage une loge

spacieuse et une cour attenante; la loge ne doit servir que d'abri pour la nuit ou pour les temps de pluie ou d'orage dans la belle saison et pour une partie du jour dans la saison rigoureuse; en un mot, les porcs d'élevage doivent passer au grand air la plus grande partie de leur temps. On pourra faire des loges ou hangars communs à un certain nombre de jeunes truies ou de gorets; ce sera une économie bien entendue : il faudra compter alors pour chacun environ 0m,60 en surface, et pour la cour une surface triple ou 1m,80.

La loge d'une truie portière ou nourrice devra avoir au moins 2 mètres sur 1m,75. Celle d'un verrat sera suffisante ayant 2 mètres de longueur sur 1m,20 à 1m,50 de largeur.

Les cours devront avoir ordinairement de 3 mètres à 3m,50 de longueur et la même largeur que les loges; ces chiffres n'ont rien d'absolu et dépendent des circonstances d'emplacement.

Les porcs d'engrais seront placés dans des loges peu éclairées et de dimensions strictement nécessaires pour qu'ils puissent s'y coucher commodément, mais non prendre trop d'exercice, il est en outre prouvé qu'un porc engraisse plus vite lorsqu'il est isolé que lorsqu'il mange à une auge commune.

Les loges d'engrais auront de 1 mètre à 1m,30 de longueur et de 0m,75 à 0m,90 de largeur, suivant que les porcs seront de race plus ou moins puissante et d'un âge plus ou moins avancé.

Nous aurions pu nous dispenser de justifier la faiblesse des dimensions que nous indiquons pour les porcs d'engrais, en nous contentant de citer l'exemple de M. Méchi, un des agriculteurs les plus distingués de l'Angleterre, et dont l'opinion fait pour ainsi dire loi, mais nous tenions à bien poser les principes : en agriculture, les moindres bénéfices sont à rechercher, car ils se multiplient très vite. Ainsi, dans toute spéculation animale, l'intérêt du prix d'établissement des bâtiments et leur entretien annuel entrent comme dépenses dans le prix de revient de l'engraissement ; il y a donc intérêt à diminuer l'espace occupé par chaque animal, puisqu'on diminue ainsi les frais de production et que par suite on augmente les bénéfices nets. Cette considération peut sembler indifférente aux gens superficiels ; mais qu'ils songent que quelques centimes d'économie sur chaque porc, tant sur le loyer et l'entretien des bâtiments que sur la paille économisée, se totalisent bien vite en livres sterling dans des exploitations où, comme chez M. Méchi, les porcs atteignent le chiffre de 200 à 250 individus [1].

Emplacement et exposition de la porcherie. — Pour l'emplacement de l'habitation des porcs, on choisira un endroit sain, en évitant avec soin l'humidité et d'où les urines pourront facilement s'écouler dans une citerne ou une fosse à purin.

La porcherie sera située aussi près que possible des magasins de pailles et de racines afin de ne pas perdre de temps dans la distributon de la litière et de la nourriture.

L'exposition est loin d'être indifférente, en effet, il faut au porc une température moyenne, aussi uniforme que possible, car il craint beaucoup les extrêmes de chaud et de froid. M. Eug. Gayot recommande l'exposition du midi, au moins dans les régions septen-

1. J. Grandvoinnet, *les Porcheries*.

trionales, à la condition toutefois de le soustraire à l'action des plus fortes chaleurs et de lui fournir de l'eau en suffisance pour de salutaires baignades. M. Léouzon recommande au contraire l'exposition du nord, se basant sur ce fait qu'il est plus facile de combattre le froid que la chaleur.

Nous croyons, pour notre part, qu'il vaut mieux prendre un moyen terme, et nous n'hésitons pas à préconiser, lorsqu'on a le choix, ce qui est loin d'être le cas le plus général, l'exposition du sud-est ou du nord-est.

Sol de la porcherie. — Quand on a suffisamment de paille, fait remarquer M. L. Léouzon, et qu'on veut faire beaucoup de fumier, le meilleur sol pour une loge à porcs est en béton ou en asphalte; mais nous préférons le premier, parce qu'il est d'un prix bien moindre, tout en étant d'un aussi bon usage, et que son emploi est à la portée de tout le monde.

Les porcs redoutent beaucoup l'humidité, et ils ont, comme chacun sait, l'habitude de se coucher du côté opposé à la porte, tandis qu'ils déposent leurs excréments sur cette partie-ci. Il sera donc convenable de diviser le sol de la loge en deux surfaces; l'une horizontale, opposée à la porte, servira de lit et recevra la paille; l'autre sera inclinée vers la porte, pour l'écoulement des urines dans une rigole qui les mène à la fosse. De ce côté se trouve l'auge, et l'eau que laissent tomber les porcs en mangeant s'en va dans la rigole et ne mouille point la litière du lit.

Il y a quelques années, on a préconisé en Angleterre l'emploi des planches à claire-voie. « Le système consiste en un gril formé de madriers en bois dur, chêne ou acacia, posés de champ au-dessus d'une fosse, et laissant entre eux un petit intervalle par lequel tombent les excréments. Ces madriers reposent soit directement, soit au moyen de poutrelles, sur les murs de la fosse. Enfin certaines parties sont assemblées transversalement et s'enlèvent pour permettre la vidange. Non seulement ce plancher est coûteux; mais le bétail s'y trouve mal à l'aise. L'assiette du pied est instable et pénible sur une claire-voie. Les animaux s'y fatiguent debout et peuvent s'estropier. Ils sont couchés trop durement pour trouver un bon repos. De plus, les excrétions pures subissent une fermentation rapide que rien n'arrête, et qu'une ventilation même très active n'empêche pas de monter au nez du bétail[1] ».

L'écartement des poutrelles dépend évidemment de la grandeur des pieds des animaux. M. Méchi, un des promoteurs du système, fixe cette distance :

Pour les jeunes porcs....................	mm.	25 4
Pour les porcs d'âge...........................		31 7

La grosseur du bois varie suivant leur longueur, le poids qu'ils auront à supporter et l'espèce de bois employé.

Ce système, comme toute nouveauté, a eu ses détracteurs et ses partisans. « La claire-voie, disent ceux-ci, nous permet la suppression de la paille, qui entre dans l'alimentation. Nous entretenons ainsi un bétail plus nombreux; par suite augmentation de matières fertilisantes. Les déjections, nous les absorbons avec de la terre ou des cendres, excellent compost; ou bien nous les lançons par des conduits souterrains dans les

1. Ch. Barbier.

champs, où elles tombent en pluie extrêmement fertilisante. On nous objecte le bien-être des animaux. Eh! que nous importe ce bien-être? Nous recherchons avant tout notre avantage pécuniaire. »

De fait, cette théorie a quelque chose de très séduisant, et l'on comprend qu'elle ait été très chaleureusement soutenue[1].

Toutefois l'expérience n'a pas justifié ce que l'on attendait de ce système. Son emploi n'a sa raison d'être que dans des conditions tout à fait exceptionnelles. Quant à l'économie de litière, on a beau dire, le bon fumier bien confectionné sera toujours le roi des engrais, et du bon fumier nous n'en aurons jamais assez[2].

Couvertures et toitures. — Lors donc qu'on peut appuyer la porcherie contre les murs libres d'autres bâtiments de la ferme, les combles sont en appentis, c'est-à-dire à un seul égout, et comme sa largeur ne dépasse pas 2 mètres pour un rang simple, la toiture peut être formée de chevrons reposant d'une part sur une pauvre faîtière encastrée de quelques centimètres dans le mur de support, et de l'autre sur une sablière, pièce de bois plate, placée ou sur le mur de face de la porcherie, ou assemblée avec les poteaux du pan de bois, ou colombage remplaçant le mur.

Ce système de charpente est très économique, mais il oblige à donner au mur l'épaisseur nécessaire pour résister à la poussée du toit. Il faut alors recourir à des moyens de consolidation bien connus et qu'il n'est plus de mon cadre de reproduire.

1. L. Léouzon, *Manuel de la porcherie*.
2. Voir plus loin ce qu'il faut penser du fumier de porc.

Dans les porcheries doubles, avec passage au milieu, on établit de véritables petites fermes, soit avec des planches comme on l'a fait à Grignon, soit avec de petits bois de charpente ordinaires, ce qui est encore moins cher.

Reste à couvrir la construction. D'après ce qui a été dit de l'impressionnabilité du porc aux variations de température, à l'action du froid humide principalement, on ne sera pas surpris que l'hygiène ait une recommandation spéciale à l'endroit de la toiture de cette habitation. On veut donc avec raison qu'elle soit aussi peu que possible conductrice du calorique à cette double fin : conservation de la chaleur intérieure pendant l'hiver, obstacle à l'élévation de la température intérieure en été, par l'action de la chaleur extérieure.

Les couvertures en chaume rempliraient plus qu'aucune autre cette double condition, mais comme une foule d'autres choses, ce mode de couverture disparaît. A côté de ce simple avantage, d'ailleurs, le toit en chaume a plus d'un inconvénient et on peut le laisser partir sans lui donner plus de regrets que de raison. Cela veut dire, toutefois, qu'il faut éviter d'aller à l'excès opposé et, par exemple, de couvrir la porcherie en zinc. Cet autre mode se signale précisément par un double inconvénient formant contraste absolu avec la couverture de chaume ; il est aussi froid en hiver qu'il est chaud en été, à moins qu'on ne le double à l'intérieur, en dessous par conséquent, d'un treillage supportant des paillassons. Mais alors la dépense s'élève et nos conseils d'économie ne sont plus écoutés.

La couverture en tuiles, plus que celle en ardoises, remplit une condition moyenne à laquelle on peut s'en tenir et sous le rapport de l'hygiène et sous le rapport économique[1].

Portes. — Les portes de la porcherie seront aussi simples que possible, en planches assemblées mais solides, on leur donnera $1^m,80$ de haut sur 1 mètre de large.

Une bonne disposition de porte, signalée par M. Léouzon, est celle qui sert de communication entre la loge et la cour à la porcherie de Petit-Bourg. Cette porte se compose de trois parties : une partie inférieure, qui est une porte pleine ordinaire, se fermant à l'intérieur au moyen d'un verrou; c'est la porte véritable qui livre passage aux animaux. La seconde partie est à deux battants ou volets en bois plein : elle sert à donner en même temps de l'air et du jour aux logis; elle ferme intérieurement par un simple crochet. La troisième partie est fixe et composée d'un cadre portant deux vitres pour donner du jour en tout temps et lorsque la seconde porte est fermée..

« Enfin, les portes donnant sur les cours dit M. Grandvoinnet, doivent s'ouvrir par une simple poussée d'un côté ou d'un autre, et se refermer d'elles-mêmes; de cette façon les porcs, ceux d'élevage surtout, peuvent à volonté passer de la loge à la cour et réciproquement. Les animaux s'habituent assez vite à cet exercice.

Cette condition, recherchée dans beaucoup de porcheries anglaises, n'est pas absolument indispensable; mais elle est tout au moins une disposition propre à éviter de la fatigue au porcher, et à mettre

1. J. Grandvoinnet, *loc. cit.*

les animaux dans une liberté complète, indispensable à un bon élevage. Pour que ces portes puissent s'ouvrir des deux côtés, elles ne doivent pas butter, mais passer librement dans la baie, et pour que leur propre poids suffise à les fermer, il faut que l'axe de rotation soit légèrement incliné à l'avant, comme dans les portes de barrières, ou bien on peut employer un des deux procédés suivants, plus certains, mais plus coûteux :

1° Un plan incliné circulaire supporte le bois de la porte par l'intermédiaire d'une petite roue. Lorsqu'on ouvre la porte, la roue monte en roulant sur le plan incliné, et aussitôt que la pression cesse, le poids de la porte fait descendre la roulette. L'axe de rotation est vertical.

2° Une espèce d'arc est fixé sur le montant de la porte et s'appuie, quand cette porte est fermée, sur deux pitons verticaux. La partie supérieure est munie d'un gond ordinaire. Lorsque la porte est fermée d'un côté, l'arc ne porte que sur un piton, et, par suite, l'axe est incliné. Après le passage ou la pression effectuée, la porte revient à sa première position par son propre poids. »

Couloir de service. — Toutes les loges communiquent du côté opposé à la cour avec un couloir très utile pour faciliter le service et la surveillance. Sa largeur est d'environ 1^{m},40. Son sol doit être en béton, ou en asphalte, ou carrelé, afin de pouvoir le laver et le tenir toujours très propre.

Auges. — Les auges ont une importance capitale dans la porcherie. Nous ne demandons aux porcs qu'une seule chose, c'est de manger le plus possible; il importe donc qu'ils prennent cette nourriture sans peine et sans fatigue pour qu'elle leur profite.

Comme le fait remarquer M. Eug. Gayot, on en compose de toutes sortes, on en fait de bien des manières et avec les matériaux les plus variés. Cela ne dit pas précisément qu'on y réussisse toujours, qu'on arrive souvent à faire bien. C'est le sentiment de M. Stearn qui se prononce très carrément en ces termes : « Les auges à cochons sont généralement mal construites et partout elles occasionnent beaucoup de perte, la nourriture se trouvant foulée par les pieds de devant que l'animal ne devrait pas pouvoir y faire entrer. » Ces quelques mots déposent en faveur d'un examen détaillé...

Profitant de toutes les études qui ont été faites sur les auges destinées à la porcherie, un écrivain agricole, M. Pierre Darder, a résumé comme il suit les règles de leur construction et leurs différents types :

1° Tous les angles doivent être arrondis autant que possible, les bords surtout doivent l'être dans tous les cas, car, comme ils servent presque toujours de point d'appui au porc lorsqu'il mange, ils causeraient des œdèmes et même des plaies au cou de l'animal, s'ils n'étaient pas dans la condition que nous indiquons.

2° L'extérieur et surtout l'intérieur des auges doivent être lisses et unis, car s'il y avait des excavations, les aliments pouvant y séjourner, s'y décomposeraient et infecteraient les loges des animaux.

3° La hauteur et la capacité des auges doivent être subordonnées aux exigences des races, à l'âge des animaux, ainsi qu'à la qualité de la nourriture qui leur est donnée; de plus, elles doivent être divisées par de petites cloisons formant des augettes, afin que chaque animal ait sa ration. Les augettes pour porcelets devront être d'une capacité de 8 litres environ et de 10 à 14 pour les porcs d'engrais.

4° Les auges doivent être légèrement concaves et présenter à leur fond une ouverture qui, étant fermée par une cheville, soit en bois, soit en fer, puisse donner issue à l'eau qui sert au nettoyage.

Les auges sont divisées en *auges mobiles*, c'est-à-dire

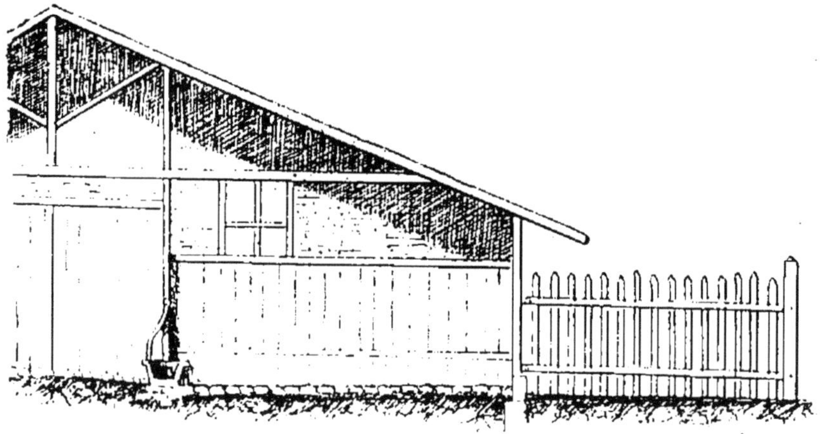

Fig. 7. — Coupe d'une porcherie modèle.

pouvant être déplacées sans rien démolir, et en *auges fixes*, c'est-à-dire qui font corps avec les cloisons des porcheries. Les unes et les autres s'emplissent à l'intérieur ou à l'extérieur des loges, mais nous préférons de beaucoup les auges s'emplissant par l'extérieur, car on ne trouble pas le repos des animaux, et le porcher n'est pas exposé à leurs attaques et à leur voracité.

Les *auges mobiles* peuvent être avec roulette ou sans roulette et à tiroir; leurs formes et les matériaux employés dans leur construction sont très variables; on les construit :

1° En pierre de taille ;
2° En bois d'une seule pièce ;
3° En planches ajustées ;
4° En briques maçonnées ;
5° En béton.

Ce n'est que depuis quelques années seulement qu'on en fabrique en fer, et pour celles-ci, il faut avoir recours aux dépositaires d'instruments d'agriculture, ou s'adresser directement aux fabricants.

L'auge en pierre de taille est ordinairement de forme rectangulaire[1] ; les bords à la partie supérieure sont épais de 0m03 environ, et de 0m08 à 0m09 à la partie inférieure.

L'inconvénient de cette auge est de permettre aux animaux de monter dedans et alors ils perdent une partie de leurs aliments. On pourrait remédier à ce défaut en faisant des séparations en bois ou en fer dans l'intérieur de l'auge, ou en la couvrant avec une planche percée d'ouvertures assez larges pour laisser passer la tête des animaux.

L'auge en bois d'une seule pièce, s'obtient au moyen d'un tronc d'arbre creusé, mais comme il est facile de le faire basculer, on lui substitue volontiers l'auge en planches ajustées, dont la construction est des plus simples et peu dispendieuse. En effet, cinq bouts de planches clouées ensemble la donnent. Tout cela est néanmoins très primitif et peu satisfaisant, car la nour-

1. On voit dans quelques fermes des auges en pierre de taille de forme circulaire.

riture est facilement poussée dehors par les moins avides et les moins gloutons. On a donc cherché mieux. En cherchant on a trouvé une auge dont les parois latérales sont percées de trous dans lesquels les porcs introduisent leur tête.

Un autre perfectionnement qu'a fait connaître M. E. Gayot, c'est l'auge à porcelets, en bois, imaginée par M. Em. Pavy. Elle consiste en une boîte rectangulaire, divisée en plusieurs compartiments. Ici, chacun a le sien et se trouve fort convenablement isolé du voisin au moment où on lui sert son repas...

Les porcelets qui tètent leur mère chacun à une mamelle, sans en changer jamais tant que dure l'allaitement, conservent cette bonne habitude en passant de la mamelle à une auge bien établie ; chacun adopte un sabord et lui reste fidèle.

Il est temps de quitter les auges en bois. On en fabrique de très simples en briques maçonnées et en béton. Elles ont leurs avantages, ceux-ci entre autres de s'approprier très facilement et de durer longtemps. Leur forme est nécessairement très variable. Les auges en fonte, imaginées par les Anglais, sont en quelque sorte la perfection, mais elles sont d'un prix élevé.

Voici d'abord l'auge circulaire, une manière de bijou en son genre. Elle occupe peu de place et présente plus de capacité qu'une autre de même étendue. Elle est divisée en huit compartiments très faciles à tenir propres, attendu que la pièce de fer centrale d'où rayonnent les séparations intérieures tourne et pivote sur elle-même ; mais elle coûte de 35 à 40 francs. Aussi ne se répand-elle qu'avec une extrême lenteur.

J'en aurai fini avec les auges mobiles, si je mentionne encore celle dite *à tiroir* dont la manœuvre est difficile et désagréable en ce qu'elle occasionne des pertes de nourriture qui fermente vite dans les coins où elle pénètre. Elle n'est point à recommander, et partout où son emploi pouvait offrir quelque avantage, on y a heureusement substitué les auges fixes qui vont m'occuper à présent.

On les construit en bois, mais bien plus souvent en briques ou en pierre et en fer.

« Les auges en briques et en pierre, dit M. G. Darder à qui je reviens, par la raison que je ne ferais pas mieux, se divisent en auges à cloison fixe, en auges à volets et en auges à rigole verticale.

1° *A cloison fixe.* — La partie destinée à recevoir les aliments est en briques bien cimentées à l'intérieur. La cloison fixe peut être faite en planches que l'on scellera à l'intérieur de la loge, aux deux tiers de la largeur des montants, et on aura soin de ne pas la faire descendre au delà des bords de l'auge.

La partie supérieure du mur de la cloison devra être terminée par un chaperon, fait au moyen de deux ou plusieurs briques mises à plat et cimentées, afin de rejeter les eaux pluviales en dehors de l'auge.

2° *A volet.* — Le volet ou cloison oscillante peut être droit, mais il sera plus avantageux de le faire concave du côté de l'animal afin de lui laisser le plus de place possible. Nos lecteurs comprendront facilement que lorsqu'il s'agit de donner à manger aux animaux ou de nettoyer l'auge, on poussera le volet en dedans, et on le ramènera à soi lorsque l'auge sera remplie. Ce volet est maintenu au bord de l'auge par un verrou.

3° *A rigole verticale.* — Cette auge est d'une construction beaucoup plus coûteuse, et exige de la part du porcher plus d'attention dans le nettoyage, à cause de l'espèce d'entonnoir qui termine la rigole à sa partie supérieure, et plus de soin pour verser les aliments dans l'auge. Pour ces deux raisons, nous n'en conseillons pas la construction.

Auges en fonte et à volets oscillants. — La plus belle dans ce genre est certainement celle inventée par l'Anglais Torr, et construite par Crosskill; mais pour nous, elle a deux défauts: son prix élevé l'empêche d'être accessible à tous les éleveurs, et elle est beaucoup trop compliquée.

Placement des auges. — Les endroits les plus convenables pour le placement des auges ne peuvent pas être indiqués d'une façon absolue; cependant nous dirons que les auges à porcelets doivent être placées de préférence au milieu des cours; les auges à porcs d'engrais devront être, autant que possible, placées sur la face de la loge donnant dans les passages.

Comparaison des auges entre elles. — Les auges en bois présentent bien quelques inconvénients au point de vue de l'hygiène des animaux, mais ils ne sont pas aussi grands qu'on a bien voulu le dire ; en ayant soin de les bien nettoyer, elles peuvent même remplacer toutes les autres. Lorsqu'on donnera aux animaux des résidus de brasserie ou de distillerie, il sera utile de couvrir les auges d'une tôle assez forte ou d'une lame de zinc, afin de les garantir de la moisissure et des morsures des animaux.

Les auges en pierre sont très bonnes, mais en raison de la main d'œuvre qu'elles demandent, elles coûtent très cher.

Les auges fixes en briques, bien construites et bien cimentées, peuvent rendre de très bons services; cependant comme elles sont d'une conservation difficile, nous préférons celles en bois ou en pierre. Les auges en fonte seraient préférables à toutes les autres, car elles durent beaucoup plus longtemps, elles sont plus faciles à nettoyer et les aliments s'y conservent parfaitement, mais leur prix élevé en empêchera l'usage pendant longtemps dans la généralité des porcheries. »

Que le lecteur ne se rebute pas : le sujet est important, et d'ailleurs mes observations ne seront plus ni longues ni compliquées. Il faut savoir quelle capacité donner à l'auge. Celle d'un porc adulte doit supporter une contenance de 10 à 12 litres. On lui donne en profondeur 0m15 à 0m18, et en largeur de 0m30 à 0m35 sur 0m50 de longueur pour une tête isolée, 0m40 seulement pour plusieurs, y compris l'épaisseur des séparations qui déterminent une place distincte pour chacun et empêchent les animaux de se disputer la ration. On élève le bord supérieur de l'auge au-dessus du sol, en raison de l'élévation de la taille, soit au minimum de 0m20, au maximum de 0m35.

Suivant les dispositions adoptées, les auges s'emplissent de l'intérieur ou de l'extérieur de la loge. La première manière a plus d'un inconvénient et oblige à des contacts qui manquent d'agréments. Je la condamne à peu près absolument, car je n'y vois, en réalité, aucun avantage. Elle rend difficile le service, et malaisé l'entretien de la propreté.

La seconde manière n'offre aucune complication et remédie à tous les inconvénients de l'autre; elle fait qu'on peut apporter à volonté la nourriture et nettoyer à fond les auges sans déranger les animaux, sans en être incommodé surtout. Le système adopté à cet effet présente, on l'a vu, maintes variétés dans ses formes, mais toutes partent de ce principe : tenir l'animal séparé de l'auge, tandis qu'on l'emplit et qu'on la nettoie; que celle-ci, d'ailleurs, soit une espèce de tiroir que l'on tire ou repousse à volonté, soit qu'on l'isole de l'habitant de la loge par un volet mobile pour la remettre ensuite à la portée du consommateur. C'est toujours la même chose, j'insisterai sur ce point, chose beaucoup plus simple qu'on ne le supposerait à voir toutes les variations qu'elle affecte et qui n'ont été, il faut se l'avouer, que des tâtonnements pour arriver à un type satisfaisant. Pour moi, je les abandonnerais sans hésiter, même les plus préconisées, pour m'en tenir à un modèle plus connu, dont je n'ai lu la description nulle part, mais que j'ai vu en pratique à la complète satisfaction d'un éducateur des plus intelligents.

Soit donc une auge établie sur le devant et en dehors de la loge, formant coffre, pour ainsi dire, et couverte, en manière de toit ou en tabatière, d'un couvercle mobile fixé à charnières. Sur sa face, et en regard, la cloison de la loge porte une ouverture ovalaire par laquelle l'habitant vient s'attabler à ses hunes : veut-on mettre quelque aliment dans la mangeoire, qui peut être en bois, en pierre, en briques, en béton, l'ouverture ovalaire est fermée par un volet qui descend verticalement entre deux coulisseaux et qui est maintenu par la cheville en fer ou en bois qui le retenait dans la position qu'il vient de perdre. Alors on relève le couvercle du coffre et l'on opère comme on l'entend, libre de toute sujétion, en l'absence de l'animal ainsi tenu en respect, et l'on vide, on nettoie, on aère ou l'on emplit son auge sans être ni inquiété, ni tourmenté par des agitations ou des sollicitations inopportunes, par les exigences ou les impatiences de la bête. La besogne terminée, on abaisse le couvercle sur l'auge, puis on relève le volet mobile, dont on avait fermé l'ouverture ovalaire, si le moment est venu de remettre le porc en communication avec sa mangeoire. Rien de plus simple, je le répète, de plus commode et de plus économique...

Tout ce qui porte ou contient la nourriture des animaux, râteliers et mangeoires, crèches, auges, seaux, ustensiles quelconques, doit être entretenu avec la propreté la plus minutieuse. L'auge du porc ne fait pas exception, il s'en faut. Loin de là, je demanderai pour elle des soins d'autant plus minutieux ou raffinés qu'on l'emplit d'habitude d'aliments plus fermentescibles. Elle a besoin d'être fréquemment lavée, lavée à grande eau puis séchée. C'est une raison de plus pour la disposer de façon à ce que les lavages répétés ne puissent introduire dans la loge aucune cause d'humidité nuisible [1].

Résumé et conclusion. — En résumé, d'après M. G. Heuzé, les porcheries sont bien disposées :

1° Si le sol est sec, pavé, cimenté ou bétonné;

2° Si la pente de l'aire est suffisante pour que les urines puissent aisément s'écouler au dehors;

3° Si les loges sont assez grandes pour que les animaux qu'elles doivent contenir puissent y circuler librement;

4° Quand chaque loge communique à une cour où les porcs peuvent aller prendre l'air;

1. Eug. Gayot, *Guide pratique pour le bon aménagement des habitations des animaux.*

5° Si les ouvertures permettent d'établir intérieurement des courants d'air pendant l'été;

6° Si la toiture, les murs et les portes abritent bien les animaux pendant l'hiver contre les pluies et le froid;

7° Si le couloir intérieur rend faciles la surveillance des animaux et la distribution de la nourriture.

CHAPITRE VII

MULTIPLICATION DU PORC

Méthodes de reproduction. — La vie des porcs ne dure que le moins possible en général. Comme ils ne sont utilisés qu'après leur mort, fait remarquer M. A. Sanson, plus tôt celle-ci peut arriver convenablement, mieux cela vaut. Les influences héréditaires ont en conséquence chez eux une importance non négligeable, mais relativement minime, eu égard à celle de l'alimentation, pour ce qui concerne toutefois les caractères morphologiques. Obtenir, en un temps donné, une certaine quantité de chair et de graisse, voilà le but. L'essentiel est de trouver à la vendre, et c'est ce qui doit décider du choix de la méthode de reproduction, dans l'état actuel des choses. Nous voulons dire que selon la visée de l'entreprise de production des jeunes Suidés pour la consommation des villes ou pour celle des campagnes, selon même les dispositions des habitants de celles-ci, on peut reproduire ces Suidés en sélection zoologique, par croisement ou par métissage.

Il reste encore des localités dans lesquelles les paysans ne veulent à aucun prix acheter les jeunes cochons précoces, chez lesquels le développement de la graisse acquiert la prépondérance. Ils n'y trouvent point leur compte pour faire la soupe du ménage avec du lard salé.

Dans ces localités, ce serait une faute de donner, par exemple, des verrats anglais aux truies celtiques ou ibériques des variétés locales. D'une façon absolue, les jeunes engendrés par ces verrats deviendraient de plus puissantes machines à transformer les aliments ; mais qu'importe leur supériorité absolue puisqu'elles resteraient pour compte au fabricant? Le plus sage est donc de s'en abstenir et de fabriquer ce qui se vend.

L'opération la plus lucrative étant, ici surtout, comme nous l'avons établi, celle de la production des jeunes vendus aussitôt après le sevrage, le principal est que ces jeunes trouvent dans le commerce un écoulement facile et prompt. Ils ne le peuvent qu'à la condition d'être tout à fait dans le goût de la clientèle, sur laquelle on a bien rarement intérêt à tenter des réformes sous prétexte de progrès. Il faut être à la piste de ses désirs pour se mettre en mesure de les satisfaire au moment opportun. Quand on a la prétention de lui faire violence, elle vous abandonne, et l'on reste seul pour admirer ses propres produits.

Du reste, il n'y a point là de condition d'infériorité réelle pour le producteur. En supposant que les jeunes cochons des variétés moins précoces se paient moins cher par tête que ceux des autres, les truies de ces variétés étant plus fécondes, leur revenu annuel est au moins égal, sinon plus élevé.

Lorsque l'entreprise consiste à faire naître les cochons pour les nourrir soi-même, jusqu'au moment de les livrer gras au commerce de la charcuterie (ce qui n'est point la meilleure des entreprises), ou seulement pour les vendre à des éleveurs travaillant en vue du même débouché, il est loisible, ou de reproduire entre eux les métis anglais, ou d'accoupler des verrats de ces métis soit avec les truies celtiques, soit avec les ibériques, selon la facilité qu'on a de se procurer les unes ou les autres, ce qui dépend de la localité qu'on habite. Par ces moyens, on obtiendra incontestablement, pour le même temps, un plus fort poids de matières comestibles. Mais, en outre des considérations de débouché dont nous venons de parler, ils impliquent, pour être utilisés, des considérations d'existence tout autres que celles qui suffisent pour les sujets des races européennes pures, et sur lesquelles nous aurons à nous expliquer plus tard [1].

Choix des reproducteurs. — Ainsi que le fait observer M. Magne, qui a traité ce sujet d'une manière fort remarquable, surtout au point de vue pratique, il faut rechercher, autant que la race qu'on a choisie le permet, d'abord une grande disposition à transformer en matières utiles les aliments consommés ; en second lieu, une conformation indiquant que les animaux auront une grande quantité de viande nette relativement au poids du corps ; enfin, l'aptitude à produire de la viande là où elle est de meilleure qualité.

Un porc est bien disposé à s'assimiler la nourriture quand il a une poitrine ample qu'annoncent les caractères suivants : garrot épais, poitrail large, côtes longues et fortement arquées sous leur longueur, surtout en arrière des coudes ; dans les porcs bien conformés,

1. A. Sanson, *Traité de Zootechnie ou Economie du bétail*, t V.

le tronc est aussi profond de haut en bas derrière les épaules que vers l'abdomen (fig. 8). La région ombilicale devient plus tombante à mesure que les animaux prennent de la graisse, mais il n'existe jamais une grande différence entre la profondeur du tronc et celle qu'on remarque vers le flanc.

L'ampleur de la poitrine s'annonce encore par la rondeur du tronc qui se rapproche de la forme cylin-

FIG. 8. — Type de belle conformation.

drique et par l'écartement des membres, même des membres postérieurs. Il existe un rapport d'épaisseur presque constant entre le développement de la partie postérieure du corps et celui de la partie antérieure, de sorte que l'écartement des jarrets suffit pour faire juger de la capacité de la poitrine.

Dans les porcs on n'a pas noté, comme dans le cheval, la grosseur de la gorge et l'écartement des deux branches de l'os maxillaire, parce qu'on n'a pas analysé dans ces animaux les conditions d'une respiration aisée. Cet écartement, très prononcé dans les porcs des races perfectionnées, suppose un grand développement de la poitrine, et nous explique pourquoi la tête se confond si facilement avec les épaules quand ces animaux sont très gras.

Si à ces caractères le porc réunit de la mollesse, plus de propension à se coucher qu'à courir quand il a mangé, il prendra bien la graisse, mais il sera mal disposé pour aller chercher sa nourriture dans les bois. Les signes d'une grande aptitude à se bien nourrir sont aussi ceux d'un rendement considérable de bonne viande : la profondeur de la poitrine de haut en bas, la longueur de cette cavité, l'épaisseur du corps, la largeur des lombes, indiquent un grand développement des parties du corps où se trouve la meilleure viande.

Les porcs à os grêles, à encolure courte, à flanc étroit, à ventre peu développé, à corps long, à épine dorsale bien soutenue depuis les épaules jusqu'à la queue, ont, si, du reste, leur taille le comporte, de larges filets, de fortes côtelettes, de gros jambons et peu d'issues.

On n'emploiera à la reproduction que les animaux jouissant d'une bonne santé, ceux qui ont la peau propre, les soies brillantes, qui sont gais et qui mangent bien.

1° **Truie**. — Les considérations qui précèdent s'appliquent aux deux sexes. Nous dirons, relativement à la femelle, qu'elle doit être grande, avoir l'abdomen et le bassin amples, les mamelles volumineuses, douze au moins.

C'est vers l'âge de neuf ou dix mois qu'il faut faire porter les truies qui ont été bien soignées : la gestation et l'allaitement, quand elles sont bien nourries, n'en arrêtent pas la croissance, et, parvenues à l'âge de douze ou treize mois, elles peuvent avoir donné une portée qui a payé leur entretien. Si elles ne se montrent pas bonnes nourrices, on les engraisse quand elles sont séparées de leurs petits; si elles soignent leurs petits et qu'elles les allaitent bien, on les conserve pour la reproduction jusqu'à l'âge de trois, quatre, cinq ans. Quoiqu'il y ait moins d'inconvénient à les laisser vieillir que les mâles, il est sage cependant de ne pas les garder quand elles sont très fortes ; car s'il leur arrive un accident, c'est une perte plus considérable ; et plus elles sont fortes, lourdes, plus elles sont exposées à écraser les petits au moment du part.

2° **Verrat.** — Pour être fécond, le verrat doit avoir les testicules apparents. Nous en avons fait l'expérience, ajoute M. Magne, sur deux verrats à la porcherie de l'École vétérinaire d'Alfort. Nous les avions fait conserver quoique leurs testicules fussent restés dans l'abdomen, parce qu'ils étaient magnifiques de conformation ; ils avaient un corps long, cylindrique, des jambes grêles, courtes, une tête mince et une peau douce comme celle d'une truie : même dans la région du scrotum, elle était parfaitement unie; les soies étaient fines sur tout le corps ; à peine étaient-elles un peu plus rudes aux lèvres. Nous n'avons jamais pu en obtenir une seule saillie.

Mais un porc dont un seul testicule est sorti de l'abdomen est fécond. Nous en avons conservé un qui présentait cette anomalie, en 1847, à cause de ses belles formes. Il a donné un grand nombre de produits dont un seul testicule était apparent, et quelques-uns dont les deux testicules étaient restés dans l'abdomen. Nous considérons ce vice de conformation comme héréditaire. Très prolifiques, les porcs peuvent se reproduire à l'âge de six à sept mois ; et en général, il faut employer les verrats jeunes, vers l'âge de dix à douze mois. On doit les réformer à l'âge de deux ans ou trente mois, afin de pouvoir les châtrer, les engraisser à trois ans au plus tard. A cet âge, ils fournissent encore de bonne viande [1].

Amélioration par les croisements. — Avant d'entrer dans la pratique même de la reproduction, nous devons nous occuper quelque peu du choix des reproducteurs, en considérant surtout la race à laquelle ils appartiennent, car pour obtenir de bons produits il ne suffit pas d'avoir une truie et un verrat bien conformés, il faut encore voir à quelle race ils appartiennent et s'ils sont parents plus ou moins proches.

Le croisement, dit M. G. Heuzé, consiste dans l'union d'un mâle et d'une femelle de races différentes; il a pour but la production d'animaux qui tiennent plus ou moins de l'un ou de l'autre, mais que l'on regarde comme plus parfaits et surtout plus utiles que les deux races procréatrices. Le croisement est plus délicat que l'appareillement. Il est vrai que cette opération est un moyen plus prompt, plus assuré de régénération, mais on ne doit y recourir que lorsque la race que l'on possède ne répond pas à la spéculation qu'on se propose d'adopter.

Le point important dans les croisements est de choisir, comme sujet améliorateur, une race qui soit en

1. Magne, *loc. cit.*

harmonie avec la race qu'on veut perfectionner et le climat qu'on habite, quoique, en général, l'espèce porcine soit, moins que les autres espèces domestiques, tributaire des influences climatériques et locales. Si la race adoptée est d'une naturalisation difficile, si les circonstances diverses au milieu desquelles elle est appelée à vivre doivent exercer sur elle une influence défavorable, il est très certain qu'elle perdra d'année en année les qualités qui la distinguent. Si, au contraire, cette même race a une aptitude incontestable à résister aux influences du sol et du climat, elle se naturalisera promptement et transmettra très aisément les caractères, les qualités qui la séparent de la race indigène avec laquelle elle doit être croisée.

Ainsi, le cultivateur ne peut et ne doit pas adopter au hasard une race porcine étrangère comme race amélioratrice. Avant de se prononcer en faveur d'une race donnée, il doit bien l'étudier, connaître ses qualités, ses aptitudes et surtout ses défauts.

S'il précise bien à l'avance ce qu'il veut obtenir, le but qu'il se propose d'atteindre, en outre, si, par une étude bien faite, il est parfaitement initié aux défauts qu'il a l'intention de corriger chez la race indigène, il ne peut que suivre une voie favorable à ses intérêts.

Le climat a toujours une très grande influence dans les croisements des races porcines. Quiconque méconnaît cette influence ne peut espérer réaliser d'utiles améliorations par le concours de ses accouplements. On ne doit pas oublier que les races porcines du Midi ont toujours servi avec succès à la régénération des races porcines du Nord; tandis que ces dernières races transportées dans les provinces méridionales de l'Europe ont souvent fait dégénérer les races porcines indigènes avec lesquelles elles ont été accouplées. On n'ignore plus aujourd'hui que toutes les races porcines anglaises ont été créées à l'aide de croisements plus ou moins compliqués. Il ne suffit pas que les croisements reposent sur les meilleurs principes, il faut aussi que le cultivateur soit bien convaincu à l'avance qu'en opérant de tels accouplements il s'impose l'obligation de changer, de perfectionner le régime auquel il soumet la race qu'il veut améliorer. En général, les animaux provenant de croisements exécutés entre une race indigène et une race étrangère, demandent une nourriture plus abondante, une alimentation plus nutrive. Car, par le métissage on crée des animaux plus délicats, plus exigeants, quoique doués de qualités physiques plus belles et de qualités organiques meilleures. Cette délicatesse est naturelle; elle est le partage de tous les produits obtenus au moyen de croisements. Son plus grand défaut est de diminuer sous un certain rapport les bénéfices que l'on est en droit d'attendre de croisements bien compris et exécutés.

J'ajouterai à ces considérations, continue M. Heuzé, qu'il est préférable, lorsqu'on veut perfectionner une race porcine par le croisement, d'importer plutôt des mâles que des femelles appartenant à la race que l'on a choisie comme race amélioratrice. Le mâle exerce une influence sur un grand nombre d'animaux, tandis que la truie n'agit chaque année que sur dix, quinze ou vingt sujets.

Le mâle, a dit avec raison M. le marquis de Dampierre, donne la précocité, les formes trapues, la finesse de ses os, et cette précieuse disposition des races asiatiques, qui concentre pour ainsi dire toute leur vitalité dans leur appareil digestif. La femelle apporte la vigueur de la santé, une action plus puissante des poumons, l'ampleur du bassin et du ventre qui promettent des portées nombreuses, des mamelles volumineuses, une sécrétion laitière abondante. Le porc qui provient de ce premier croisement, ajoute-t-il très judicieusement, est assurément l'animal de consommation qui résume le mieux les aptitudes diverses que recherche le commerce actuel, et le petit cultivateur devra s'en tenir là.

Sous un autre rapport, l'introduction des animaux mâles est aussi plus rationnelle; les verrats, toujours plus rustiques, plus robustes, se façonnent mieux au sol, au climat et à la nourriture; les femelles étant plus délicates, moins vigoureuses, demandent généralement plus de soin; de plus elles peuvent avorter ou rester infécondes.

Envisagés sous un point de vue économique, les mâles sont donc les animaux que l'on doit introduire de préférence.

Cette loi, toutefois, comporte une exception. Ainsi, toutes les fois qu'un éleveur se trouvera dans la nécessité de s'adresser à des contrées très éloignées du lieu qu'il habite, et qu'il lui faudra faire de très grandes dépenses pour se procurer les animaux améliorateurs qui lui sont utiles, il aura avantage à importer en même temps un mâle et une ou deux femelles. Les truies lui permettront pendant quelques années de multiplier la race étrangère dans le but d'avoir plusieurs mâles, ce qui lui permettra de remplacer le verrat importé, si, par des causes particulières, il venait à périr ou à perdre ses facultés prolifiques. Doit-on poursuivre les croisements? L'expérience a démontré que l'éleveur qui veut réaliser des bénéfices avec l'élevage de l'espèce porcine, doit, dans les circonstances ordinaires, se borner à faire naître des animaux demi-sang sans se préoccuper des avantages et des inconvénients que présente la consanguinité[1].

En résumé, tout agriculteur doit avoir pour but, quand il opère un appareillement ou un croisement, d'obtenir des animaux ayant des formes plus arrondies, des os moins gros et plus d'aptitude à l'engraissement tout en conservant une certaine énergie musculaire.

De tels animaux transforment plus économiquement une quantité donnée de nourriture en substances alimentaires que les mêmes animaux dérivés des races indigènes françaises[2].

Consanguinité. — L'accouplement consanguin ne peut et ne doit avoir lieu entre individus de la même famille, que si ces animaux sont arrivés à un perfectionnement profond, à une entière inaltérabilité de caractères. Si la famille que l'on veut perfectionner par elle-même n'est pas parfaite d'ensemble, d'aptitude ; si ces caractères sont dus au hasard, l'appareillement ou la métissation consanguine doivent être regardés comme un moyen vicieux de régénération. C'est que, pour suivre une de ces routes, il faut que la famille qui se propage par consanguinité soit d'une constance parfaite. On sait que, plus une race a d'aptitude à transmettre à ses descendants les qualités, les formes qui la distinguent, et moins elle est exposée à la dégénération. Ce n'est donc que quand une race, une famille a acquis cette constance qu'on peut tenter d'augmenter encore le perfectionnement des individus

1. Voir plus loin pour cette question.
2. G. Heuzé, *le Porc*.

par voie consanguine. Ce principe s'identifie parfaitement avec l'idée de Cline qui est aujourd'hui professée en Angleterre. Cet observateur croit à l'évidence de l'avantage de la multiplication *dans et dans (in and in)* quand une variété particulière approche de la perfection dans sa structure. Les faits ont prouvé en Angleterre que la consanguinité augmentait la précocité et l'aptitude à l'engraissement[1].

M. Sanson traduit cette vérité d'une manière très nette en disant que la consanguinité élève l'hérédité individuelle à sa plus haute puissance; ce qui résume parfaitement la question; les qualités comme les défauts se transmettant sûrement aux descendants lorsque ceux-ci sont issus de l'accouplement entre consanguins.

Comme on le voit, les accouplements de cette nature devront être exécutés avec beaucoup de prudence.

1. G. Heuzé, *loc. cit.*

CHAPITRE VIII

PRATIQUE DE LA REPRODUCTION

Chaleur. — Le rut se développe assez souvent dans le porc; ordinairement il n'est pas nécessaire de soumettre les animaux à un régime particulier.

La femelle entre en chaleur à l'âge de trois, quatre ou cinq mois. Cet état, dans les truies fortes, bien nourries, fait observer M. Magne, reparaît tous les vingt ou vingt-cinq jours; les grains, l'avoine, l'orge, les féveroles le provoquent.

La truie en chaleur va, vient, lève le nez, grogne, monte sur les autres porcs; les lèvres de la vulve sont tuméfiées; si elle est dans la même cour que le mâle, elle ne le quitte pas, et elle se dirige de son côté s'il est introduit là où elle se trouve.

On reconnaît que le mâle désire féconder sa femelle à ce qu'il est excité, qu'il grogne, qu'il est hargneux; il secoue la mâchoire et perd par la bouche de la bave écumeuse.

Monte. — Les truies peuvent être couvertes peu de temps après le part, et quand elles sont en lait, elles retiennent même plus facilement que longtemps après le sevrage; mais comme la gestation est de courte durée, elle influe bientôt sur la sécrétion des mamelles; il ne faut donc les faire couvrir que vers le moment du sevrage. De même que les autres femelles, elles retiennent plus facilement quand elles sont restées en chaleur pendant quelque temps et que leur ardeur a diminué.

On doit faire en sorte que les truies mettent bas dans la saison la plus favorable pour élever ou pour vendre les porcelets; on les nourrit facilement quand on a beaucoup de lait, de bonnes racines, des résidus de fabrique ou les restes des porcs soumis à l'engraissement. Les mois de mars et de septembre sont favorables à la réussite des porcelets.

Lorsque la truie a été fécondée en décembre, les petits naissent en mars, peuvent profiter des résidus de la laiterie et de la verdure. Si la mère ne doit plus porter, on a le temps de la faire châtrer et de l'engraisser pour l'hiver suivant; si elle doit porter encore, on la fait couvrir de nouveau pour avoir des gorets de la deuxième portée annuelle à l'arrière-saison.

Le plus souvent on fait effectuer l'accouplement dans une loge ou dans une cour, où l'on enferme le mâle et la femelle. L'acte dure quatre ou cinq minutes environ. On doit faire, autant que possible, couvrir les truies deux fois de suite, ou mieux les laisser avec le verrat jusqu'à cessation complète des chaleurs.

A ces renseignements, M. A. Sanson ajoute que lorsque l'instinct n'a pas été satisfait chez la truie, les signes du rut disparaissent après une durée de deux ou trois jours, pour se montrer de nouveau périodiquement tous les dix-huit à vingt jours.

Nombre des portées. Fécondité des truies. — Les truies pourraient faire cinq portées tous les deux ans; mais il est préférable de ne les faire porter que tous les six mois. Comme elles deviennent souvent en chaleur, et que les mâles sont toujours disposés, on peut choisir, pour l'accouplement, le moment le plus favorable. La très grande fécondité des truies est bien connue. Vauban, dans un de ses travaux sur la statistique, a calculé que les descendants d'une truie, après dix générations, pourraient être au nombre de : 6,434,838. Il suppose que les truies font deux portées par an, et que chaque portée est de 6 porcelets, 3 mâles et 3 femelles. Ces suppositions n'ont rien d'exagéré. Une truie chinoise, élevée en Angleterre, avait donné à la onzième année, en vingt portées, 355 porcelets; une portée avait été de 24 petits.

Cette fécondité peut être utile dans quelques cas particuliers; elle fournit un moyen de mettre les substances animales en rapport avec les besoins d'une colonie nouvelle. En Angleterre, elle a été mise à profit pour accroître en peu de temps la quantité de viande livrée à la consommation, quand le bœuf et le mouton sont devenus à un prix trop élevé. Mais avant tout, il faut tenir compte de la nourriture consommée. En général, le plus difficile n'est pas de faire naître les animaux, c'est de les nourrir. Aussi quand les portées sont très nombreuses on en vend une partie comme cochons de lait.

Nombre de femelles qu'un verrat peut couvrir. — Un verrat de dix-huit mois à deux ans, bien entretenu sans être engraissé, peut couvrir plusieurs truies tous les jours; dans le courant de l'année de deux cents à trois cents et même davantage. Les verrats qui sont gras, qui fonctionnent rarement, sont beaucoup plus lents à effectuer leurs fonctions ; ceux des races communes bien tenus peuvent faire huit, dix saillies par jour ; quand ceux des races graisseuses en ont fait trois, quatre, ils ont les jarrets fatigués, et restent couchés à côté des femelles en chaleur.

Gestation. — 1° *Signes*. — Après la conception, les chaleurs passent, et généralement pour ne plus revenir avant la mise bas. Les truies qui ont été fécondées sont moins pétulantes et plus disposées à s'engraisser ; le ventre devient volumineux, avalé ; quand la gestation est avancée, le pis est saillant et la vulve gonflée. Mais ces signes sont assez difficiles à reconnaître dans les truies qui n'ont jamais porté et qui sont grasses ; les charcutiers, malgré leur expérience, achètent souvent des truies qu'ils ne croient pas pleines, et sont fort étonnés de trouver des petits déjà grands. Dans les truies qui ont eu d'autres portées, le ventre est tombant et plus épais de droite à gauche que le flanc.

2° *Durée*. — La durée de la gestation est, dit-on, de trois mois, trois semaines et trois jours ; sa durée moyenne est de cent treize à cent quatorze jours ; rarement les truies mettent bas avant le cent neuvième ou après le cent vingtième jour ; celles qui sont faibles, jeunes, portent un peu moins longtemps que les autres.

3° *Soins des truies pleines*. — Le régime des truies pleines doit tendre à les tenir en bon état sans les engraisser. On leur fera prendre de l'exercice et on leur donnera des aliments de facile digestion et nourrissant bien sous un petit volume, car il ne faut pas leur charger les organes digestifs. Grasses, elles sont lourdes, maladroites, et exposées en accouchant à écraser les porcelets qu'elles viennent de mettre au jour. D'ailleurs les truies grasses mangent peu et ont peu de lait.

Avortement. — 1° *Causes.* — L'avortement peut être produit par une nourriture insuffisante ou trop substantielle; les aliments altérés, ceux qui ont subi une longue fermentation; les plantes qui donnent souvent lieu à la météorisation, peuvent occasionner la mort du fœtus. Les courses, les coups, les chutes, les pressions, sont les causes les plus ordinaires de cet accident.

2° *Signes.* — Les signes de l'avortement sont à peu près les mêmes que ceux du part. Les truies sont inquiètes, hargneuses; elles vont, viennent, crient, se couchent et se relèvent pour se coucher de nouveau, mais sans chercher à faire leur nid comme dans la parturition naturelle.

3° *Soins des truies.* — On peut prévenir l'avortement en éloignant les causes qui le déterminent. Quand on a plusieurs truies, si quelques-unes avortent, il faut examiner avec soin leur régime, et le changer pour préserver les autres; donner de bons aliments et proportionner les rations à la taille des femelles; employer les adoucissants, les acidulés, la diète et les saignées si les truies sont excitées. Quand l'avortement a eu lieu, si les petits ne sont pas expulsés, il faut en provoquer la sortie au moyen d'injections émollientes. Si la matrice est vidée, on agit comme après le part.

Parturition. — Les signes de la gestation son

plus marqués à mesure que le moment de la mise bas approche. Le ventre, devenu volumineux et près de terre, tiraille la colonne épinière : celle-ci présente supérieurement une grande concavité. Les mamelles sont volumineuses et distendues.

A l'approche du moment de la mise-bas, les truies sont inquiètes, agitées, souffrantes ; elles ramassent de la paille, la portent dans la loge ou dans un coin qu'elles ont choisi, la brisent, en font leur lit. Les douleurs qu'elles éprouvent durent quelquefois longtemps, et sont manifestées par des grognements, par un regard inquiet.

Quand arrive le terme ordinaire de la gestation, vers le cent douzième jour après la copulation, on doit surveiller les truies ; il faut les placer dans des loges ni trop chaudes en été, ni trop froides en hiver, bien fermées dans cette dernière saison, assez spacieuses, de $2^m,50$ à 3 mètres carrés par exemple. Dans des loges trop étroites elles étouffent souvent leurs petits. On a conseillé pour prévenir cet accident de placer contre les murs des barreaux disposés obliquement qui ménagent un espace dans lequel les gorets sont à l'abri. Cette précaution est inutile, l'accident n'arrive jamais si les loges sont assez spacieuses.

La litière sera faite avec de la paille courte, brisée, fine, et débarrassée de tout le grain afin que les truies ne soient pas portées à la remuer. Les siliques de colza conviennent très bien pour faire cette litière.

On a vu quelquefois les truies tuer et manger leur progéniture. Pour prévenir cet accident, on conseille de frotter les porcelets avec une décoction de coloquinte ou d'une autre substance amère. Il suffit de bien nourrir les truies pour qu'elles ne cherchent pas à manger le délivre; car c'est le plus souvent après qu'elles l'ont mangé, qu'elles dévorent les porcelets, sans doute à cause de la ressemblance qu'il y a entre les enveloppes fœtales et les gorets enduits des mêmes mucosités. D'autres fois elles les mangent après les avoir écrasés en se couchant. Cela a lieu quand elles sont dans des loges trop étroites ou sur une litière trop longue dans laquelle les porcelets s'enterrent, s'entravent. Il suffit d'indiquer les causes de ces accidents, pour les éviter facilement. Une truie qui mangerait ses petits par voracité, sans cause particulière, devrait être impitoyablement sacrifiée. L'homme chargé de soigner les truies, et il est bon qu'il soit connu d'elles, se tiendra à leur portée au moment de la mise-bas. Il aura à sa disposition une caisse ou un panier garni d'une litière douce et chaude et même une couverture. Il mettra les petits à mesure qu'ils naissent, dans ce panier, et après la naissance du dernier il les placera tous à côté de la mère pour les faire téter : quand la truie a été tétée, soulagée par ses petits, elle les prend toujours en affection ; on aura dans tous les cas soin de ne pas l'irriter.

Le part n'a pas toujours lieu de la manière que nous venons d'indiquer; il est quelquefois laborieux, difficile : les douleurs sont fortes et durent longtemps. On recherche la cause de cette lenteur : si les truies paraissent faibles, on les excite en leur donnant des infusions, du vin chaud et même des breuvages particuliers, de 4 à 6 grammes d'ergot de seigle dans une infusion de camomille ou d'absinthe. Dans quelques cas, il peut être nécessaire de donner des lavements pour vider le rectum, et de faire des injections émollientes dans le vagin. On a vu quelquefois, dans les truies pléthoriques, une saignée à la queue distendre les organes et faciliter la sortie du fœtus [1].

Les efforts nécessités par l'accouchement laborieux peuvent produire le renversement de la matrice ; il faut alors chercher à remettre cet organe à sa place. A cet effet, après l'avoir nettoyé et y avoir fait au besoin des mouchetures, on le pousse dans le bassin en ayant soin d'agir principalement dans les instants où la femelle ne fait pas d'efforts. Si la matrice est restée longtemps déplacée, qu'elle ait été irritée par le fumier, il faut la plonger dans l'eau tiède avant de procéder à la réduction [2].

Après la mise-bas, les truies restent quelque temps affaissées ; elles sont indifférentes à tout ce qui les entoure. Dans les cas ordinaires, cet état est de peu de durée. Elles se remettent naturellement. Il suffit de leur administrer des eaux grasses, du lait ou de l'eau blanchie avec de la farine; on leur donne à boire chaud et on les préserve du froid et des courants d'air. Mais si la faiblesse persiste, il faut en rechercher la cause et porter son attention sur les organes de la généra-

1. G. Heuzé, *loc. cit.*

2. Pour remettre en place la matrice déplacée, il faut d'abord empêcher les truies de faire des efforts, de crier, en fixant les mâchoires l'une contre l'autre, coucher les malades de manière que le bassin soit plus élevé que la poitrine, tenir la matrice dans un bain d'eau tiède pour la nettoyer, pour en diminuer le gonflement et chercher ensuite à faire rentrer par une pression continue mais modérée.

Après la réduction, on peut la maintenir dans le bassin en faisant un point de suture à la vulve ou en plaçant dans son intérieur une vessie de porc qu'on remplit d'eau ; la vessie fait fonction de pessaire. Des précautions, ou un bandage au besoin, sont nécessaires pendant quelque temps pour tenir la matrice en place, car les truies font après la réduction de grands efforts qui tendent à la rejeter.

tion ; s'il n'y existe pas de lésion qui réclame un traitement particulier, on donne des excitants, du vin chaud ou des infusions aromatiques dans lesquelles on ajoute quelques cuillererées d'eau de vie [1].

Allaitement. — Les cochonnets tettent leur mère à volonté. Il n'y a qu'à prendre les soins nécessaires pour que celle-ci soit bonne nourrice. Leur avenir en dépend, et aussi le résultat économique immédiat de l'opération. Le prix de vente est réglé d'après le volume atteint par le jeune cochon au sevrage. Il est d'autant plus grand, dit M. A. Sanson, que plus de bon lait a été bu par lui chaque jour durant son allaitement. D'un autre côté, toute truie mère doit faire au moins deux portées de jeunes par an, et conséquemment les nourrir. Pour suffire à la sécrétion de si grandes quantités de lait pendant toute l'année, il lui faut recevoir des aliments de bonne qualité. Nous allons indiquer quelques types de rations, en faisant varier les aliments complémentaires :

I.	Eaux grasses	kg.	6	»
	Farine d'orge		2	»
	Pommes de terre cuites		4	»
	Total	kg.	12	»
II.	Petit lait	kg.	2	»
	Eaux grasses		6	»
	Viande cuite		»	500
	Son		1	»
	Pommes de terre cuites		4	»
	Total	kg.	13	500

1. J. H. Magne, *Races porcines, leur amélioration*, 1 vol. Garnier frères, éditeurs.

III.	Eaux grasses	kg.	6 »
	Maïs concassé		1 »
	Carottes		3 »
	Topinambours cuits		4 »
	Total	kg.	14 »

Les quantités indiquées ici sont seulement proportionnelles. Il est entendu que les rations étant constituées d'après ces types, les truies nourrices doivent recevoir tout ce qu'elles peuvent manger, en ayant soin de le partager au moins en trois repas.

Sevrage. — On ne fait guère durer d'habitude l'allaitement des gorets, continue M. Sanson, au delà de six semaines, deux mois au plus. Ce temps est suffisant, surtout lorsque la portée est nombreuse. Plus prolongé, il épuiserait la nourrice, et les gorets eux-mêmes pourraient souffrir d'une insuffisance d'alimentation.

Pour préparer le sevrage, on commence, vers la fin de la troisième semaine, à donner une fois par jour du lait écrémé ou du petit-lait aux gorets, dans de petites auges circulaires mises à leur disposition. Ces auges ont l'avantage de leur permettre de boire sans se presser les uns contre les autres. Pendant ce temps, la nourrice a été mise dehors pour se promener.

Une semaine après, l'aliment supplémentaire est donné deux fois, et l'on y ajoute un peu de farine d'orge pour en former une bouillie très claire.

La cinquième semaine, les gorets demeurent séparés de leur mère durant la plus grande partie de la journée avec leurs auges pleines ; ils ne sont mis avec elle que deux fois, pour téter. On augmente progressivement l'épaisseur de leur bouillie ou la quantité du petit-lait.

Dans la sixième semaine, ils ne tettent plus qu'une fois ; à la fin de celle-ci ils sont complètement séparés.

Alors ils font de trois à cinq repas par jour, pour lesquels les résidus de laiterie sont, à beaucoup près, ce qu'il y a de mieux. On y joint avantageusement les eaux grasses et les débris de cuisine, les pommes de terre cuites et bien écrasées ; mais l'expérience montre sur une grande échelle que les résidus de laiterie seuls sont suffisants, pourvu qu'ils puissent être donnés en grande quantité.

A ce moment, lorsque l'industrie est bien organisée, fait encore remarquer M. Sanson, les jeunes cochons doivent changer de mains. Ils ne sont plus à leur place dans l'exploitation où s'entretiennent les mères. Ils doivent être mis en vente pour aller dans les petits ménages de cultivateurs ou dans d'autres exploitations dont la spécialité est de produire en grand de la viande et de la graisse de porc, réserve faite de ceux qui deviendront à leur tour des reproducteurs. Tous les autres doivent subir alors une opération qui a pour effet de faciliter leur développement et d'améliorer leur chair ; cette opération est la castration.

CHAPITRE IX

ÉLEVAGE DU PORC

But que poursuit l'éleveur. — Le bénéfice est évidemment le seul mobile de l'éleveur.

Mais il est impossible de dire, suivant la judicieuse remarque de M. L. Léouzon, à quelle spéculation il doit se livrer pour en tirer le plus de profit; en cela le débouché sera son guide le plus sûr.

Dans tous les cas, qu'il élève des reproducteurs ou des porcs d'engraissement, pour garder ou destinés à la vente, son intérêt sera certainement de s'appliquer à produire des animaux bien conformés, car l'unique et fatale destinée des porcs étant la production de la graisse, leur aptitude à ce produit servira toujours à déterminer leur valeur; les mieux bâtis seront toujours les mieux recherchés et les mieux payés.

C'est, on ne doit pas l'oublier, quand l'animal est jeune, en voie de formation, qu'on peut le mieux influer sur sa constitution, le modeler, lui donner l'ampleur, la finesse d'ossature, si estimées pour la précocité et la facilité d'engraissement. On agit par les soins et la nourriture. « Les porcelets issus des plus beaux verrats, dit M. Magne, s'ils sont mal nourris, restent étroits, à côte plate, à dos voûté, tranchant, à muscle minces et à membres gros, longs et décharnés;

ils ont les défauts des porcs des races communes et n'en ont ni la sobriété, ni la rusticité. »

Il importe de ne pas négliger ce conseil en pratique dans l'élevage des porcs destinés à la reproduction.

Porcs destinés à la reproduction. — A l'époque où les petits sont encore à la mamelle, continue M. Léouzon, avant la castration, on choisira les gorets de la plus belle venue, dont la forme se rapproche le plus du type reproducteur. Après le sevrage, on peut faire un second choix et châtrer ceux dont la conformation laisse encore à désirer.

Ceux qui sont jugés dignes d'être conservés sont placés dans une loge où ils sont entourés de tous les soins que réclame leur grande valeur.

Pendant la durée de leur développement jusqu'à dix ou douze mois, les verrats doivent être nourris à discrétion d'aliments riches, très substantiels sous un petit volume. C'est le seul moyen de conserver aux produits, si les parents en sont déjà doués, ces formes amples et symétriques, et les qualités qui les distinguent et les caractérisent en quelque sorte.

Porcs destinés à l'engraissement. — Ce n'est pas à dire que l'on doive négliger les porcelets élevés en vue de l'engraissement. Ils réclament, eux aussi, leur part de soins : c'est une condition de succès.

Le sevrage s'est effectué graduellement, sans transition brusque. La castration a eu lieu.

« L'habitation des gorets, écrit Élisée Lefèvre, doit être assez vaste pour qu'ils puissent s'y trouver à l'aise. Le froid ne doit point y pénétrer si c'est l'hiver, et cependant il est très utile de les laisser jouir de la lumière et d'y entretenir un air pur et une litière abondante. Si ce sont des gorets d'été, rien n'est plus favorable à leur bien-être que de joindre à leur toit un enclos ou une petite cour dans laquelle ils puissent venir s'ébattre aux rayons du soleil, et où ils trouvent aussi l'ombre et de l'eau pour se baigner. L'eau et une étable propre sont aussi nécessaires à la santé des porcelets qu'une nourriture choisie.

« Les auges dans lesquelles on leur distribue leur nourriture doivent être tenues avec une propreté rigoureuse. Dans les premiers temps du sevrage, on doit leur donner à manger quatre à cinq fois par jour; quand ils laissent une partie de ce qui leur a été servi, il faut le retirer et laver l'auge avant d'y déposer un autre repas. Le petit-lait d'une ferme ne saurait mieux être employé qu'en le leur faisant consommer; on le mélange de son ou de légumes bouillis, et surtout de carottes, qui, d'après les expériences de Young, sont certainement préférables à tous les autres légumes. On peut suppléer au manque de cette nourriture principale par les eaux grasses, auxquelles on ajoute quelque peu de farine. On peut, comme supplément à cette nourriture principale, et pour les accoutumer à un régime plus simple, commencer à leur donner des feuilles de chou, de la salade, et surtout de la chicorée sauvage, que tous les porcs mangent avec plaisir. »

Vers cinq ou six mois, les porcelets entrent dans l'âge adulte; on leur donne alors le nom de *porcs*.

On les a déjà séparés en catégories de force et de sexe.

Alimentation. — Le développement de l'animal

est assez avancé, ses organes assez puissants pour permettre une nourriture moins choisie, plus économique. Il est impossible d'indiquer à cet égard des règles précises; l'on ne peut donner que des indications générales. L'éleveur sera guidé par la nature des lieux et les ressources de la ferme.

Régime d'été. — En été, la nourriture est prise à la porcherie ou au pâturage.

A la porcherie. — Elle se compose alors presque exclusivement de fourrages verts, luzerne, trèfle, vesce, pois, qu'on distribue dans les loges ou dans les cours. Il est préférable de les placer dans un râtelier plutôt que de les jeter sur le sol, comme cela se fait le plus souvent; on évite le gaspillage par le piétinement. On doit compter pour chaque porc 8 à 10 kilogrammes de trèfle par jour.

Beaucoup d'autres plantes, continue M. Léouzon, peuvent aussi être utilisées et même cultivées en grand, si la porcherie est importante: tels sont les choux, qui fournissent un fourrage abondant, la chicorée, les laitues dont Mathieu de Dombasle recommande vivement la culture, « que les porcs aiment excessivement, ce qui contribue beaucoup à les entretenir en bonne santé pendant l'été. »

Les feuilles de carottes, de betteraves sont très utiles en été; mais il ne faut prendre que les plus basses pour ne pas nuire à la plante. En semant ces racines un peu épais, on se procure aussi par l'éclaircissage une bonne nourriture d'été.

A l'égard du sarrasin, voici ce qu'observe M. Magne:

« Le sarrasin qui prospère si facilement en été, en culture dérobée, que les porcs mangent bien et que

Viborg a particulièrement conseillé, ne convient pas cependant comme nourriture ordinaire, à cause des engorgements qu'il produit à la tête des porcs qui le consomment. En 1847, trois porcs de la porcherie de l'école d'Alfort sont soumis à l'usage du sarrasin le 28 août. Le plus gros, qui avait la tête et les oreilles blanches, présente aux oreilles, vingt jours après, le 18 septembre, des boutons entourés d'une auréole rose. Les jours suivants, il se frotte; les boutons se transforment en plaies qui se couvrent de croûtes et ne disparaissent que quelques jours après. Pendant les premiers jours de l'expérience, la température était peu élevée et le temps pluvieux. Le sarrasin n'a produit cet engorgement qu'après sept jours de chaleur et de sécheresse. En septembre 1853, deux porcs, dont un avait les oreilles blanches et l'autre une seule de cette couleur, sont soumis également à l'usage de cette plante. Huit jours après, les trois oreilles blanches sont engorgées, couvertes en partie de boutons et de plaies. Quoique ces effets ne se montrent pas constamment, on ne saurait conseiller de cultiver le sarrasin dans le but de le faire consommer en fourrage vert. »

M. de Guaita rapporte un fait curieux qui s'est passé chez lui et a été occasionné par la consommation du sarrasin en vert. A court de pâture pour ses porcs, il les envoya sur un champ de sarrasin en fleur destiné à être labouré. Au bout d'une demi-heure, ils furent tous atteints d'une sorte de délire furieux, commencèrent à se battre, et attaquèrent même le chien et le berger. Cet accès présentait tous les caractères de l'ivresse: les porcs chancelaient sur leurs jambes, tournaient sur eux-mêmes, et s'endormirent lourdement une fois enfermés. Cet accident n'influa d'ailleurs aucunement sur leur santé; mais il prouva une fois de plus qu'il est dangereux de faire entrer le sarrasin en vert dans l'alimentation des porcs.

Sur les bords de la mer, plusieurs plantes marines, le scirpe, les varechs, le chou de mer, peuvent être utilisés à la nourriture du porc.

Les débris de la laiterie, de la cuisine, du jardin, les eaux grasses, les résidus de distillerie, sucrerie, brasserie, feculerie, les déchets de boucherie, le sang, les chevaux ou autres animaux abattus, sont bons pour cet animal essentiellement omnivore.

Quant aux racines et tubercules, on les emploie surtout pour la nourriture d'hiver.

Le pâturage. — Le pâturage a lieu sur les prairies artificielles, les terres en culture, les marais et les bois. Le trèfle et la luzerne sont les plus appropriés au pâturage des porcs. Il convient de ne les y mettre qu'après la dernière coupe, pour utiliser ce qui repousse, car il est certainement plus avantageux de faucher et de faire consommer le fourrage en vert à la porcherie. Il est nécessaire de les boucler pour qu'ils ne dévastent pas les champs à la recherche d'insectes et de racines.

Après la moisson, on lâche les porcs, après l'enlèvement des gerbes, dans les éteules, où ils ramassent les épis qui ont échappé aux moissonneurs; mais c'est une ressource de bien courte durée, et dont peut-être les moutons profiteraient mieux, parce qu'ils mangeraient aussi l'herbe que les porcs délaissent.

Après la récolte des pommes de terre et des topinambours dont on veut supprimer la culture, il est avantageux de livrer le champ aux porcs, qui recherchent avidement ces tubercules, perdus sans cela ou nuisibles à la récolte subséquente. Aucun autre animal ne saurait mieux utiliser les produits naturels des bois et des marais.

Il résiste parfaitement à la mauvaise influence des lieux marécageux et y trouve en abondance des feuilles, des racines, des insectes et des vers.

Dans les forêts, grâce à son odorat, il découvre des insectes, des racines; il ramasse des fruits sauvages épars au milieu des bois, et tire un excellent parti des glands, des faînes, des châtaignes, dont le plus grand nombre serait perdu sans profit. On s'était beaucoup exagéré le mal occasionné par le parcours des porcs dans les forêts; on est convaincu qu'il peut y pâturer, sans nul inconvénient pour la forêt ni pour lui-même.

Quelle que soit la nature du pâturage, « il ne faudrait pas croire cependant, observe Élisée Lefèvre, que cette pâture dispense entièrement de donner aucune nourriture à la maison, lors même que la nourriture du dehors serait suffisante, car il est bon que le maître puisse chaque jour juger de l'appétit et de la santé de ses porcs en les voyant à l'auge, et c'est en outre un moyen facile de les faire rentrer à l'heure fixe, ce à quoi ils ne manquent jamais, quand ils seront sûrs de trouver quelque chose d'agréable en rentrant. »

Ainsi, dans la Caroline du Sud, où on laisse les porcs toute l'année libres, sans gardiens, dans les vastes forêts, on a l'habitude, tous les samedis, de distribuer à chacun une poignée de maïs à la maison du propriétaire. Ce jour-là, ils ne manquent pas d'accourir de toutes les directions pour venir prendre leur pitance.

On profite de ce moment pour les compter et retenir ceux qui, dans la semaine, doivent être égorgés[1].

Régime d'hiver. — « Pendant l'hiver, lisons-nous dans la *Maison rustique du* XIXe *siècle*, les porcs ne peuvent chercher leur nourriture dans les champs, et le mauvais temps ne permet guère que l'on profite du voisinage des forêts pour les y faire paître. En général on doit considérer la nourriture à l'étable comme seule praticable pendant cette saison ; c'est alors que les moyens d'entretien deviennent fort restreints pour le cultivateur imprévoyant qui n'a pas su faire une ample provision de racines, car il n'y a plus à compter sur les fourrages verts ni sur les fruits. Le petit-lait doit être de préférence donné aux porcs que l'on engraisse, et le grain serait trop cher pour un animal que l'on veut simplement entretenir en bon état. Il ne resterait donc que les épluchures de légumes et le son provenant du blé moulu pour la maison. Quand on veut se livrer à une éducation un peu étendue, il faut évidemment avoir à sa disposition d'autres provisions, et la culture en grand des racines peut seule les fournir, à moins que le voisinage d'une brasserie, d'une féculerie ou d'une distillerie ne permette de se procurer à bas prix les résidus abondants de ces espèces de fabriques ; mais ce cas est une exception. Les racines feront donc la base de la nourriture d'hiver ; elles doivent être servies bien propres et coupées en morceaux de moyenne grosseur, en les assaisonnant de sel de temps à autre pour stimuler l'appétit de ces animaux. Il est bon de mêler ensemble des racines d'espèces diverses, et de

1. L. Léouzon, *Manuel de la Porcherie.*

donner comme boisson des eaux grasses en abondance. Si les animaux se fatiguent et témoignent au bout d'un certain temps une répugnance évidente pour les racines crues, il faut se déterminer à leur faire subir une cuisson, soit dans l'eau, soit dans un four, soit à la vapeur. Cette préparation peu coûteuse suffira pour que les porcs mangent avec plaisir la nourriture qu'ils repousseraient dans son état naturel. C'est surtout dans cette saison que les porcs devront recevoir de plus grands soins de propreté, et que l'on sentira davantage la nécessité d'avoir pour eux un logement convenablement disposé, où l'on puisse facilement leur distribuer leur nourriture [1]. »

Viborg cite une sorte de nourriture que plusieurs, dit-il, ont expérimentée avec avantage. « Elle consiste dans le trèfle rouge séché. On le hache menu ; à chaque boisseau environ de hachis, on mêle une bonne poignée de menus grains moulus fin ou gros, et on répand par-dessus de l'eau bouillante. Par ce moyen, les tiges dures du trèfle deviennent molles et mangeables par le porc. »

M. Stearn, dont les succès dans l'éducation de l'espèce porcine sont bien connus en Angleterre, fait servir à ses porcs un mélange de plusieurs espèces de farines, telles que farine de froment, d'orge, d'avoine, de maïs, et tout ce qui peut convenablement se mélanger. Le mélange se fait à l'eau froide, puis on jette de l'eau bouillante dessus en y ajoutant un peu de sel. Entre les repas, ils reçoivent des turneps ou des betteraves coupés en morceaux, et du maïs entier. Pendant le froid, les aliments sont toujours servis tièdes, en y

1. *Maison rustique du* XIXe *siècle*.

versant un peu d'eau chaude, et l'on n'en donne à chaque repas que ce que les porcs peuvent entièrement consommer. Ils trouvent toujours à leur portée de l'eau claire et pure.

Rations alimentaires. — Il n'est pas trop possible, fait remarquer M. L. Léouzon, d'indiquer des rations alimentaires absolues, car la quantité et la nature des aliments varient beaucoup suivant les animaux auxquels ils sont destinés, les ressources de la ferme et une foule de circonstances.

De plus, dans quelle porcherie, même la mieux tenue, s'astreindrait-on à peser journellement la nourriture des animaux, à les rationner mathématiquement?

L'intelligence de la personne chargée de la surveillance des porcs joue certainement le rôle le plus important en cette affaire : suivant les diverses catégories d'animaux, leur appétit, le but à atteindre, les aliments qu'elle a à sa disposition, elle établit ses rations.

Cependant, nous croyons utile de citer quelques exemples de rations alimentaires, pour donner une idée de la quantité et de la nature des aliments que, dans telle ou telle circonstance, on peut servir aux porcs.

Voici la manière dont opérerait M. Boussingault :

La truie qui vient de mettre bas, reçoit une nourriture en rapport avec le nombre de ses petits. Par exemple, pour une portée de cinq petits, on lui donne par jour, et pendant les cinq semaines que dure l'allaitement :

Pommes de terre cuites.................	11 k. 250
Seigle en farine..........................	1 — 225
Lait écrémé et caillé.....................	6 — 005

Après la cinquième semaine, c'est-à-dire après la période d'allaitement, la truie reçoit :

Pommes de terre cuites..................	3 k.	50
Farine de seigle........................	» —	50
Lait écrémé.............................	3 —	05

Cette nourriture est graduellement diminuée, de manière à arriver, deux mois après le part, à la seule ration d'entretien, qui consiste en 10 litres de pommes de terre cuites, pesant 7 kil. 50, broyées et délayées dans de l'eau de vaisselle et du petit-lait.

Les gorets sont sevrés peu à peu, en leur donnant à boire du lait écrémé. Après le sevrage, cinq gorets ont reçu la ration suivante :

Pommes de terre cuites..................	10 k.	»
Farine de seigle........................	0 —	50
Lait caillé (écrémé)....................	3 —	»

Progressivement on a diminué la quantité de lait et de farine en augmentant la pomme de terre, de sorte que, vers le troisième mois, la ration par tête a été portée de 5 à 6 kilogrammes de pommes de terre cuites et délayées dans de l'eau grasse. C'est à ce régime que les jeunes porcs sont mis jusqu'au moment de leur engraissement.

M. Boussingault indique aussi pour la nourriture des jeunes porcs, pendant les trois mois qui suivent le sevrage, la ration moyenne suivante, par tête et par jour :

Pommes de terre cuites..................	2 k.	50
Farine de seigle........................	—	10
Lait écrémé (caillé)....................	—	30
Eau grasse..............................	—	08

Règles hygiéniques. — Enfin, pour terminer ce qui a rapport à l'élevage du porc, nous emprunterons encore à M. Léouzon, les principes d'hygiène qui suivent, et dont l'agriculteur devra bien se pénétrer.

Il doit d'abord se persuader que le porc ne réussit bien, ne prospère qu'au milieu de la plus grande propreté. La loge doit être saine, aérée, et la litière toujours abondante et sèche. L'auge sera nettoyée et lavée souvent, sans quoi elle contracte une odeur qui altère les aliments et dégoûte les animaux. Des bains fréquents dans une eau claire influent considérablement sur la santé des porcs. A défaut de bains, le porcher doit être tenu de bouchonner et brosser les animaux de temps à autre.

Annexée à la porcherie, il est bon d'avoir une cour où les animaux prennent un exercice salutaire.

Chaque année les murs et les cloisons seront blanchis au lait de chaux.

En hiver, on doit éviter le froid en fermant les ouvertures, et quand la température est humide ou fraîche, on ne doit pas laisser coucher les porcs dehors.

CHAPITRE X

CASTRATION DU PORC

But de la castration. — La castration, c'est-à-dire l'opération qui consiste à enlever aux porcelets les organes de la génération, est indispensable, si on veut obtenir un engraissement régulier et surtout rapide. En effet, si on laisse subsister ces organes, non seulement les porcs se multiplient, malgré l'éleveur, et ce qu'on obtient en porcelets on ne l'obtient pas en graisse, et de plus, la propension des animaux pour la reproduction les empêche de s'engraisser, et cela quels que soient les soins qu'on leur donne et la nourriture qui leur est distribuée.

On opère la castration en exécutant chez les mâles l'excision ou l'arrachement des testicules et chez les femelles l'ablation des ovaires.

Cette pratique n'était pas en usage chez les Grecs, mais elle était très répandue en Italie sous les Romains. Actuellement, et en France, on en confie l'exécution à des hommes spéciaux plutôt qu'à des vétérinaires. Ces hommes qui parcourent les campagnes à certaines époques de l'année et qui ont une grande habitude sont appelés *châtreurs*, *mégeyeurs*, *castreurs*, *armageurs*, *affranchisseurs*, etc.

M. Célestin Bailly, dans sa brochure sur l'art d'élever les porcs, décrit ainsi la castration des porcs :

C'est à l'âge de six semaines que l'on châtre les jeunes truies lorsqu'on les destine à être mises à l'engrais à l'âge de six à neuf mois ; mais si elles sont destinées à n'être mises à l'engrais que l'année suivante, il faut attendre l'âge de six mois pour leur faire subir cette opération par la raison que, quand on laisse au corps le temps de se développer, on obtient ainsi des bêtes grasses d'un poids plus considérable et d'une qualité bien supérieure. Il en est de même du jeune verrat, quand on peut différer de le châtrer sans qu'il s'accouple avec les truies ; mais aussi on court la chance de perdre l'animal, par suite de souffrances beaucoup plus grandes qu'il éprouve à mesure que son âge est plus avancé.

Castration des femelles. — Extirpation des ovaires. Quand vous voudrez châtrer la truie, vous la mettrez à la diète vingt-quatre heures avant, et vous lui donnerez seulement à boire de l'eau. Vous commencerez l'opération par lui passer autour du nez un cordon qui l'empêchera de crier et de mordre ; ensuite vous la placerez devant l'opérateur, qui sera assis sur une chaise ; vous coucherez la truie sur le côté droit, de manière qu'elle tourne le dos à l'opérateur. Afin de relever la partie postérieure et tendre le ventre au point de l'opération, il lui posera le pied droit sur le cou, et le gauche sur le flanc. Si la truie est grosse, que l'opérateur ait besoin d'un aide, celui-ci tiendra la tête de la truie, et un autre mettra la jambe gauche postérieure en croix sur la droite, et les tirera de manière que le ventre reste bien tendu. L'opérateur se munira d'un couteau qu'il tiendra de la main droite, saisira le flanc de la main gauche, et fera tendre la peau ; avec son couteau, il enlèvera les soies qui se trouvent dans le flanc et l'angle extérieur de l'iléon, ou os de la hanche, en ligne droite de celui-ci. (C'est là l'endroit où l'opération devra être pratiquée.) Ensuite il fera à la partie supérieure du flanc une incision, de manière que la peau et les muscles du ventre soient coupés en partie. Avec l'index de la main droite, l'opérateur percera la membrane séreuse du ventre, vers la superficie intérieure de l'os de la hanche. (C'est là que l'ovaire est situé.) Quand il l'aura trouvé, il le conduira avec son doigt, plié à cet effet, vers la superficie intérieure du creux du ventre jusqu'à l'ouverture, pour saisir l'ovaire : une fois qu'il l'aura fait parvenir jusqu'à l'ouverture, il tirera la corne de l'utérus en dehors, autant qu'il faudra pour que la corne droite soit portée aussi à l'ouverture, et, par cette manœuvre, il aura fait approcher l'autre ovaire. Il saisira les deux cornes avec la main gauche, et arrachera les ovaires et les trompes ; ensuite il fera rentrer les cornes, et après avoir remis la jambe gauche, de la truie dans son attitude naturelle, il fermera l'ouverture en cousant d'un fil simple.

Dans les premiers jours qui suivent l'opération, la truie doit recevoir une nourriture de choix et en petite quantité ; elle doit être composée d'un peu de lait acidulé, mêlé de son, de farine et de seigle. Pendant qu'elle a la fièvre de la plaie, il faut la tenir renfermée dans un lieu frais pour l'empêcher de chercher l'eau ou une mare.

Plus il y a de perte de sang, moins il est facile à la truie de résister à l'opération; en conséquence, je conseille de percer au lieu de couper le péritoine et une

partie des muscles du ventre; on évitera, d'ailleurs, le risque d'endommager les boyaux, si on fait la taille superficiellement. Par le même motif, les ovaires ne doivent pas être coupés, mais simplement arrachés. S'il s'agit de gorets, on peut même, sans aucun péril, emporter aussi une partie des cornes. L'expérience m'a appris que si on n'enlève pas entièrement l'ovaire à la truie, elle conserve toujours de la propension à la propagation. Les accidents les plus dangereux pour les animaux opérés sont l'adhésion des boyaux entre eux et à l'ouverture de la plaie, et par suite de leur inflammation, qui se termine d'habitude par l'ascite et par les ulcères qui se forment autour de la plaie.

On guérit l'inflammation en donnant à l'animal opéré quelques aliments aigrelets en petite quantité.

Dans le cas où l'endroit opéré serait bien enflé, et que l'enflure se trouverait molle sous le doigt, il faudrait l'ouvrir pour donner cours au pus qui y serait renfermé, et ensuite bien laver la plaie avec une faible dissolution de vitriol bleu ou sulfate de cuivre dans de l'eau.

Il arrive très souvent que l'on fait châtrer des truies pleines dans l'ignorance où l'on est qu'elles ont eu commerce avec le verrat; dans ce cas, on court grand danger de les perdre; elles avortent presque toujours, et meurent d'une inflammation au bas-ventre. Il faut, quand on s'en aperçoit à temps, attendre, pour leur faire subir cette opération, qu'elles aient cochonné et allaité leurs gorets.

Castration des mâles. — Il y a différentes manières, continue M. C. Bailly, d'opérer la castration des verrats. Si on l'entreprend sur des porcs de six semaines, on ouvre la bourse sur chaque testicule, on tire ces organes un peu en dehors par l'ouverture, ensuite on les coupe ; mais cette méthode n'est pas praticable pour les verrats de six mois et au-dessus de cet âge, attendu qu'il y aurait une hémorrhagie trop abondante, comme pour les chevaux, ou bien on lie le cordon spermatique.

Castration avec tasseaux. — Le tasseau est composé de deux pièces de bois de 6 à 8 centimètres de longueur sur 1 à 2 centimètres de largeur ; ces pièces sont arrondies d'un côté, et ont une entaille pratiquée à une certaine distance de chaque extrémité, tandis que, de l'autre, elles sont disposées en talus aux deux bouts, et creusées à leur milieu d'une cavité remplie d'une pâte composée moitié de vitriol vert, de bolet rouge et d'alun. Après avoir réuni l'un à l'autre les deux tasseaux par leur côté plat, on les lie ensemble à l'un des bouts avec une forte ficelle à laquelle on aura fait un nœud coulant. Si on veut lier le cordon, on aura un fil très fort et une aiguille. Lorsqu'on aura un animal plus âgé à opérer, il faudra lui lier le museau comme je l'ai indiqué pour la truie, et se faire assister par un homme qui le tiendra entre ses jambes. Ensuite l'opérateur saisira de la main gauche, et de haut en bas, un des testicules, et avec un couteau fendra la bourse, et le testicule sortira nu. Après avoir tiré un peu vers l'ouverture, il placera les tasseaux sur le cordon, du haut en bas ; c'est alors qu'il liera le bout ouvert avec une ficelle. Le tout ainsi préparé, il n'y a plus qu'à couper le testicule, de manière cependant qu'il reste une partie du cordon sous les tasseaux pour les soutenir. Il est inutile de dire que l'extirpation du second testicule est faite de la même manière. On laisse les tasseaux aux jeunes verrats pendant douze heures, et aux vieux pendant vingt-quatre heures ; et pour les en débarrasser, on n'a qu'à couper la ligature à l'un des bouts des tasseaux.

Castration par ligature. — Lorsqu'on veut procéder à une ligature, il faut d'abord ouvrir la bourse et tirer le testicule du dehors, percer ensuite avec une aiguille le cordon spermatique, de manière que la ligature embrasse seulement les vaisseaux du bout supérieur du testicule. Cela fait, on serre fortement le cordon au moyen d'un simple nœud, auquel on en ajoute un second, et après on coupe le fil. On procède de même pour l'autre testicule. Le verrat sera traité, avant et après l'opération, de la même manière que la truie opérée. Quand on a bien serré la ficelle, la ligature ne présente aucun danger : on n'a plus besoin de s'en occuper : la séparation fait tomber les testicules, et, peu de temps après, la plaie est cautérisée. Les nombreuses expériences faites par M. Célestin Bailly, de ces deux manières d'opérer, lui ont démontré qu'elles réussissent aussi bien l'une que l'autre, à l'exception, cependant, que l'animal qui a subi l'opération au moyen de la ligature reste pendant les premiers jours un peu plus courbaturé que par le moyen des tasseaux.

Pour terminer ce sujet, nous ferons remarquer avec M. Magne, que chez les jeunes porcs, comme d'ailleurs chez beaucoup d'autres animaux, les testicules restent souvent dans l'abdomen, et plus souvent chez le porc que chez les autres animaux. Quelquefois, les deux glandes restent dans la région lombaire, mais plus souvent une seule. Le cordon testiculaire forme une anse : il descend vers la région inguinale et remonte vers les lombes où est resté le testicule. On ne peut faire la castration qu'en faisant une ouverture au flanc.

L'opération est toujours assez facile, car les testicules restés dans l'abdomen prennent peu de développement.

La différence entre les testicules sortis et ceux qui sont restés dans l'abdomen est d'autant plus grande que les animaux approchent davantage de l'âge adulte ; de sorte que le testicule qui n'est pas sorti de l'abdomen, restant toujours petit, peut être facilement extirpé à toutes les époques de la vie. Cependant M. Magne, auquel nous empruntons ces détails, ne conseille pas l'opération, parce qu'elle est inutile. Les testicules non descendus sont mous et flasques, et ils exercent peu d'influence sur le caractère des animaux. Les verrats qui ont un testicule dans le ventre et qui ont été châtrés de l'autre ont peu d'ardeur, conservent une peau fine, s'engraissent bien, et donnent une très bonne viande ; ceux qui n'ont aucun testicule apparent ne présentent qu'à un très faible degré le caractère de leur sexe : les défenses se développent à peine ; ils ont très peu de disposition à couvrir les femelles et ne les fécondent pas. Les châtrer, ce serait sans nécessité s'exposer à les perdre.

CHAPITRE XI

ENGRAISSEMENT DU PORC

Principes de l'engraissement rapide et économique. — L'engraissement rapide et économique du porc dépend de l'état de santé de l'animal, de son âge, de la castration, de l'état de repos dans lequel on le tient, et surtout de la nourriture qu'on lui donne.

Comme le fait remarquer M. Célestin Bailly, la meilleure règle à suivre, tout le temps que dure l'engraissement, consiste à substituer toujours un aliment plus substantiel à celui qui l'était moins, de manière qu'il trouve, à mesure que son appétit diminue, une nourriture moins considérable mais plus substantielle. Quand l'engraissement devra se faire avec une seule substance, on la servira d'abord crue et délayée dans beaucoup d'eau; ensuite on la fera cuire légèrement, et après plus complètement; on y ajoutera un peu de sel de cuisine pour en relever la saveur, et on la fera tourner à l'aigre; on commencera la boisson par l'eau pure et progressivement convertie en bouillon épais, par l'adjonction de substances farineuses ou de tourteaux de graines oléagineuses.

Choix des porcs que l'on veut engraisser. — C'est généralement à l'âge de dix-huit mois à deux ans que l'engraissement doit être commencé. Comme le fait remarquer M. Magne, on engraisse les animaux qui ont été châtrés jeunes, et ceux qu'on a employés à la reproduction de l'espèce. Les verrats et les truies que l'on veut engraisser doivent être privés des organes de la génération ; encore les porcs qui ont servi d'étalons, et les truies qui ont eu un grand nombre de portées, ne valent jamais, pour être engraissés, les animaux qui ont été privés de la faculté de se reproduire avant d'avoir propagé l'espèce, avant l'âge de cinq ou six mois.

Les porcs habitués depuis leur première jeunesse à recevoir nos soins, s'engraissent plus facilement que ceux à moitié sauvages, qui, ne voyant jamais sans frayeur une personne s'approcher d'eux, ne supportent qu'avec répugnance les soins qu'on leur prodigue.

Quand on achète des porcs pour les engraisser, on donnera la préférence à ceux qui ont la peau propre, les soies brillantes et difficiles à arracher, à ceux qui ont l'œil vif, et qui sont en bon état. Les animaux très maigres, ceux qui ont la peau sale, qui perdent leurs soies, qui ont le poumon ou le foie attaqué et digèrent mal, seront délaissés. Les rhumatismes, la tuméfaction des os, les maladies articulaires, nuisent aussi à l'engraissement.

Règles de l'engraissement. — M. Magne, précédemment cité, a posé pour l'engraissement rationnel des porcs, les règles suivantes, que nous ne saurions trop approuver :

1° *Époque la plus convenable à l'engraissement des porcs.* — L'automne, le commencement de l'hiver, sont les temps les plus favorables à l'engraissement : les aliments sont abondants et les animaux engraissés à cette époque peuvent être vendus au moment où la salaison étant facile, on trouve le plus d'acheteurs.

La fin de l'automne semble d'ailleurs être particulièrement favorable à l'engraissement; à l'état sauvage, les animaux herbivores trouvent des graines, des fruits, qui sont plus nutritifs que les aliments les plus communs en été.

L'engraissement peut être avantageux en été dans les environs des villes où l'on consomme du porc frais dans toutes les saisons; les animaux gras y étant plus rares pendant les chaleurs qu'aux autres époques de l'année, se vendent plus cher, ce qui peut compenser les difficultés plus grandes de l'engraissement.

2° *Repas réguliers.* — Plus encore que pour les ruminants, la distribution des aliments doit être régulière, car aussitôt que l'heure des repas est arrivée, les porcs, qui la connaissent toujours, se lèvent de leur lit, et vont grogner à la porte par où ils savent que la nourriture leur arrive; ils en attendent la distribution dans une impatience qui est nuisible à la production de la graisse, et qu'il faut prévenir en donnant à manger toujours aux mêmes heures.

On fait faire aux porcs nourris avec des substances végétales trois ou quatre repas par jour; mais ceux qui consomment de la viande n'ont pas besoin de manger si souvent. « Le sommeil engraisse le porc autant que le manger, » disait un porcher fort expérimenté de l'école d'Alfort, et rien n'est plus vrai [1].

1. C'est pour cela que, dans certains pays, on donne à manger aux porcs à l'engrais des feuilles de jusquiame, en petite quantité, ce qui leur procure un sommeil long et paisible, éminemment favorable à l'engraissement.

Il importe toujours que les porcs soient excités à manger; à cet effet, on leur distribuera la nourriture souvent et peu à la fois, afin qu'ils fassent *table nette* à chaque repas. L'auge doit être nettoyée tous les jours à l'eau chaude et un nettoyage à fond tous les trois ou quatre jours environ. Les substances dont on engraisse ces animaux sont en général fort putrescibles; si elles sont distribuées en grande quantité à la fois, ce qui reste dans l'auge après le repas s'altère et devient fétide.

3° *Nourriture variée.* — Il est essentiel de faire consommer d'abord les plus mauvais aliments, de terminer chaque repas par les substances qui sont les plus nutritives, les plus faciles à digérer, et les plus recherchées des animaux. La distribution d'une nourriture variée est en outre nécessaire pour prévenir la satiété et hâter l'engraissement.

Durée de l'engraissement. — C'est là une question importante au point de vue économique surtout; il importe de mettre tout en œuvre pour abréger la durée de l'engraissement.

D'après M. G. Heuzé, le temps nécessaire pour engraisser un porc de douze à quinze mois varie suivant son aptitude, la nourriture qu'on lui donne et les conditions hygiéniques au milieu desquelles il est situé.

Quoi qu'il en soit, on peut dire que cet engraissement ne dure pas au delà de deux mois à deux mois et demi dans les circonstances ordinaires. S'il dépasse ce dernier terme, c'est que l'animal appartient à une mauvaise race ou qu'il a été mal nourri.

M. Parent observe très judicieusement que pour obtenir un prompt engraissement chez de jeunes porcs, il faut éviter que le *volume des aliments* soit trop considérable. « Si les grains seuls, dit-il, peuvent produire le résultat désiré, les organes de la digestion n'étant pas assez développés pour recevoir un grand volume de nourriture, il faut impérieusement choisir des aliments très nutritifs. »

La *propreté* exerce aussi une influence très remarquable. Un fermier de Norfolk mit un jour à l'engraissement six porcs d'un poids exactement égal et d'une santé identique; tous ces animaux reçurent pendant sept semaines la même alimentation. Toutefois, trois de ces porcs furent abandonnés à eux-mêmes en ce qui concerne la propreté; par contre, les trois autres furent soigneusement étrillés, brossés et lavés. Au moment de l'abatage, on constata que ces derniers animaux avaient consommé bien moins d'aliments que les premiers, et qu'ils pesaient chacun en moyenne 12 kilogrammes de plus que les animaux composant le premier lot.

Quoi qu'il en soit, en général, l'engraissement du porc se fait mal ou lentement pendant les grandes chaleurs. Les saisons les plus favorables sont, comme nous l'avons déjà dit, l'automne, l'hiver et le printemps[1].

Aliments employés pour engraisser les porcs. — Les parties nutritives propres à engraisser le porc sont tirées du règne végétal et du règne animal. Nous les examinerons séparément.

Substances végétales. — Les parties herbacées

1. G. Heuzé, *le Porc*.

des diverses plantes, dit M. Magne, sont assez nutritives pour commencer l'engraissement si on les donne en quantité suffisante; elles doivent être réservées pour les bêtes qui, n'ayant été que médiocrement nourries, mangent beaucoup. Elles ne poussent jamais à l'engraissement à un point bien avancé, si on les donne seules et qu'elles ont été coupées; pour obtenir d'elles tous les effets qu'elles sont susceptibles de produire, on doit leur faire subir quelques préparations avant de les administrer. Tantôt on leur fait éprouver un commencement de fermentation, tantôt on les arrose avec de l'eau bouillante; d'autres fois, on les sale, on les mêle à de la farine, à des graines concassées, à des résidus de fabriques. Le meilleur moyen, c'est de les faire cuire avec des racines ou des tubercules, ou avec des substances animales.

La plupart des racines que nous cultivons comme potagères, sont recherchées par le porc. On donne la carotte, le panais, la betterave, selon les pays, mais jamais seules pendant l'engraissement.

Tubercules. — Les porcs mangent avec plaisir les tubercules de topinambours crus, mais ils en laissent souvent dans l'auge si on les leur distribue cuits[1]. Les tubercules de pommes de terre sont les plus usités pour l'engraissement des porcs. Après la cuisson, ils s'écrasent facilement dans l'eau et forment, si on les mêle avec de la farine, une bouillie très convenable[2].

Comme les racines, les tubercules contribuent sur-

1. En raison de son importance, nous en parlons dans un chapitre spécial.

2. La pomme de terre, en raison de son importance spéciale dans l'engraissement, est, dans un autre chapitre, examinée à part également.

tout à engraisser quand ils sont donnés avec des aliments plus substantiels, avec de la farine, des tourteaux ou de la viande.

Le *gland* de chêne forme, dans les pays riches en forêts de chênes, la base de l'engraissement des porcs; on met ces animaux à la glandée, c'est-à-dire on les conduit dans le bois, où ils mangent à volonté du gland vert. Dans cet état, ce fruit peut mettre en chair les bêtes qui ont été mal nourries pendant l'été[1]. Le plus souvent on termine l'engraissement, commencé dans les bois, en donnant aux porcs une meilleure nourriture à la porcherie. Le gland lui-même desséché est plus profitable que vert, les animaux le mangent mieux, et ceux qui s'en nourrissent boivent davantage. On peut encore rendre ce fruit plus nutritif en le passant dans un four chaud; on l'écrase, on le traite ensuite par l'eau bouillante. Mais la meilleure manière d'utiliser le gland, c'est de le faire *drécher*; la germination y développe du sucre. De quelque manière qu'on l'administre il donne un lard ferme et une viande savoureuse.

La *faine* peut contribuer à l'engraissement des porcs; il s'en trouve presque toujours dans les bois où les animaux vont à la glandée. De tous ces fruits, celui du châtaignier est le meilleur pour l'engraissement des porcs. Dans les pays où les châtaignes sont communes, celles qui viennent dans les lieux escarpés, où il est difficile de les ramasser, commencent l'engraissement. Après la récolte, on conduit les porcs dans les châtaigneraies pour ramasser les fruits cachés dans les feuilles.

1. Même observation que pour le topinambour et la pomme de terre.

Mais pour que les châtaignes poussent l'engraissement, il faut les administrer à la porcherie et après les avoir fait passer sur le séchoir; ainsi préparées, on les donne d'abord crues et avec l'écorce, ensuite on les sépare de l'enveloppe mais on les administre sans les faire cuire. Vers la fin de l'engraissement, on les pèle, on les fait macérer et même cuire complètement. La châtaigne est très recherchée par les porcs, et si on l'administre en suivant la gradation que nous venons d'indiquer, elle produit des animaux fin-gras, dont la graisse et la viande sont d'excellente qualité.

Les résidus de la fabrication de l'amidon ne sont pas homogènes : ils sont formés d'un son fort grossier dont nous ne devons par parler ici, et d'une baissière qui est plus nutritive. Il faut donner celle-ci avec précaution, car les porcs s'en dégoûtent facilement. D'après Viborg, 15 kilogrammes de ce produit, mêlés à de l'eau, donnent 5 demi-kilogrammes de lard.

Les résidus que l'on obtient dans les féculeries, après avoir traité les pommes de terre pour en extraire la fécule, tels qu'ils sortent des tonneaux, contiennent beaucoup d'eau, sont peu nutritifs, et, donnés en trop grande abondance, produiraient la diarrhée; mais séparés de l'eau par la pression et réduits en gâteaux, ils peuvent se conserver longtemps et sont alors sains et beaucoup plus nutritifs qu'un poids égal de pommes de terre.

Résidus de la fabrication de l'eau-de-vie. — Les substances qui ont éprouvé la fermentation alcoolique, et qui, par la distillation, ont été séparées de la plus grande partie de leur alcool, peuvent être employées à l'engraissement du porc : les résidus des distilleries de grains, de pommes de terre, etc. sont dans ce cas.

Résidus des fabriques d'huiles. — Les noix, le chènevis, les graines de lin, de colza, de cameline, de choux, de pavot, etc., renferment, outre une huile grasse, de l'albumine et d'autres principes nutritifs. Quand on les traite, pour en extraire le principe oléagineux, on y laisse toujours une partie des corps gras et tous les autres produits végétaux qui, réunis par la pression, forment des masses connues sous le nom de *tourteaux.*

Les tourteaux sont éminemment nutritifs. Les meilleurs sont ceux de lin et de noix. On les donne ordinairement moulus, écrasés dans l'eau, mêlés comme condiment à des herbes, à des racines fourragères ; on les fait aussi bouillir avec des pommes de terre, du son et de la farine d'orge. Les tourteaux oléagineux ne doivent entrer que comme supplément dans la nourriture. Il faut même en cesser l'usage et les remplacer par d'autres aliments douze ou quinze jours avant d'égorger les animaux. On doit toujours ajouter aux divers résidus, vers la fin de l'engraissement, des pommes de terre, des châtaignes, de l'orge, des féveroles, des pois moulus ou cuits pour rendre la viande et le lard fermes.

Grains, graines. — Les grains sont éminemment propres à engraisser. De tous les aliments, ce sont les meilleurs pour rendre les animaux fin-gras. On préconise particulièrement, pour produire un engraissement prompt, le maïs et le chènevis, et pour produire de la bonne viande, l'orge, les pois, les féveroles, le sarrasin, l'avoine. On calcule, d'après Mathieu de Dombasle, qu'un bon cochon augmente en poids de 20 à 25 livres par hectolitre de grain, moitié orge, moitié pois, qu'il consomme. On administre les grains cuits ou moulus, ou écrasés; quelquefois on les fait simplement macérer ou ramollir dans l'eau bouillante. D'autres fois on les fait germer et on les écrase ensuite; si on les donne crus et entiers ils sont en partie perdus, les porcs en rendent beaucoup sans les avoir digérés. Le *son*, de quelque grain qu'il provienne, à moins qu'il ne renferme de la farine, convient peu pour l'engraissement; on prétend que la fermentation en augmente les propriétés nutritives.

La panification est quelquefois pratiquée, mais par exception. Chabert place en première ligne, pour hâter l'engraissement, les débris de pain que l'on achète chez les boulangers, chez les restaurateurs. Nous en avons observé les bons effets à la porcherie de l'école d'Alfort. Les débris ramassés sur les tables après le repas des élèves, composés en grande partie de morceaux de pain, formaient une nourriture préférée même à la viande.

La fermentation peut aussi être avantageuse. Les pâtes aigres poussent beaucoup les porcs. Cependant quelques engraisseurs disent que vers la fin de l'engraissement, l'orge, le sarrasin, le maïs, doivent être donnés crus : que ces aliments excitent l'appétit et rendent la viande ferme, le lard savoureux. Le plus souvent les grains sont donnés, sous forme de farine, et pour assaisonner des bouillies de feuilles, de racines et de pelures. Il n'existe pas de nourriture plus propre à produire un engraissement rapide, et à donner de la bonne viande, que la farine d'orge ou de pois délayée dans le lait, le petit-lait; en peu de temps elle produit de très bons laitons.

En comparant quelques-uns des aliments que nous venons d'énumérer, M. Parent a trouvé, sur des porcs de différentes races, que pour produire 50 kilogrammes de poids vivant, il faut :

Seigle cuit	kg.	208
Orge		240
Sarrasin		284
Son		410
Pommes de terre		1000
Carottes		1420

L'effet produit par les aliments n'est pas constamment le même, il dépend des autres substances avec lesquelles ils sont associés et de la disposition des porcs qui les consomment.

Dans une propriété de l'arrondissement de Villefranche (Aveyron) exploitée par un de nos parents, M. Coucoureux, et où les pommes de terre et les châtaignes forment la base de la nourriture des porcs à l'engrais, l'engraissement dure de soixante à quatre-vingts jours et quelquefois plus. Les porcs qu'on y soumet sont âgés de quinze, seize mois. Ils pèsent, quand on commence l'opération, 100 kilogrammes environ et gagnent dans l'espace de soixante ou de soixante-dix jours à peu près 100 kilogrammes.

Chaque porc consomme en moyenne, par jour :

Pommes de terre	18 litres
Farine d'orge	2 — 1/2
Châtaignes crues, passées au séchoir	13 —

On donne les pommes de terre cuites et après en avoir fait, avec la farine, une pâtée que les porcs mangent avec avidité. L'eau est à discrétion car les châtaignes altèrent.

Substances animales. — Le lait écrémé, le lait de beurre, le petit-lait, le recuit, sont employés pour engraisser les porcs. Ces substances forment la base de l'entretien et de l'engraissement de ces animaux dans les fromageries des montagnes; mais elles ne peuvent pas terminer l'engraissement sans le secours d'aliments plus substantiels. Pour en tirer un très bon parti, il faut les mêler, dans le principe, à des pommes de terre, à des carottes cuites et écrasées, et ensuite à de la farine de pois, d'orge, de sarrasin, de féveroles.

Les bouillons gras, l'eau de vaisselle, les bouillons de tripes, peuvent fournir un bon accessoire, comme boissons nutritives et comme excipient pour faire consommer de la farine, du son, des racines et des tubercules.

Les porcs peuvent être engraissés avec de la viande crue : les truies qui portaient et nourrissaient à la porcherie de l'école d'Alfort, quoique n'en recevant que d'une manière irrégulière, étaient sans cesse dans un bon état d'engraissement. Il y a cependant avantage à la faire cuire, elle est plus facile à distribuer; la cuisson permet de la conserver quatre, cinq et même six jours de plus, et fournit le moyen de préparer, par l'addition de substances végétales, une nourriture bonne et économique.

On met au fond de la chaudière les parties osseuses, la tête, et ensuite les parties molles et charnues qu'on recouvre avec des substances végétales.

Parmi ces dernières, les pommes de terre sont les plus convenables; viennent ensuite les betteraves, les carottes, les raves, les navets. Les betteraves pouvant être conservées jusqu'à la fin de juin, sont précieuses pour un établissement qui engraisse durant toute l'année.

Nous ne connaissons pas de feuilles, continue M. Magne, qui puissent remplacer les racines charnues et les tubercules; les plus appropriées seraient cependant celles des choux, des laitues et des betteraves. Nous n'avons jamais pu utiliser convenablement en les faisant cuire les plantes fourragères ordinaires, pas même les légumineuses, la luzerne. Quand elles sont cuites, elles sont plus ou moins filandreuses, même après avoir été hachées. Les porcs en sont peu avides. Ce qui convient le mieux pour faire cuire avec la viande vers la fin de l'été, ce sont les feuilles et les racines de betteraves arrachées pour éclaircir la récolte. Pour nous réserver cette nourriture, nous faisons semer épais et sans que le rendement en racines en fût diminué, nous avions en juillet et en août une ressource précieuse pour attendre le moment de l'arrachage des racines.

Après la cuisson, les substances végétales et la viande étaient déposées dans des tonneaux pour être mélangées. Le mélange peut rester, même pendant les chaleurs, trois ou quatre jours sans s'altérer; il entre en fermentation, et devient acide sans être fétide; les porcs mangent bien cette nourriture et s'engraissent rapidement. A la porcherie de l'école d'Alfort, elle était mêlée à de la farine d'orge.

On avait, pour la distribution, de petits seaux en bois contenant de 9 à 11 litres, avec lesquels on puisait dans des tonneaux de 120 à 130 litres. Chaque porc âgé de sept, huit ou neuf mois et pesant de 55 à 70 kilogrammes quand il était mis à l'engrais en recevait un plein seau le matin et un autre le soir.

Chacune de ces distributions était composée à peu près de:

Viande cuite..................................	2 kil.
Pommes de terre..............................	1 —
Farine d'orge (2 litres)....................	» — 750
Eau ou bouillon, eau grasse, etc...........	6 litres

Et quand il n'y avait pas de viande, la ration était de:

Pommes de terre cuites....................	4 kil.
Farine (4 litres).............................	1 — 500
Eaux grasses.................................	6 litres

Vers la fin de l'engraissement, quinze jours ou trois semaines avant d'égorger les animaux, la quantité de la viande et celle de la farine étaient augmentées. Avec ce régime, des porcs de 55 à 70 kilogrammes augmentaient par jour de 500 à 550 grammes au début de l'engraissement, et de 700 à 750 grammes vers la fin de l'opération. Ils pesaient de 80 à 100 kilogrammes après un engraissement de quarante-cinq jours. Arthur Young a obtenu un accroissement quotidien de 760 grammes en nourrissant avec de la farine de pois. Nous avons vu que dans le Rouergue des porcs à l'engrais augmentent de plus d'un kilogramme par jour. Les différences s'expliquent par la taille des animaux, par la manière dont ils étaient traités avant d'être soumis à l'engraissement et par la nature comme par la quantité des aliments distribués. Des porcs des grandes races qui ont une forte taille s'assimilent plus de graisse dans un temps donné que des porcs de petite stature.

On a considéré à tort, fait encore remarquer

M. Magne, la viande produite par la nourriture animale comme mauvaise: elle n'est pas de première qualité, mais elle est salubre et aussi bonne ou meilleure que celle des porcs nourris avec les résidus des fabriques, des huileries.

CHAPITRE XII

ENGRAISSEMENT DU PORC (*suite*)

Rations d'engraissement. — Pour compléter ce qui précède, nous donnons ci-dessous, d'après divers auteurs, quelques formules de rations d'engraissement; mais, comme le faisait remarquer M. Ayraud, nous n'avons pas le poids des animaux qui les ont absorbées, l'importance à accorder à ces formules n'est donc que relative.

Régimes d'hiver des truies nourrices ou verrats, d'après M. Heuzé :

1°	Pommes de terre	kg.	3 000
	Citrouilles		1 500
	Farine d'orge		1 500
	Petit-lait		2 000
	Eaux grasses		3 000
			11 000
2°	Pommes de terre	kg.	2 000
	Maïs cuit		1 000
	Citrouilles		1 000
	Farine d'orge		» 500
	Carottes		2 000
	Eaux grasses		6 000
			12 500

		kg.
3°	Pommes de terre	5 000
	Farine d'orge	1 000
	Viande cuite	» 500
	Bouillon	2 000
	Eaux grasses	6 000
		14 500

Régime d'été :

		kg.
4°	Farine d'orge	1 000
	Pommes de terre	3 000
	Tourteau	» 500
	Trèfle	4 000
	Petit-lait	2 000
	Eaux grasses	4 000
		14 500

		kg.
5°	Pommes de terre	4 000
	Farine d'orge	1 000
	Glands	1 000
	Feuilles de betteraves	2 000
	Petit-lait	2 000
	Eaux grasses	4 000
		14 000

D'après M. Boussingault à Bechelbronn :

	kg.
Avoine, orge ou autres grains	1 110
Betteraves, carottes	4 870
Lait et petit-lait	» 460

Chez M. Bardonnet à Montberneaume :

	kg.
Betteraves, carottes	10
Pommes de terre cuites	»
Avoine, orge ou autres grains	10

Chez M. Hette à Bresle :

Avoine, orge ou autres grains........	kg.	» 266
Tourteaux de colza........................		» 406
Betteraves, carottes......................		» 580
Pulpe de betterave........................		» 697
Viande cuite..............................		1 412

Condiments. — Pour activer l'engraissement du porc, on a proposé divers moyens : administration de soufre, d'antimoine, de narcotiques [1], etc. Ces ingrédients sont parfaitement inutiles : après une bonne alimentation, rien ne hâtera davantage l'achèvement de l'engrais que des soins et de la propreté. Cependant, le sel, donné dans une juste proportion, peut être avantageux ; comme le fait remarquer M. Léouzon, il excite l'appétit et donne de la saveur aux aliments qui en manquent et que les animaux consomment avec dégoût. D'ailleurs, en raison de son importance, nous consacrons au sel un chapitre particulier, auquel nous renvoyons le lecteur.

Soins particuliers des porcs à l'engrais. — Ici, nous laisserons encore la parole à M. J.-H. Magne, le savant directeur de l'école vétérinaire d'Alfort.

L'habitation des porcs à l'engrais doit être peu spacieuse, obscure et éloignée du bruit, bien sèche et convenablement aérée. Les organes des sens et l'appareil locomoteur doivent être inactifs dans le porc à

1. D'après Viborg, 4 grammes par jour d'antimoine natif donnent de l'appétit, mais la dose peut être moindre si les animaux sont nourris avec des substances aigres.

l'engrais. Alors le corps fait peu de déperditions, et toute la nourriture est assimilée.

Les porcs à l'engrais qui ne peuvent aller, ni se nettoyer dans l'eau ni se frotter contre les arbres, ont particulièrement besoin de propreté. Des expériences comparatives ont prouvé qu'ils ne s'engraissent jamais bien si la litière a besoin d'être changée. Lorsque la loge est humide, couverte d'ordures, ils vont, viennent, crient et profitent peu de la nourriture. Un bon lit contribue à les rendre tranquilles, et une loge en *lit de camp* comme celle que nous avons recommandée, nous paraît le moyen le plus propre à le leur procurer.

Si l'on engraisse les porcs en été, il faut les tenir au frais, leur faire prendre fréquemment des bains. En hiver, ils ont besoin d'une température modérée. Ces soins sont plus nécessaires pour l'engraissement que pour l'entretien des animaux.

Appréciation des porcs gras. — On ne peut pas pratiquer sur les porcs les maniements qui font connaître l'état de graisse du bœuf et du mouton ; on ne peut apprécier un porc gras qu'en l'examinant et en le palpant ; celui qui est épais, qui a le dos large et aplati de droite à gauche, fournit beaucoup de lard ; celui qui a le ventre tombant a beaucoup de graisse intérieure, en a beaucoup à l'épiploon et autour des reins ; il fournit une *toile* lourde et beaucoup de panne.

On palpe les porcs pour apprécier les qualités de la viande en exerçant une pression sur les lombes, la croupe et les côtés, en arrière des épaules. Lorsque ces parties sont fermes, le lard a beaucoup de consistance; si elles sont flasques vers la partie inférieure des côtés, les chairs sont molles.

On ajoute de l'importance à la qualité de la viande quand elle doit être consommmée fraîche sans préparation spéciale. Celle qui provient de porcs nourris avec des farines, avec des pois, des fèves, de l'orge, et médiocrement engraissés, est la meilleure; elle est sapide, ferme et cependant tendre. Dans les porcs trop jeunes, elle est celluleuse; dans les truies déjà vieilles, elle est dure; et dans celles dont la gestation est avancée, elle est aqueuse. Les charcutiers tiennent *surtout* compte, dans leurs achats, de la quantité de graisse que peuvent avoir les porcs.

Toutes les maladies du porc en déprécient la viande: les hydropisies la rendent molle, comme fusible à l'action du feu; celle des porcs atteints de ladrerie est molle, prend mal le sel et diminue par la cuisson.

Cette dernière maladie est classée parmi les vices rédhibitoires par les règlements qui régissent le commerce de la charcuterie et ces règlements sont rigoureusement exécutés dans tous les pays depuis qu'on sait que la viande des porcs ladres peut produire le ver solitaire. Ce sujet est d'ailleurs spécialement développé dans un autre chapitre de ce livre. Parmi les autres maladies qui déprécient énormément la viande en la rendant insalubre, et même dangereuse, il faut citer la *trichinose*, qui en raison de son importance est également décrite dans un chapitre spécial.

Engraissement des porcelets. Production des nourrins. — Les jeunes porcelets gras sont communément appelés *nourrins*. Dans la plupart des circonstances, l'élevage qui a pour objet de produire des nourrins, se fait au pacage. On envoie alors, dit M. Ayraud, les jeunes avec les truies portières dans les bois ou les pâtures où les animaux trouvent des glands, des faînes ou des châtaignes à la saison, et, dans tous les temps, des racines qu'ils déterrent avec leur groin et de l'herbe dont ils se nourrissent. On ne donne un supplément de nourriture que quand on juge que celle qu'ils trouvent au pâturage est notoirement insuffisante.

Les porcs sont alors confiés à des enfants. Dans quelques pays de vaine pâture, on les fait conduire par des porchers qui deviennent ainsi les gardiens de tous ceux de la commune. De jour en jour ce mode d'élevage au pâturage et à la glandée, comme on le dit dans certains pays, devient plus rare. On ne le rencontre plus dans les pays où la culture est devenue intensive. C'est toutefois un mode économique, mais en réalité fort peu recommandable.

Dans les pays où la culture est plus avancée, on fait encore quelques *nourrins*, mais on ne les voit guère courir dans les champs qu'après la moisson et à l'époque de la chute des glands et des faînes. Le reste du temps ils sont tenus aux toits attenants à des cours ou enclos. La nourriture à distribuer peut être la suivante, pour un porc nourrin du poids de 50 kilogrammes:

	kg.
Débris de légumes	6 000
Petit-lait	3 000
Son	» 250
Au total	9 250

Les débris de légumes, comprendront les choux dont la pomme éclate ou qui commencent à se détériorer, les carottes de qualité inférieure, les feuilles de salade, les tubercules de pommes de terre commençant à être entachés du *Peronospora* ou de la maladie, des cosses de pois, etc., etc., le tout cuit ensemble dans une certaine quantité d'eau. Dans le mélange donné tiède, on ajoute le petit-lait et le son au moment de la distribution[1].

On aura une alimentation très suffisante pour obtenir un nourrin de 50 à 60 kilogrammes à sept ou huit mois, c'est-à-dire cent soixante-dix jours environ après le sevrage.

Résumé des principes de l'engraissement. — M. Gobin, précédemment cité, résume ainsi les principes applicables à l'engraissement du porc :

1° Graduation des aliments en qualité ;

2° Quantité en rapport avec le poids de l'animal ;

3° Variété dans les aliments qui composent la ration ;

4° Propreté et régularité dans la distribution de la nourriture.

1. P.-N. **Ayraud**, *Traité pratique de l'alimentation rationnelle des animaux domestiques.*

CHAPITRE XIII

PRATIQUE DE L'ENGRAISSEMENT

Aptitudes des porcs. — Comme le fait si judicieusement remarquer M. P.-N. Ayraud, dans son *Traité pratique de l'alimentation rationnelle des animaux domestiques*, les fonctions économiques des suidés consistent à peu près exclusivement dans la production de la viande, et ce n'est qu'après leur mort qu'ils sont appelés à rendre des services. Nous n'avons pas en effet à leur tenir compte d'une couple de talents particuliers, celui de rechercher la truffe et celui plus récent d'acteur dans les baraques de foires, talents qu'ils doivent plus à leur gourmandise qu'à leur intelligence. Si ces deux derniers services ne méritent guère d'être comptés à leur actif, le premier a, par contre, une importance considérable. Il n'est, en effet, aucun de nos animaux domestiques qui l'emporte pour la quantité relative de viande produite et pour la rapidité de la production, aucun ne peut la faire avec des aliments de moindre valeur et aucun n'a le pouvoir de la produire avec une quantité moindre de matières sèches.

Les aptitudes dont nous parlons sont générales à l'espèce porcine; elles n'existent cependant pas au même degré chez tous les individus et même dans les races différentes.

Les aptitudes individuelles peuvent se reconnaître,

non d'une manière absolue, car il existe là, comme ailleurs, des sujets à organisation intime vicieuse, qui ne rendront pas, malgré toutes les apparences, les services que l'on se croirait en droit d'en attendre. On peut toutefois indiquer les caractères qui donneront les présomptions les plus grandes, pour la bonne utilisation de la nourriture et pour un rendement final supérieur de viande nette. Ainsi le sujet qui aura le poitrail large, la poitrine rendue ample par l'arrondissement et la longueur des côtes, le rein large, l'arrière-train développé, avec la cuisse descendue, ceux qui auront les pattes courtes et minces, ainsi que la tête petite dans toutes ses dimensions, se nourriront toujours bien, seront d'engraissement facile et rendront toujours relativement beaucoup de chair et de graisse.

On a beaucoup discuté sur les aptitudes des races. En général on donne la préférence à la race orientale ou à ses métis, sur nos porcs indigènes, que M. Sanson rattache à un type principal, la race celtique[1]. Les métis anglais, qui sont les représentants plus ou moins purs des races d'Orient, utilisent mieux les aliments que ceux des variétés de l'ancienne race française, le fait paraît incontestable dans sa généralité. Ce qu'il y a de certain, c'est que les porcs anglais se rapprochent plus que les nôtres des caractères que nous avons donnés comme types de la bonne conformation.

Toutefois, depuis que l'on travaille de plus en plus à l'amélioration de nos variétés indigènes par la sélection et depuis que ces variétés deviennent de plus en plus précoces, la différence tend à s'effacer de jour en jour. Nos variétés de races françaises pures ont même

1. Voy. chapitre IV : **Races porcines**.

un avantage sur les porcs anglais, c'est de donner de la viande plus estimée pour la consommation. Le marché de la Villette, constamment peuplé, au moins pour les trois quarts de porcs blancs de l'Ouest, témoigne de ce que nous avançons. On peut dire que les porcs anglais sont des producteurs de lard, recherchés pour la charcuterie et dans les localités comme le Midi, où le saindoux est le produit principalement demandé pour la cuisine à la graisse, et les cochons d'origine celtique, des producteurs de chair, pour la consommation journalière de la viande en nature. Le choix de la race devra donc être subordonné aux besoins locaux et aux facilités d'écoulement de la marchandise.

Des expériences ont été faites en Allemagne pour déterminer quels étaient les meilleurs aliments pour l'engraissement du porc. Il paraîtrait qu'en tête se place, d'après ces expériences, l'orge en grains ou en farine, le maïs, les pois, le son, avec ou non mélangés au petit lait. Les pommes de terre vaudraient moins.

Nous allons indiquer les rations que nous donnons avec leur mode de distribution. Mais avant, faisons connaître les caractères qui dénotent dans le porc, les différents degrés d'engraissement. On s'aide encore du toucher sur le dos et sur les côtes, mais le meilleur maniement est celui de la pointe du sternum, entre les deux jambes antérieures. Si l'on sent dans cette région, un bourrelet épais de graisse, l'on peut être assuré que l'animal est gras.

Engraissement intensif des porcs. — L'engraissement intensif des porcs, joint à l'engraissement précoce, est le mode que pratique M. P.-N. Ayraud, dans son exploitation.

Cet agriculteur émérite a continuellement à l'engrais six cochons de race craonnaise pure. Ces animaux lui arrivent à deux mois ou deux mois et demi, soit des autres fermes de la propriété, ou bien ils ont été achetés aux foires voisines. A leur arrivée, ils pèsent de 17 à 18 kilogrammes, et leur valeur est d'environ 20 francs. Ils sont vendus gras à six mois ou six mois et demi, au poids moyen de 130 à 140 kilogrammes brut, et au prix de 80 à 85 centimes le kilogramme, qui a été le cours des marchés du pays, au commencement de 1887, pour être transportés au marché de la Villette. Ils ont donc acquis une valeur de près de 110 francs. Ainsi ces animaux ont gagné en moyenne 120 kilogrammes en poids et 90 francs en valeur, dans un délai de huit mois ou huit mois et demi; quinze jours et quelquefois un mois de plus, quand l'engraissement arrive à sa fin en hiver.

Les animaux sont accouplés par deux de même force dans un même toit et l'on s'arrange, autant que possible, de manière à les avoir de trois âges : deux de deux à cinq mois, deux de cinq à huit mois et deux de huit à dix mois. Quand les deux gros sortent, ils sont remplacés par deux jeunes venant d'être sevrés.

La nourriture est préparée dans une chaudière. On la distribue tiède, deux fois par jour en hiver et en trois repas en été. Les pommes de terre et les légumes qui entrent dans cette nourriture sont cuits ensemble avec une dizaine de litres d'eau. Le petit lait, les eaux grasses et le mélange de son et de farine qui constituent le surplus de la ration sont ajoutés au moment des repas.

Voilà ce que contient la chaudière pour deux jours : 48 kilogrammes de pommes de terre et 24 kilogrammes de carottes ou autres légumes. La quantité des autres aliments ajoutés est chaque jour, de 4 kilogrammes d'un mélange de son, de farine d'orge ou de triure de blé, ces deux dernières mélangées ou moulues ensemble ; puis, en outre, de dix litres de petit lait ou lait de beurre et de quinze litres d'eau grasse.

Les deux plus gros des porcs reçoivent chacun 3/12 de ce mélange, les deux moyens 2/12, et les deux plus petits chacun 1/12. La ration de chaque cochon est donc la suivante :

RATION D'UN PORC DE TROIS MOIS ET DEMI

(POIDS MOYEN : 30 KIL.)

DÉSIGNATION DES FOURRAGES		MATIÈRES SÈCHES	PROTÉINE (1)	GRAISSE	HYDRATES DE CARBONE	PRIX DE REVIENT
—		—	—	—	—	—
	kilos.	kilos.	kilos.	kilos.	kilos.	francs.
Pommes de terre.	2 000	» 500	» 040	» 006	» 412	» 075
Carottes........	1 000	» 134	» 012	» 002	» 095	» 01
Farine d'avoine et son.......	» 333	» 290	» 036	» 011	» 125	» 05
Petit lait........	» 833	» 082	» 027	» 008	» 043	» 01
Eau grasse......	1 250	» 225	» 019	» 019	» 100	» 015
	5 416	1 231	» 134	» 046	» 775	» 16

1. La protéine, ou matière azotée des aliments, renferme de 14 à 18 p. 0/0 d'azote, soit 16 p. 0/0 en moyenne. Les matières protéiques, telles qu'elles sont dosées dans les analyses de fourrages, sont loin d'être complètement digestibles. Une partie assez importante est expulsée avec les excréments. De ce nombre sont toutes les substances azotées appartenant à la catégorie des *amides*.

Ration d'un porc de trois mois et demi (poids moyen : 30 kilog.).

Ration d'un porc de six mois et demi (poids moyen : 70 kilog.).

Les deux porcs moyens, recevant le double dans toutes ses parties de la ration des petits, ont donc chacun :

FOURRAGES BRUTS	MATIÈRES SÈCHES	PROTÉINE	GRAISSE	HYDRATES DE CARBONE	PRIX
10k832	2k462	»k268	»k092	1k550	»f32

Ration d'un porc de neuf mois (poids moyen : 115 kilog.).

Ceux-ci recevant chacun trois fois la ration des petits, consomment en conséquence :

Fourrages bruts	kil.	16 248
Matières sèches		3 693
Protéine		» 402
Graisse		» 138
Hydrates de carbone		2 325
Prix de revient	fr.	» 48

Ces trois rations, toutes composées des mêmes aliments, en proportions identiques, offrent, pour rapport de la protéine à la matière sèche 1 : 9, 1. La relation nutritive est 1 : 6, 1, et la relation adipo-protéique 1 : 2, 9. Le rapport de la matière sèche au poids vif seul varie, il est de :

4,1 0/0 pour les petits.
3,5 0/0 pour les moyens, et de
3,2 0/0 pour les gros.

Voyons maintenant le prix de revient.

Prix de revient d'un kilogramme de viande de porc — Étant donné ce rationnement, M. Ayraud calcule facilement le prix de revient du kilogramme de poids brut pendant les huit mois et quelques jours, soit en chiffre rond deux cent cinquante jours que dure l'engraissement. Nous avons en effet :

90 jours à » fr. 16...............	90 × ».16 = 14 fr. 40
90 — à » fr. 32...............	90 × ».32 = 28 fr. 80
70 — à » fr. 48...............	70 × ».48 = 32 fr. 60
TOTAL......	76 fr 80

Nous avons dit que l'augmention du poids était en moyenne de 120 kilogrammes pour ces deux cent cinquante jours. Chaque kilogramme revient donc à

$$\frac{76 \text{ fr. } 80}{120} = 0 \text{ fr. } 64.$$

Seulement, les 17 à 18 kilogrammes primitifs subissent une perte puisque, par suite de l'intensité de la demande, les acquéreurs des porcs de lait consentent à payer 1 fr. 20, cent., ce qu'ils ne revendront que 0 fr. 80 à 0 fr. 85 cent.

Les deux questions, à la fois zootechniques et physiologiques, que nous avons agitées au sujet des bovidés[1] se présentent également ici pour les suidés.

1° Avec quel poids de matières sèches se fait un kilogramme de poids vif?

1. Voir *Traité pratique de l'alimentation rationnelle*, par P.-N. Ayraud.

2° Les hydrates de carbone en excès dans la ration, n'entrent-ils aucunement dans l'augmentation du poids brut?

La première question devient d'une solution facile à l'aide des chiffres que nous avons cités. Pendant les trois premiers mois l'augmentation de poids est de 27 kilog. 500 en moyenne. Nous avons dit que la ration moyenne était pendant cette période de quatre-vingt-dix jours de 1 kilog. 231 de matières sèches. Nous obtenons donc :

$$90 \times 1 \text{ k. } 231 = \frac{110 \text{ k. } 790}{27 \text{ k. } 500} = 4 \text{ k. } 029 \text{ de}$$

matières sèches pour obtenir un kilogramme de poids brut.

Pour la seconde période de quatre-vingt-dix jours également, nous avons une augmentation de poids de 46 kilog. 500 avec une consommation journalière de :

$$2 \text{ k. } 462, \text{ donc } 90 \times 2 \text{ k. } 462 = \frac{221 \text{ k. } 580}{46 \text{ k. } 50} = 4 \text{ k. } 765$$

pour un kilogramme de poids vif.

Enfin pour la dernière période de 70 jours où l'augmentation du poids est de 46 kilogrammes pour une ration contenant 3 kilog. 693 de matières sèches, nous obtenons :

$$70 \times 3 \text{ k. } 693 = \frac{258 \text{ k. } 510}{48 \text{ k.}} = 5 \text{ k. } 620$$

En ce qui concerne la question physiologique de l'intervention des hydrates de carbone dans la formation du poids vif, nous rappellerons ce que nous avons dit précédemment[1], quand nous avons traité de la formation de la graisse animale.

Il nous faut tout d'abord écarter encore ici, comme employés à l'entretien de l'animal, 0 kg. 070 de protéine par 100 kilogrammes de poids vif et 0 kg. 020 de graisse, puis 1 kg. 200 d'hydrates de carbone. En dehors de 28, 6 p. 100 d'eau, l'augmentation du poids vif se compose, suivant les bases de nos calculs antérieurs, de tout le surplus de la graisse digestible contenue dans les aliments et de la moitié en poids de l'excédent de la protéine également digestible. Comme dans la circonstance, il s'agit d'animaux en croissance, l'augmentation du poids brut comprendra aussi l'accroissement du squelette. Le poids des os égalant 8 p. 100 du poids total de l'animal pour le porc en état et 5, 8 p. 100 pour le gras, nous allons prendre pour nos animaux, le chiffre d'augmentation de 6, 5 p. 100. D'après ces bases, nous établirons ainsi nos calculs :

L'animal a consommé :

Protéine digestible :

1re Période de 90 jours...	90 × » k. 134 =	12 k. 060
2e — —	90 × » k. 268 =	24 k. 120
3e — —	70 × » k. 402 =	28 k. 140
	Total.....	64 k. 329

Hydrates de carbone digestible :

1re Période	90 × » k. 775 =	69 k. 750
2e —	90 × 1 k. 550 =	139 k. 500
3e —	70 × 2 k. 325 =	162 k. 750
	Total.....	372 k. 000

1. *Loc. cit.*, page 65 et suivantes.

Graisse digestible :

1re Période	....	90 × » k. 046 =	4 k. 140
2e —	....	90 × » k. 092 =	8 k. 280
3e —	....	70 × » k. 138 =	9 k. 660
		Total.....	22 k. 080

Il lui fallait pour son entretien :

Protéine :

1re *Période*,

Poids moyen. 30 k 09 × 30 k × » k 070 = » k 021 × 90 = 1 k 890

2e *Période*,

Poids moyen. 70 k 09 × 70 k × » k 070 = » k 049 × 90 = 4 k 410

3e *Période*,

Poids moyen. 115 k 19 × 15 k × » k 070 = » k 080 × 70 = 5 k 600

Total..... 11 k 900

Graisse :

1re *Période* ..	09 × 30 k × » k 020 = » k 006 × 90 =	» k 540
2e — ..	09 × 78 k × » k 020 = » k 014 × 90 =	1 k 260
3e — ..	19 × 15 k × » k 020 = » k 023 × 70 =	1 k 610
	Total.....	3 k 410

Hydrates de carbone :

1re *Période* ..	09 × 30 k × 1 k 200 = » k 360 × 90 =	32 k 400
2e — ..	09 × 70 k × 1 k 200 = » k 840 × 90 =	75 k 600
3e — ..	19 × 15 k × 1 k 200 = 1 k 380 × 70 =	96 k 600
	Total.....	204 k 600

	PROTÉINE	GRAISSE	HYDRATES DE CARBONE
	—	—	—
L'animal avait donc consommé en principes immédiats digestibles..	64 k 320	22 k 080	372 k 000
Il lui fallait pour son entretien	11 k 900	3 k 410	204 k 600
Restait disponibles.	52 k 420	18 k 670	167 k 400

Pouvant faire de la graisse à l'exclusion des hydrates de carbone	26k210 + 18k670 = 44k880
28.6 0/0 d'eau..............	19k777
6.5 0/0 pour l'augmentation du squelette.............	4k495
Total de l'augmentation possible en dehors des hydrates de carbone	69k152

L'augmentation du poids brut étant en moyenne de 120 kilogrammes, ou près du double de ce qui est possible sans l'intervention des hydrates de carbone en excès dans la ration, ce surplus ne peut avoir été produit que par l'excédent des matières susceptibles de se convertir en sucre d'abord et en graisse ensuite, avec addition de la quantité proportionnelle d'eau et de sels minéraux, puisqu'il n'existe pas dans la ration d'autres principes immédiats dont l'emploi n'ait pas été expliqué et déterminé.

L'intervention des hydrates de carbone pour la formation de la graisse, et conséquemment du poids vif, est donc évidente pour le porc.

Effet des basses températures. — Ici, comme pour le bœuf et les autres animaux, l'influence des basses températures se fait sentir, en obligeant les sujets à consommer pour l'entretien de leur chaleur, une partie de l'excès des substances convertibles en sucre. Pour rendre la solution de cette question évidente, nous avons pesé, dit encore M. Ayraud, le 5 décembre 1886, les six porcs qui étaient à l'engrais. Les six pesaient alors 425 kilogrammes. Avec la nourriture qui leur était distribuée et qui se composait à peu près

9.

exactement des mêmes aliments et en quantité égale à celle que nous avons indiquée ci-dessus. Les six porcs eussent dû croître, dans trente jours jusques et y compris le 3 janvier 1887, de 90 kilogrammes et peser 515 kilogrammes, d'après la moyenne ordinaire d'un mois ; tandis que leur poids n'a atteint le 3 janvier que 491 kilogrammes en augmentation seulement de 66 kilogrammes sur la pesée du 5 décembre. Mais pendant tout le mois de décembre, la température de l'atmosphère a presque toujours été au-dessous de zéro ; et, malgré toutes les précautions il a été a peu près impossible de l'empêcher de descendre dans les toits, quelquefois à ce degré.

Nous prions les lecteurs de considérer, que, les chiffres donnés ici d'après M. Ayraud, ne sont pas ceux d'une expérience passagère de quelques jours, d'une année même. Ce sont des moyennes de dix années et les sujets sur lesquels ces moyennes ont été prises, se sont chiffrés, à l'aide du renouvellement trimestriel dont nous avons parlé, à soixante-dix ou quatre-vingt tête.

Trois rations de porcs d'après M. Gobin. — Nous reproduisons ici, toujours d'après M. Ayraud, trois rations données par M. Gobin professeur d'agriculture à Auxerre, dans son *Précis pratique de l'élevage du porc*.

NATURE DES ALIMENTS	1er MOIS	2e MOIS	3e MOIS
	kilos.	kilos.	kilos.
Carottes crues	10 000	»	»
Drèche	5 000	»	»
Seigle cuit	2 000	»	»
Tourteaux de colza	» 500	»	»
Pommes de terre cuites	»	8 000	6 000
Farine d'orge	»	2 000	2 000
Tourteaux de lin	»	» 750	1 500
	17 500	**10 750**	**9 500**

Nous pourrions encore donner quelques autres types de ration pris dans les ouvrages spéciaux aux porcs ; mais, de même que M. Gobin, aucun des auteurs ne fait connaître le poids des animaux auxquels ces rations sont destinées. Ce renseignement est cependant essentiel pour juger de la valeur de ces rations et pouvoir les comparer entre elles.

Du reste, avec les tables, le cultivateur peut toujours composer scientifiquement la nourriture de ses animaux d'après la nature des aliments dont il dispose.

Là, comme pour l'engraissement des autres espèces domestiques, il y a avantage à faire consommer à ses sujets à l'engrais, le maximum de ce qu'ils peuvent prendre.

Le porc est un glouton qui ne redoute pas les indigestions et aucun accident n'est à craindre, si les proportions que nous avons indiquées sont gardées.

CHAPITRE XIV

LES GLANDS DE CHÊNE ET LA GLANDÉE

Valeur nutritive. — Dans certaines régions forestières les glands sont produits en très grande abondance, et constituent une ressource précieuse pour l'engraissement des porcs. Dans quelques localités même, ils sont en telle quantité, qu'on les ramasse et qu'on les conserve comme fourrages.

Comme le fait remarquer M. Bouquet de la Grye, la forme et la dimension des glands sont très variables. Ovoïdes, oblongs, sessiles, sur le chêne pédonculé ; ils sont pétiolés, cylindriques, oblongs sur le chêne rouvre ; ovoïdes, portés sur un pédoncule court et robuste et enchâssés dans une capsule embrassante, hérissée de longs appendices de consistance molle, chez le chêne chevelu. Le gland des chênes de nos climats a une saveur âcre et amère, mais quelques chênes des pays méridionaux produisent des glands de saveur douce qui peuvent servir à l'alimentation de l'homme. En France, le gland n'est guère employé qu'à la nourriture des porcs.

Les porcs qui consomment des glands donnent un lard plus ferme et de la graisse plus dure que ceux qui n'en consomment pas.

Comme nous l'avons déjà vu, on peut faire entrer les glands dans l'alimentation du porc de deux manières; soit qu'on les introduise dans la ration, soit que les porcs aillent eux-mêmes les chercher dans les bois, c'est ce qu'on appelle la *glandée*.

La glandée. — Dans quelques contrées, on conduit les porcs adultes dans les forêts pour qu'ils mangent les glands qui tombent verts.

Ces fruits, fait observer M. Heuzé, les mettent très bien en chair. Quand les animaux doivent être gras avant d'être livrés au commerce, on termine leur engraissement dans la porcherie, soit avec des pommes de terre ou des farineux, soit avec du maïs et des châtaignes.

La glandée ne dure pas au delà de trois mois.

L'époque où elle commence dans les forêts de l'État est fixée chaque année par l'administration des forêts. On ne peut conduire dans les bois un plus grand nombre de porcs que celui qui a été déterminé.

Tous les animaux conduits à la glandée doivent porter une marque spéciale faite avec un fer chaud, et avoir au cou une clochette[1].

Lorsque les porcs ont été trouvés hors des cantonnements déclarés défensables ou désignés pour le passage ou glandée, ou hors des chemins destinés pour s'y rendre, il y a lieu contre le pâtre, à une amende; en cas de récidive, à un emprisonnement[2].

Si les usagers introduisent au pâturage un plus grand nombre de porcs que celui qui a été fixé par l'admi-

1. Code forestier, art. 75.
2. Code forestier, art. 76.

nistration, y a lieu, pour l'excédent, à l'application des peines édictées par les articles 77 et 199[1].

Les droits d'usage relatifs aux pâturages, pacage et glandée dans les bois et forêts peuvent être rachetés moyennant des indemnités qui sont réglées de gré à gré, ou, en contestation, par les tribunaux.

Néanmoins le rachat ne peut être requis dans les lieux où l'exercice du droit de pâturage est devenu d'une nécessité absolue pour les habitants d'une ou de plusieurs communes. S'il y a contestation à cet égard, c'est le conseil de préfecture qui statue après une enquête *de commodo et incommodo*, sauf le recours devant le conseil d'État.

Les porcs qui ont été à la glandée sous la conduite

1. Les articles précités du Code forestier sont rédigés comme il suit :

Art. 75. Les usagers mettront des clochettes au cou de tous les animaux admis au pâturage, sous peine de 2 fr. d'amende par chaque bête qui serait trouvée sans clochette dans les forêts.

Art. 76. Lorsque les porcs seront trouvés hors des cantonnements défensables ou désignés pour le passage ou hors des chemins indiqués pour s'y rendre il y aura lieu contre le pâtre à une amende de 3 à 30 francs. En cas de récidive, le pâtre pourra être condamné à un emprisonnement de cinq à quinze jours.

Art. 77. Si les usagers introduisent au pâturage un plus grand nombre de bestiaux ou au passage un plus grand nombre de porcs que celui qui aura été déterminé, il y aura lieu pour l'excédent à l'application des peines prononcées par l'article 199.

Art. 199. Les propriétaires d'animaux, trouvés de jour en délit dans les bois de 10 ans et au-dessus seront condamnés à une amende de 1 franc par cochon.

Art. 200. Dans le cas de récidive, la peine sera doublée...

Il y a récidive, lorsque, dans les douze mois, il a été rendu contre le délinquant un premier jugement pour délit en contravention en matière forestière.

d'un pâtre intelligent, donnent un lard ferme et d'excellente qualité et une viande savoureuse.

Conservation des glands. — Les glands, ramassés après leur chute, sont quelquefois conservés pour nourrir les animaux pendant l'arrière-saison. Leur conservation est assez difficile; toutefois plusieurs procédés ont été indiqués. Il y en a quatre principaux. Nous empruntons les trois premiers à M. Parade.

1° En les disposant sur une place bien sèche par tas coniques de un mètre de hauteur enveloppés de tous côtés d'un lit de feuilles sèches de 33 centimètres d'épaisseur, auquel on ajoute un lit de mousse de 16 centimètres d'épaisseur et enfin d'une converture de paille.

2° Dans des tonneaux ou des caisses percées de petits trous, que l'on submerge complètement dans l'eau.

3° Enfin, dans de grandes caisses placées dans une cave, comme des tonneaux. Ces caisses sont remplies de couches alternées de glands et de sable bien sec.

M. Parade recommande particulièrement ce troisième prodédé. M. Hartig donne la préférence à la première méthode.

4° Enfin, d'après M. Bouquet de la Grye, le meilleur moyen de conservation consiste à mettre les glands en silos dans une fosse cylindrique garnie intérieurement d'un revêtement de paille tressée que soutiennent de fortes perches. On donne à la fosse une profondeur de 1 mètre ou 1 m. 50. Les glands y sont étalés en couches minces, séparés par d'épaisses couches de sable sec non terreux. Quand la fosse est remplie, on continue hors terre le cylindre construit dans le sol. Pour cela, on relie les perches par des harts, des branchages et des tresses de paille, de manière à former une colonne creuse d'environ 2 mètres au-dessus du sol. On remplit ce cylindre de glands et de sable stratifiés et, quand il est à peu près plein, on ferme la partie supérieure avec une épaisse couche de sable qu'on recouvre de paille et de ramilles. Ce procédé n'est applicable que lorsqu'on a de grandes quantités de glands à conserver. Quand on n'a besoin que de quelques hectolitres, on peut se servir des tonneaux suivant le procédé indiqué plus haut.

D'ailleurs, quelle que soit la méthode de conservation employée, on ne peut conserver les glands au delà du premier printemps.

Dans quelques localités de la France, on a l'habitude de faire moudre les glands séchés au four; on y ajoute de la farine, et l'on distribue ce mélange aux porcs en barbotage avec de l'eau ou du petit lait.

Dréchage des glands. — Enfin un autre procédé de préparation des glands, consiste à les faire drécher, procédé indiqué par M. Magne, et dont nous avons déjà parlé. Cette pratique consiste à placer les glands dans une fosse, à les arroser d'eau salée, après quoi on les recouvre de terre jusqu'à ce qu'ils aient germé, alors on les retire, on les fait sécher on les égruge et on les délaye dans de l'eau au moment de les donner aux porcs. De cette manière, par la germination que subissent les glands, on détruit une certaine quantité de tanin qu'ils renferment. Nous le répétons, les glands, constituent un excellent aliment tonique et nutritif; mais seuls ils sont insuffisants; on les emploie surtout pour commencer l'engraissement, pour l'achever il faut leur associer d'autres aliments.

CHAPITRE XV

POMMES DE TERRE ET TOPINAMBOURS DANS L'ENGRAISSEMENT DU PORC.

Rôle des pommes de terre dans l'engraissement. — Les pommes de terre jouent un rôle de première importance dans l'alimentation et surtout dans l'engraissement des bêtes porcines. Aucun animal ne possède au même degré la faculté de transformer les hydrates de carbone surtout contenus dans ces tubercules, en viande et en graisse. C'est à un tel point que, dans bon nombre d'exploitations, une certaine étendue est spécialement consacrée à la culture des pommes de terre en vue de l'engraissement du porc; aussi est-ce pour cela que nous devons examiner, tout au moins sommairement cette culture. Nous prendrons pour guide l'excellente étude publiée sur ce sujet par M. G. Heuzé, dans son livre sur les plantes fourragères.

Cette plante fut importée en Europe de Santa-Fé, en Irlande, par John Hawkim en 1563; Drake l'introduisit de nouveau en Angleterre en 1586, et en donna quelques tubercules au botaniste anglais Gérard. Clusius en reçut, en 1588, deux tubercules, que le légat du pape avait apporté à Bruxelles, et donnés à Philippe de Livry. C'est Clusius qui, le premier, fit connaître la pomme de terre aux agriculteurs de l'Europe. Toutefois, on y fit si peu attention que Walter Raleigh crut utile d'importer de Virginie de nouveaux tubercules en Angleterre, en 1623. Cette nouvelle introduction eut d'heureuses conséquences; la pomme de terre fut acceptée, dès cette époque, comme plante fourragère par l'Angleterre et la Belgique, et, en 1717, elle se répandit en Saxe; en 1725 en Suède, et, en 1738, en Prusse.

L'introduction de la pomme de terre en France eut lieu vers le commencement du dix-septième siècle. On a dit que dès 1616, on la servait sur la table du roi. Ce fait ne paraît pas exact, car Olivier de Serres n'a décrit sa culture que comme plante fourragère.

C'était à Parmentier qu'il appartenait de vulgariser cette culture et de détruire les fausses idées qui existaient au siècle dernier à l'égard de cette plante.

La pomme de terre végète et développe ses tubercules dans toutes les localités où l'avoine arrive à maturité. Toutefois, les contrées tempérées lui sont plus favorables que les localités chaudes et les pays froids et humides. En France, il n'existe aucune province dans laquelle on ne puisse cultiver avantageusement cette précieuse solanée.

Mode de végétation de la pomme de terre. — Cette plante présente deux sortes de racines : les unes sont fibreuses, déliées et longues; les autres s'arrondissent en tubercules que l'on doit regarder comme de véritables bourgeons, puisqu'ils verdissent quand ils restent exposés à l'action de la lumière. La surface de ces tubercules présente des cavités ou enfoncements plus ou moins apparents, au fond desquels se trouve un œil. Ces bourgeons souterrains sont formés presque complètement de tissu cellulaire. C'est dans les cellules que se trouve la fécule pour laquelle on cultive la pomme de terre.

Les tiges de cette plante sont nombreuses à cause des yeux que les tubercules présentent en grand nombre, et elles sont annuelles, herbacées, anguleuses, rameuses, velues, et haute de 0 m. 50 à 0 m. 80. Ses feuilles sont pubescentes, à nervures pennées, et elles sont découpées en segments inégaux et ovales. Quant aux fleurs, elles sont blanches, roses ou violettes suivant les variétés. Les fruits sont de petites baies globuleuses, d'abord vertes, et ensuite violacées. Les graines ressemblent à celles de la tomate.

La pomme de terre se propage par ses graines et par ses tubercules.

En général, cette solanée exige, d'après les observations de M. de Gasparin, de 2.200 à 3.000 degrés de chaleur totale, selon qu'elle est plus ou moins tardive, pour mûrir ses tubercules. Ses bourgeons souterrains ont atteint tout leur développement lorsque les tiges et les feuilles sont entièrement sèches.

Les tubercules mis en terre à l'automne de 0 m. 15 à 0 m. 20 de profondeur, supportent très bien 8 à 12 degrés.

Variétés. — En 1789, dit M. G. Heuzé, alors que Parmentier prouvait à la France que c'était bien à tort que l'on regardait la pomme de terre comme un aliment insalubre, on ne connaissait que onze variétés de cette plante. Depuis, le nombre a considérablement augmenté; en 1848, la collection que cultive M. Vilmorin et qui appartenait autrefois à la société nationale d'agriculture, en renfermait 221 ; aujourd'hui elle comprend 414 variétés formant 12 classes distinctes et

30 sections, d'après l'excellente étude de M. Henry Vilmorin, savoir :

1° les grosses jaunes rondes,
2° les jaunes longues entaillées,
3° les jaunes longues lisses,
4° les rosées, rondes et obrondes,
5° les rouges rondes,
6° les rouges longues lisses,
7° les rouges aplaties,
8° les rouges longues entaillées,
9° les panachées rouges,
10° les panachées violettes,
11° les violettes rondes,
12° les violettes longues.

Cette classification n'est pas celle qu'ont admise MM. Girardin et Dubreuil. Ils ont rangé les variétés qu'ils ont étudiées en trois classes, savoir :

1° les *patraques* ou rondes,
2° les *parmentières* ou aplaties,
3° les *vitelottes* ou cylindriques.

La pratique n'a pas adopté ce mode de classement. Pour elle, les variétés forment quatre catégories distinctes :

1° les variétés hâtives,
2° les variétés tardives,
3° les variétés non couenneuses,
4° les variétés couenneuses.

Avant 1845, époque à laquelle la maladie actuelle commença ses ravages, on cultivait dans les champs une douzaine de variétés appartenant à ces diverses classes. La plupart de ces races ont été abandonnées depuis et remplacées par des variétés précoces. Cette substitution n'a pas augmenté la production des tubercules, car les variétés hâtives sont beaucoup moins productives que celles qui mûrissent leurs bourgeons souterrains tardivement; mais on a pu arracher ces derniers plus tôt et les soustraire, par conséquent, à l'influence du mal. L'expérience a prouvé, dans toutes les contrées, que les tubercules des variétés tardives ont toujours été beaucoup plus altérés que ceux des variétés précoces.

Depuis que la maladie sévit avec beaucoup moins d'intensité, on a introduit en France des variétés nouvelles obtenues de graines en Amérique et en Angleterre. Ces variétés sont nombreuses. La maison Vilmorin-Andrieux en possède plus de 200, mais toutes ne méritent pas d'être recommandées aux agriculteurs.

Les meilleurs sont les suivantes : Schave, Segonzac, Early rose, Patraque jaune ou Grosse jaune, Saucisse, Chardon, Magnum-bonum, Van-der-Veer, Champion, Grosse-blanche, Marjolin, Rouge ronde, Vitelotte, Jaune longue de Hollande, Rouge longue de Hollande, Pousse-debout, Violette.

Composition chimique. — Suivant M. Payen, la pomme de terre renferme les matières suivantes :

Fécule	20.00
Epiderme, pectates et pectinates de chaux, soude et potasse	1.65
Albumine et matières azotées analogues	1.50
Asparagine	0.12
Matières grasses	0.10
Sucre, résine, huile essentielle	1.07
Citrate de potasse, phosphate de chaux, de magnésie, silice, oxydes de fer et de magnésie	1.50
Eau	74.00
	100.00

Je compléterai ces données, continue M. Henzé, par le tableau suivant, indiquant la quantité de fécule pour cent parties de tubercules :

D'après Payen :

Patraque jaune	23.30
Schaw	22.00
Segonzac	20.50
Rohan	16.60
Tardive d'Irlande	12.30

D'après Antoine :

Jaune de Hollande	19.30
Schaw	18.80
Vitelotte	18.14
Truffe d'août	18.00
Patraque blanche	17.60

La fécule de pomme de terre est composée de grains ovoïdes présentant des zones concentriques à un point commun. Elle est brillante lorsqu'on l'examine au soleil et se présente sous forme de poudre douce au toucher; comme la cellulose, elle n'est pas azotée, mais elle est associée à l'albumine végétale, qui se dissout dans l'eau froide et qui se coagule par l'ébullition. Cette dernière substance protéique est par conséquent azotée.

Terrain. — La pomme de terre réussit dans tous les terrains profonds qui ne sont pas humides. Ainsi, elle peut être cultivée sur les sols argilo-siliceux, les terrains sablonneux ou calcaires et les terres tourbeuses assainies. Les terrains très argileux sont les seuls sur lesquels elle végète mal.

Voici le résultat d'une expérience faite en 1825 par

MM. Payen et Chevallier. Cet essai avait pour but de connaître la quantité d'eau contenue dans les tubercules; il prouve combien le sol influe sur la qualité des tubercules.

	SOL SEC	SOL HUMIDE
	—	—
Patraque jaune	71.00	77.50
Hollande jaune	67.50	84.00
— rouge	72.00	77.00
Truffe d'août	70.40	79.00
Vitelotte	79.50	82.00

Toutes ces pommes de terre avaient été cultivées dans les mêmes terrains.

La pomme de terre, à cause de ses longues et nombreuses racines, demande des terres parfaitement préparées et ameublies par des labours profonds.

On donne ordinairement au terrain sur lequel elle doit être cultivée, un labour avant l'hiver, un second en février, et un troisième avant ou au moment de la plantation. Le premier labour sera exécuté de manière que le soc de la charrue attaque le sol dans son épaisseur. Lorsque la couche arable est peu profonde, on fait suivre la charrue par une charrue sous-sol, afin d'ameublir la couche inférieure sans la mélanger avec le sol. C'est ainsi préparée que la terre permet à la pomme de terre de produire tous les tubercules qu'elle peut donner, eu égard à la fertilité de la couche végétale. Ainsi M. de Chancay a obtenu, par hectare, à Saint-Didier (Rhône), les résultats suivants :

Sol labouré à $0^{m}10$	kg.	7.200
— bêché à $0^{m}20$		8.600
— défoncé à $0^{m}45$		10.900

Les terres défoncées souffrent moins de l'excès de l'humidité et elles sont plus fraîches pendant les grandes sécheresses.

On complète la préparation du sol par des hersages et des roulages, si ceux-ci sont nécessaires. Les terres sur lesquelles on doit cultiver la pomme de terre en billons sont d'abord préparées à plat à l'aide de plusieurs labours.

Engrais. — La pomme de terre est une plante à la fois exigeante et épuisante. Sous tous les climats et dans tous les terrains, ses produits ont toujours été en raison directe de la fertilité des terres où elle était cultivée. Une expérience faite par Arthur Young justifie cette règle. Il appliqua par hectare :

56	m. cub. de fumier	et obtint	kg.		13.120
84	—	—	—		18.370
112	—	—	—		23.620
140	—	—	—		26.250

La partie non fumée avait donné 11.810 kilogrammes.

Ces résultats ont été confirmés par de nouvelles expériences, et ils permettent de dire que la pomme de terre doit être cultivée, si on lui demande des produits abondants, sur des terres bien fumées.

Le fumier peut être remplacé par des engrais azotés ou alcalins. Voici deux expériences qui prouvent que la pomme de terre est d'autant plus productive qu'elle végète sur des terrains fertilisés par des substances dans lesquelles les matières salines sont alliées à des principes azotés ou carbonés :

	QUANTITÉS APPLIQUÉES	PRODUITS
D'après Fleming :		
Aucun engrais	» kg.	17.000
Guano	500 kg.	36.000
Cendres de bois	45 hect.	19.000
Tourteau pulvérisé	2.500 kg.	25.000
Os pulvérisé	40 hect.	24.000
D'après Andam.		
Aucun engrais	» kg.	19.000
Sulfate de soude	250 —	20.000
Sulfate de chaux	625 —	20.000
Sulfate de soude	125 —	25.000
Sulfate d'ammoniaque	125 —	

Dans d'autres expériences dues à Fleming, le nitrate de potasse a donné de très forts rendements. M. Aimé Girard a obtenu tout récemment d'excellents résultats avec un mélange de nitrate de potasse et de superphosphate de chaux.

Jusqu'à quelle dose peut-on élever les fumiers dans la culture de la pomme de terre? Cette question, posée par M. de Gasparin, a conduit ce savant agriculteur à dire qu'il fallait appliquer par hectare, par chaque 100 kilogrammes de tubercules qu'on espère récolter, 267 kilogrammes de fumier. Ainsi pour obtenir 30.000 kilogrammes de tubercules, il faudrait fumer le sol à raison de 80.000 kilogrammes par hectare. Cette fumure, fait observer M. Heuzé, paraît trop élevée. Je suis convaincu qu'une fumure de 30.000 kilogrammes suffit pour obtenir ce produit. C'est donc environ 100 kilogrammes de fumier qu'il faut appliquer par chaque 100 kilogrammes de tubercules que l'on croit pouvoir récolter. Ce chiffre est parfaitement d'accord avec la pratique qui regarde la pomme de terre comme beaucoup plus épuisante que la betterave et la carotte.

Voici quelle serait la quantité de fumier qu'il conviendrait d'employer par chaque 100 kilogrammes de tubercules, suivant :

Crud	kg. 250
Thaër	100
Schwertz	100
Woght	100

Ainsi, 100 kilogrammes de fumier produiraient environ 72 kilogrammes de tubercules.

Multiplication. — Le moyen de propagation le plus généralement suivi, consiste à planter des tubercules entiers ou coupés. Cette méthode est celle qui a donné jusqu'à ce jour les meilleurs résultats. Lorsque les circonstances ou le volume des tubercules obligent à planter des fragments, on doit couper les tubercules en biseau ou obliquement et non pas rouelles. Les yeux des morceaux que l'on obtient en coupant les tubercules suivant ce dernier mode sont moins environnés de chair, et celle-ci offrant deux surfaces peut être facilement altérée par l'humidité du sol. Il est utile de couper les tubercules un ou deux jours avant leur mise en terre, afin que leur surface sèche et qu'elle soit moins sujette à la pourriture.

Plantation. — Jusqu'à ce jour, la pomme de terre a été généralement plantée au printemps. La plantation des tubercules se fait depuis le mois de mars jusqu'en mai, suivant la nature du sol, le moment où la préparation de la couche arable est terminée, la manière d'être du climat et la variété que l'on cultive. Les plantations tardives, dans les terres argileuses et humides et lorsque les mois de mars et avril sont très pluvieux, réussissent toujours mieux que celles que l'on exécute de très bonne heure. Dans les sols perméables et les localités sèches, on doit planter, autant que possible, vers la fin de l'hiver. Doit-on choisir de préférence de gros tubercules, ou est-il utile de ne planter que des tubercules petits ou moyens? Cette question a fait naître bien des opinions, et elle a donné lieu à des expériences nombreuses. Quoi qu'il en soit, les plus gros tubercules sont ceux qu'on doit préférer. Ce principe est justifié par les expériences faites par Anderson en 1776, Bergier en 1797, Villeroy en 1834, etc., etc...

Dans la pratique, on se contente de planter des tubercules moyens ou de diviser en deux parties les grosses pommes de terre, afin de ne pas augmenter très sensiblement les dépenses par hectare.

Mode de plantation. — La plantation à la bêche est la méthode la plus parfaite; on la pratique sur des terres complètement préparées et fumées. L'ouvrier qui l'exécute creuse d'abord un trou, à l'aide de la bêche en tête du champ et sur l'un de ses côtés; puis il fait un pas en arrière, ouvre un nouveau trou, et jette la terre qui en provient sur le premier, dans lequel un enfant, muni d'un panier rempli de pommes de terre, a placé un tubercule entier ou divisé. Alors il fait encore un pas à reculons, ouvre un troisième poquet et jette dans le second trou la terre extraite. C'est en continuant ainsi jusqu'à l'autre extrémité du champ qu'il exécute la plantation. Ce travail est simple, mais il exige de l'habitude, afin que les trous soient régulièrement espacés et que les lignes soient bien parallèles. Un enfant intelligent peut accompagner deux ouvriers. Un ouvrier, aidé d'un enfant, peut planter 15 ares environ par jour.

Ce mode de plantation a été comparé en 1858, à Grignon, à la plantation à la charrue. Voici les résultats qu'on en a obtenus :

Plantation à la bêche............	337 hectol.	à l'hect.	
— à la charrue..........	296	—	—
Différence.......................	41 hectol.		—

Lorsque la plantation doit être faite avec la charrue, on enterre, le plus ordinairement, le fumier par le labour de plantation. L'expérience a prouvé qu'il devait être à demi décomposé pour qu'il soit parfaitement enterré...

La plantation à la charrue est la méthode la plus expéditive et la plus économique. Il faut ordinairement, lorsqu'on laboure alternativement deux planches, quatre femmes par chaque charrue; trois planteuses, et même parfois deux, suffisent quand la charrue fait un travail continu sur une place donnée. On peut planter, avec une charrue traînée par des chevaux, de 40 à 45 ares par jour; avec des bœufs, on ne plante pas au delà de 32 à 35 ares.

Les pommes de terre sont plantées sur des lignes distantes les unes des autres de 0m,50 à 0m,65. L'espacement le plus convenabe est celui de 0m,65.

Les tubercules se plantent sur les lignes à une distance de 0m,30. On peut, lorsqu'on cultive des variétés hâtives, ne pas les éloigner les uns des autres de plus de 25 centimètres.

On emploie, pour exécuter la plantation d'un hectare de pommes de terre, de 18 à 40 hectolitres, suivant le nombre de touffes que l'on veut avoir et le volume de tubercules que l'on plante.

La moyenne est de 22 à 25 hectolitres comble, suivant la grosseur des tubercules et l'espacement des touffes.

Si les lignes sont espacées de 65 centimètres, on aura par hectare le nombre suivant de touffes :

Pieds distants sur les lignes de..	33 cm.	40 cm.	50 cm.
Nombre de pieds................	46.500	38.000	33.000

Soins d'entretien. — La première opération que l'on exécute après la plantation consiste en un hersage énergique au moyen d'une herse à dents de fer. Ce hersage doit être fait en mai, lorsque les pousses apparaissent à la surface du sol. Exécuté par un beau temps et très énergiquement, il ameublit la partie superficielle de la couche arable, favorise la sortie des germes ou des tiges, et détruit les mauvaises herbes qui ont végété depuis la plantation.

Ce hersage prévient toujours un binage lorsqu'on le répète immédiatement, et que le second train croise le premier.

Lorsque les tiges ont 15 à 20 centimètres d'élévation, on donne un binage à la houe à cheval. Cette opération doit être renouvelée toutes les fois qu'elle est nécessaire, afin que le sol soit toujours propre et exempt de mauvaises herbes.

La pomme de terre doit être buttée, surtout lorsqu'elle végète sur des sols secs ou un peu profonds, et qu'elle produit ses tubercules à la surface du sol. Cette opération, qui consiste à amonceler la terre au pied des plantes, et que l'on exécute au moyen de la binette ou du buttoir, préserve les tubercules de l'action de la lumière, et favorise leur développement par la plus grande fraîcheur qu'elle concentre autour des racines et des bourgeons souterrains.

On avait pensé qu'on pouvait couper les tiges, alors qu'elles étaient en pleine végétation, pour les donner comme aliment aux animaux domestiques, sans nuire à la production des tubercules. Cette opération n'est plus pratiquée maintenant, car on a reconnu que les tiges et les organes foliacés étaient nécessaires pour que les tubercules pussent atteindre leur complet développement. Aucun doute ne peut désormais rester dans les esprits en présence des résultats obtenus par Mollerat. Ainsi, d'après ses expériences, la récolte par hectare se classe ainsi :

Feuilles	enlevées	avant la floraison........ kg.	4.000
—	—	après la floraison............	16.000
—	—	un mois plus tard...........	30.000
—	—	un peu avant la récolte......	41.000

Insectes nuisibles. — La pomme de terre est attaquée par plusieurs insectes ; ceux qui lui sont réellement nuisibles sont :

1° La courtilière commune.

2° Le hanneton, à l'état de larve ou ver blanc.

Maladies ou altérations. — La pomme de terre est sujette à plusieurs maladies outre celle qui l'attaque en ce moment. Ces altérations sont au nombre de quatre :

1° La frisolée.

2° La rouille.

3° La gale.

4° La maladie actuelle, qui est de beaucoup la plus grave et qui s'est déclarée en France en 1845. Dès son apparition on eut immédiatement recours à la science, et cette fois au moins, fait remarquer M. Malé, si les savants ne trouvèrent pas le remède, ils reconnurent néanmoins très exactement la maladie, causée par un champignon microscopique le *Peronospora infestant.*

Cette maladie toutefois, a beaucoup perdu de son importance et de son intensité depuis dix ans et on peut aujourd'hui dans diverses contrées et sur des terres perméables, récolter des tubercules de bonne qualité.

Récolte. — Autrefois, on arrachait les pommes de terre vers la fin de septembre et dans le courant d'octobre. Depuis que l'on a remplacé les variétés tardives par des races précoces, cette opération se fait depuis le 15 août jusqu'au 20 septembre. Quoi qu'il en soit, on doit opérer dès que les fanes sont sèches et par un beau temps. Les tubercules arrachés par un temps sec se conservent mieux, et la terre qui adhère à leur surface est toujours en moins grande quantité que lorsqu'on procède à l'arrachage pendant les pluies ou lorsque la terre est humide. On fait l'arrachage à la fourche à trois dents, à la houe ou à la charrue.

Dans ce dernier cas, on fait piquer le soc au-dessus des touffes ; on les renverse ; des femmes divisent la terre renversée, tirent les tubercules, et, dit M. Malé, les jettent de manière à en former des lignes.

On peut arracher ainsi environ un hectare de pommes de terre par jour.

Rendements. — Comme le fait remarquer M. Heuzé, les produits de la pomme de terre ont beaucoup diminué depuis 1845. Ce fait tient à deux causes : 1° à la maladie; 2° aux variétés hâtives qui ont généralement remplacé les races tardives. Voici les rendements que l'on a obtenus avant l'apparition de la maladie ; ce sont des moyennes d'après divers auteurs.

MINIMUM	MAXIMUM	MOYENNE
171 hectol.	404 hectol.	292 hectol.

Depuis l'invasion de la maladie, on a :

121 hectol.	225 hectol.	292 hectol.

Dans ces dernières années, par suite de la propagation des variétés nouvelles très productives, le rendement par hectare s'est élevé jusqu'à 250 et 300 hectolitres.

Le poids d'un hectolitre de pommes de terre varie selon la grosseur des tubercules et leur degré de maturité.

Ordinairement un hectolitre pèse en moyenne :

Mesuré ras, de 65 à 67 kilogrammes.

Mesuré demi-comble, de 70 à 72 kilogrammes.

Mesuré comble (capacité de 116 à 120 litres), de 75 à 80 kilogrammes.

Le mètre cube pèse de 630 à 680 kilogrammes.

Les tubercules perdent, avec le temps, une partie de leur poids.

Conservation des pommes de terre. — Le

meilleur moyen de conservation qu'on puisse indiquer consiste à laisser mûrir complètement les tubercules, et à ne les emmagasiner que lorsqu'ils sont bien secs.

Il faut surtout éviter, recommande M. Malé, de les mettre en grande quantité dans des caves ou dans des silos où ils fermentent et entrent en végétation, ce qui diminue leur valeur nutritive. Le mieux est de les mettre dans des celliers frais à l'abri de la gelée, ou dans des silos bien assainis et disposés de manière à pouvoir être facilement aérés.

Dans quelques parties de l'Allemagne, on conserve les pommes de terre pour la nourriture du bétail, en les faisant sécher à l'étuve, après les avoir bien lavées dans de l'eau acidulée, puis on les réduit en farine que l'on conserve pour le bétail.

Emploi de la pomme de terre dans l'alimentation des animaux. — La pomme de terre est donnée aux animaux crue ou cuite. Lorsqu'on la donne crue il faut préalablement la nettoyer, la laver et la diviser.

Le lavage mécanique des tubercules ou autres racines, se fait à l'aide d'un appareil auquel on a donné le nom de *laveur de racines* et qui est mis en mouvement soit par un homme, soit un moteur quelconque...

Quand la pomme de terre commence à pousser, on doit casser les germes parce qu'ils contiennent un principe narcotique, âcre et vénéneux qui occasionne de violentes diarrhées ou des paralysies.

On ne doit donner les tubercules entiers que lorsqu'ils sont petits ou après les avoir fait cuire. Les gros tubercules entiers restent souvent dans le canal œsophagien.

Lorsque le temps est froid et que la pomme de terre est donnée à l'état cru, on la saupoudre de son ou de balles de froment ou d'avoine, afin qu'elle soit moins froides et moins débilitante.

Dans plusieurs fermes, on ne donne les pommes de terre aux porcs que lorsqu'elles ont été cuites mêlées à de la farine et qu'elles ont fermenté.

La pomme de terre gelée est moins farineuse, moins nutritive, quoiqu'elle ait une saveur sucrée très prononcée; en outre elle acquiert promptement une odeur vineuse désagréable et occasionne très facilement des diarrhées et des indigestions.

Les pommes de terre se cuisent : au four, à la vapeur, ou à l'eau. Kœrte a fait sur ces trois modes de cuisson plusieurs expériences. En voici les résultats :

Les pommes de terre cuites au four perdent 30 % de leur poids.
— — à la vapeur... 12 — —
— à l'eau, augmentation de 12 — —

La pomme de terre crue est très lactifère et convient bien aux vaches laitières. La pomme de terre cuite est moins lactifère. On l'emploie plus spécialement dans l'engraissement des bêtes bovines, des moutons et surtout des porcs.

Les pommes de terre crues ou cuites servent encore à l'entretien des animaux de travail.

La pomme de terre cuite a une valeur alimentaire plus grande que la pomme de terre crue. Elle a pour équivalent, suivant M. de Dombasle, 187, celle de la pomme de terre crue étant de 224[1].

1. Comparée au foin de prairies naturelles.

Topinambour. — Le topinambour est également employé pour l'engraissement des porcs, moins toutefois que la pomme de terre ; ils en sont pourtant très avides.

Le topinambour est originaire de l'Amérique du Sud ; importé en France en 1517, il porta longtemps le nom de poire de terre. Ce n'est qu'à la fin du dernier siècle qu'on tenta sa culture en grand.

Le topinambour suivant la remarque de M. A. Gobin, présente de grands avantages à la grande culture : il est vivace par ses racines et peut occuper longtemps le même sol sans avoir besoin d'être replanté ; il résiste parfaitement au froid et peut passer l'hiver en pleine terre ; il se contente des sols les plus stériles et les plus secs et y donne un produit que n'atteindrait aucune plante ; ses racines, souvent employées à la nourriture de l'homme, conviennent parfaitement à celle des vaches laitières et surtout des brebis nourrices ; ses tiges, fauchées en septembre et passées au hache-paille, forment une bonne nourriture pour les bœufs de travail ; enfin, il exige peu de main-d'œuvre, n'est atteint d'aucune maladie spéciale et redoute peu les ravages des insectes.

Ses tubercules sont plus riches que ceux de la pomme de terre, en principes gras, sucrés et azotés.

MM. Quesnay de Beauvoir, dans la Nièvre ; Dujonchay et de Tracy, dans l'Allier ; Yvart dans la Seine ; Vilmorin et de Béhague, dans le Loiret, ont tiré grand parti de cette culture à laquelle on n'a fait qu'un seul reproche, celui de trop persister dans le sol et d'être trop difficile à détruire ensuite.

On plante le topinambour, comme la pomme de terre, en février et mars, à la bêche ou à la charrue, en employant des tubercules toujours entiers et de moyenne grosseur; on emploie ainsi de 15 à 20 hectolitres par hectare. On espace les lignes de 50 à 75 centimètres, et les racines de 25 à 30 centimètres.

Dans les mauvaises terres, le produit moyen est de 6 à 8.000 kilogrammes de tubercules par hectare et par an; mais dans les bons sols entretenus par des fumures, il s'élève de 25.000 à 45.000 kilogrammes par hectare, plus que la pomme de terre et la carotte, autant au moins que la betterave. L'hectolitre pèse en moyenne 65 kilogrammes; et conséquemment, le mètre cube 650 kilogrammes[1].

Le topinambour est donné cru bétail, on peut après l'avoir divisé, ce qui n'est pas toujours facile à cause de l'irrégularité des tubercules, le saupoudrer d'un peu de son ou de balles de blé ou d'avoine. Généralement on laisse les tubercules des topinambours en terre pendant l'hiver, et on ne les arrache qu'au fur et à mesure de leur consommation. Avant d'être donnés au bétail, les tubercules doivent être lavés à grande eau pour les débarrasser de la terre qui adhère à leur surface.

D'après M. Boussingault, ces tubercules renferment :

Eau	79.20
Sucre	16.10
Matière grasse	0.30
Sels	1.10
Albumine	2.10
Ligneux et cellulose	1.20

Il y a 33 pour 100 d'azote. D'après ce chiffre M. Boussingault représente leur valeur alimentaire par 148, mais elle semble être pratiquement plus élevée.

1. A. Gobin, *Guide pratique pour la culture des plantes fourragères*, t. II.

CHAPITRE XVI

MALADIES DU PORC

Généralités. — Nous n'avons pas à nous étendre ici sur toutes les maladies qui peuvent atteindre l'espèce porcine[1]. Nous ne parlerons que de celles qui déprécient fortement l'animal et surtout qui rendent sa chair malsaine. Toutefois, il en est deux, la *diarrhée* et la *constipation*, qui sont tellement communes que nous devons en dire un mot, d'autant plus qu'elles sont le plus souvent causées par l'alimentation, et qu'il faudra, dès qu'on les aura constatées, modifier le régime alimentaire auquel les porcs sont soumis.

Nous ferons remarquer encore que la plupart des maladies qui atteignent le porc étant causées par des porcheries malsaines, ou une mauvaise nourriture, en tenant compte des observations que nous avons fait connaître aux chapitres concernant ces faits, on les évitera d'une manière certaine.

Chez le porc, les maladies ne sont pas aussi nombreuses ni aussi variées que chez les autres animaux domestiques; mais il faut bien reconnaître aussi qu'elles sont chez lui beaucoup plus graves et plus vite mortelles. Commençons d'abord par les deux maladies les plus fréquentes et les plus bénignes.

1. Voy. à ce sujet : *Traité pratique de médecine vétérinaire*, par H. Villiers et A. Larbalétrier. — Garnier frères, éditeurs, Paris.

Diarrhée. — La diarrhée occasionne souvent de bien grands dommages à l'éleveur, en ce qu'elle sévit ordinairement sur des portées entières de jeunes porcs. C'est, comme le fait remarquer M. E. Fischer, une véritable dysenterie qui enlève beaucoup d'animaux. On l'attribue à l'humidité des porcheries et à des aliments malsains que l'on donne souvent par une transition trop brusque. On recommande, pour guérir ce mal, de mêler à la boisson des porcs environ 2 grammes de sulfate de fer par jour, et si ce sont des porcs d'un âge assez avancé, de les nourrir avec des tourteaux de lin, ou plutôt de faire entrer ceux-ci dans leur ration pour une assez forte proportion.

Constipation. — La constipation consiste en ce que les matières excrémentitielles, à l'état plus ou moins sec dans les intestins, ne peuvent pas, comme à l'état normal, être exulsées au dehors. Cette maladie, qui est assez fréquente chez le porc, se reconnaît à ce que l'animal fait de temps en temps des efforts pour fienter, sans y parvenir; et quand il y parvient il n'expulse qu'un petit crottin dur et arrondi. Quelquefois on ne réussit à faire rejeter ce crottin au dehors que par l'introduction du doigt dans le rectum. Cette maladie, quand elle est essentielle, c'est-à-dire quand elle n'est pas occasionnée par une maladie plus grave, se guérit assez facilement par l'administration de 20 grammes de sulfate de soude dissous dans un demi-litre d'eau tiède. On ajoute avec succès à cette solution un verre d'huile d'olives. En outre, il faut donner deux fois par demi-journée un lavement d'eau tiède, chaque fois d'un demi-litre à un litre environ.

Soie ou soyon. — La soie ou soyon est une espèce de gangrène locale, de furoncle particulier au porc, et qui a son siège sur le côté du cou, où celui-ci se détache de la tête. A cet endroit, d'un côté, quelquefois des deux côtés à la fois, une touffe de soies se réunissent à la place où elles sont insérées, s'enfoncent et changent de couleur. L'animal a la fièvre, il accuse beaucoup de soif et succombe le plus souvent dans l'espace de huit jours.

Cette maladie, qui est souvent épizootique, est attribuée à l'insalubrité des porcheries et surtout au manque et à l'insalubrité de la boisson. La viande provenant d'animaux atteints de cette affection est malsaine et doit être rejetée. Des vétérinaires croient qu'elle est de nature charbonneuse, et qu'elle est contagieuse[1].

Les animaux atteints doivent être séquestrés; on recommande, comme préservatif, de faire boire aux porcs de l'eau acidulée avec un peu de vinaigre ou de verjus. Quand la maladie est déclarée, il faut avoir recours à l'extirpation du bourbillon sur le côté du cou, pour cautériser ensuite la plaie au moyen du fer rouge. On donne après cela par jour 15 grammes de nitrate de potasse dans la boisson[2].

Charbon ou glossanthrax. — Le charbon du porc, encore désigné sous le nom d'anthrax et d'érysipèle gangréneux, est une maladie contagieuse très

1. D'autres, parmi lesquels M. Thierry, directeur de l'école d'agriculture de la Brosse, soutiennent que la soie n'est pas contagieuse, et n'a rien de commun avec le charbon. Ce qui a fait la confusion, dit-il, c'est que la tumeur charbonneuse s'est présentée avec la soie et non à cause de la soie! Il n'y a aucune corrélation entre les deux affections qui peuvent se rencontrer simultanément sur le même sujet.

2. Fischer, *le Livre de la ferme et des maisons de campagne.*

grave et rapidement mortelle, qu'il ne faut pas confondre avec le *soyon* et l'*angine couenneuse.*

Quand le charbon revêt la forme foudroyante, fait observer M. Heuzé, les animaux meurent dans le court espace d'une heure, et quelquefois même avant qu'on les soupçonne malades. Les porcs perdent subitement l'appétit; les oreilles deviennent pendantes, brunes, douloureuses à la pression; la gueule est entr'ouverte, souvent écumeuse; le groin prend une teinte plombée; des taches rougeâtres de plus en plus foncées apparaissent au ventre, aux oreilles et aux cuisses; des vésicules livides et blafardes, contenant un liquide âcre et irritant, se montrent sur la langue, qui est rouge et engorgée; les animaux poussent fréquemment des grognements plaintifs; ils se paralysent du train postérieur, les excréments sont ramollis, mélangés avec un sang noir et très fétides.

Lorsque la maladie suit une marche moins rapide, les animaux succombent au bout de 24 à 48 heures; la guérison est très rare et les animaux restent fréquemment paralysés du train postérieur. Le charbon se développe surtout dans les saisons chaudes, dans les saisons pluvieuses et sur les sols marécageux.

En attendant l'arrivée du vétérinaire, il faut isoler les animaux malades, leur administrer des breuvages acidulés avec du vinaigre, percer les ampoules de la bouche et les brûler ou cautériser avec de l'acide chlorhydrique ou esprit de sel.

Ladrerie, ou Cysticercose. — M. P.-F. Cadiot, professeur à l'école vétérinaire d'Alfort, s'exprime en ces termes au sujet de cette grave affection :

Maladie parasitaire, caractérisée par le développement

dans les tissus, principalement dans le tissu conjonctif, de nombreuses vésicules constituées par des Cysticerques, des larves de *Tænia solium* de l'homme. Elle paraît avoir été connue dès la plus haute antiquité, car, de tout temps, on a considéré la viande de porc ladre comme un aliment nuisible ; jusqu'au siècle actuel, la ladrerie a sévi avec intensité dans tous les pays ; mais, grâce aux progrès de l'hygiène, aux soins apportés dans l'élevage du porc, elle est devenue relativement rare.

Il s'en faut bien que la maladie s'accuse, sur tous les animaux atteints, par des symptômes qui attirent l'attention. Souvent les sujets ladres ne présentent pas la moindre manifestation morbide. Ce n'est que quand les cysticerques sont très nombreux ou lorsqu'ils affectent un organe important (encéphale, cœur, poumon, foie) qu'ils provoquent un état pathologique dont les principaux symptômes sont : l'abattement, la faiblesse des animaux, un épaississement de la peau qui devient quelquefois emphysémateuse, l'enrouement de la voix, la pâleur des muqueuses apparentes, des phénomènes nerveux ; tournis, convulsions, vertige, etc., lorsque la maladie est ancienne, l'amaigrissement général, la cachexie, l'œdème des parties déclives. S'il y a des cysticerques sous les muqueuses visibles, bouche, œil, anus... la ladrerie peut être facilement reconnue. Les parasites se montrent sous forme de petites vésicules ovoïdes de teinte claire, blanchâtre, d'aspect translucide, dont le volume varie depuis les dimensions d'un grain de chènevis jusqu'à celles d'un pois, et qui donnent au doigt la sensation d'un corps résistant, intimement uni au tissu qui le supporte. Pour procéder à l'examen de la cavité buccale, pour pratiquer le *langueyage*, il faut coucher le porc et l'assujettir sur le sol en appuyant un genou sur l'épaule de l'animal, puis on écarte les deux mâchoires à l'aide d'un bâton. On peut sortir la langue de la bouche avec l'une des mains, l'examiner, passer les doigts aux points où existent le plus ordinairement les grains ladriques, les grêlons.

A l'examen des muscles provenant d'un porc affecté de ladrerie, on constate un plus ou moins grand nombre de petits kystes blanchâtres, ovoïdes, d'une longueur de 0m.01 à 0m.02 sur 0m.005 à 0m.01 de large, situés entre les faisceaux musculaires et parallèlement à leur direction. Sur ces vésicules on remarque un point opaque formé par la tête du parasite. Vue au microscope, la tête se montre ornée de quatre ventouses et d'une double couronne de crochets. Mais les cysticerques ladriques ne conservent pas indéfiniment ces caractères; avec le temps, ils diminuent de volume, se rétractent, se dessèchent, se calcifient; ils se transforment en de petits grains durs, difficiles à écraser. C'est à cette transformation des vésicules ladriques que les charcutiers ont donné le nom de *ladrerie sèche*.

On sait aujourd'hui que la cause unique de la ladrerie est l'immigration dans l'organisme du porc du proscolex du ver solitaire de l'homme. Le porc s'infeste en ingérant des excréments humains ou les détritus de toute nature qu'il trouve sur son passage, et l'homme contracte le ver solitaire en consommant la viande provenant d'un porc ladre. Les proglottis du ver solitaire une fois introduits dans l'appareil digestif du porc, l'enveloppe des embryons se dissout, et ceux-ci pénètrent la muqueuse intestinale pour se répandre dans tous les tissus. Ajoutons que des observations très précises ont établi la transformation possible de la ladrerie de la mère aux fœtus. L'ingestion par le porc des œufs du *Tænia solium* est la cause nécessaire du développement de la cysticercose. Toutes les autres causes invoquées sont sans influence réelle.

Les divers traitements recommandés pour combattre la ladrerie sont inefficaces. Il faut s'attacher aux moyens préventifs. On peut prévenir sûrement la maladie en élevant les porcs en stabulation, et en les nourrissant avec des aliments ne contenant pas d'œufs de Tænia. Mais c'est là une condition incompatible avec les nécessités agricoles des localités où les animaux domestiques sont entretenus dans les pâturages, les marais, les bois, etc., et où ils sont exposés à ingérer les germes du mal. Toutefois avec les progrès de la salubrité publique, et surtout en indiquant aux populations rurales le danger qui résulte de la dissémination des excréments humains, la cysticercose du porc deviendra de plus en plus rare[1].

Aux renseignements qui précèdent, nous ajouterons que l'homme qui consomme de la viande de porc ladre, n'acquiert pas fatalement le tænia, il y a même une foule de chances pour qu'il y échappe, si la viande est bien cuite, mais dans le cas contraire la contamination est certaine. Ceci peut expliquer, en partie, pourquoi Moïse avait défendu aux Israélites l'usage de la viande de porc.

La loi du 2 août 1884 a réputé la ladrerie du porc, vice rédhibitoire, avec un délai de neuf jours. Conformément à l'article 4 de cette loi, aucune action en

1. J. A. Barral et H. Sagnier, *Dictionnaire d'Agriculture*, Art. Ladrerie, par P.-J. Cadiot.

garantie — action rédhibitoire ou estimatoire — ne peut être intentée pour la ladrerie, dans les affaires commerciales dont l'importance ne dépasse pas 100 francs[1].

Trichinose. — Comme on a pu le voir dans l'article qui précède, la ladrerie est une maladie grave et qui peut avoir de sérieuses conséquences pour la santé de l'homme.

Toutefois, le ver solitaire chez ce dernier n'est pas une maladie mortelle, on s'en débarrasse même assez facilement aujourd'hui grâce aux puissants helminthiques dont dispose la thérapeutique moderne. Il n'en est pas de même de la trichinose, autre maladie parasitaire du porc qui rend sa viande insalubre et excessivement dangereuse.

La trichine (*trichina spiralis*) est un petit helminthe microscopique de un demi, un, un et demi et quelquefois deux millimètres de longueur; qui vit à l'état de larve dans le tissu musculaire des animaux et ne devient adulte, apte à se reproduire, que dans leurs intestins.

Parvenue à son entier développement[2], la trichine, fait observer le docteur Pennetier, offre l'aspect d'une anguillule dont l'extrémité antérieure effilée correspond à l'ouverture buccale et dont le bout terminal est arrondi, légèrement renflé. Entre les deux extrémités s'étend l'œsophage entouré de tissu cellulaire dans

1. Voyez H. Villier et A. Larbalétrier, *Traité pratique de médecine vétérinaire*. — Librairie Garnier frères, Paris.

2. Il suffit d'un grossissement de 50 à 100 diamètres pour constater la présence des trichines; mais un grossissement de 300 au moins est nécessaire pour étudier les détails anatomiques de ces animaux.

une partie de son étendue et auquel fait suite le canal intestinal terminé par l'anus.

La femelle présente à sa partie postérieure une cavité à plusieurs renflements, qui se continue en avant avec un long tube dont l'extrémité antérieure située dans le voisinage de la tête est ouverte au dehors et correspond à l'orifice vulvaire. Ce tube contient les œufs d'abord, puis ensuite les petits vivants au nombre de plusieurs centaines. Les trichines sont donc vivipares et très fortement multipares.

Le mâle est ordinairement de moitié moins long que la femelle et beaucoup moins commun qu'elle, il possède à son intérieur l'appareil séminal et présente en arrière deux petits appendices digiles entre lesquels peut saillir le pénis.

Très peu de temps après l'accouplement, une semaine environ, des centaines de jeunes trichines sont émises par chaque mère et se meuvent dans le mucus intestinal.

Mais, ces embryons, longs tout au plus de 12 centièmes de millimètres, épais de 7 millimètres à leur partie moyenne, ne se développent pas dans l'intestin où ils sont nés ; perforant les tuniques qui le composent, ils cheminent dans les organes [1] sous forme de fils allongés, invisibles à l'œil nu et atteignent les muscles volontaires, leur habitat spécial. Arrivés là, ils s'accroissent rapidement, déplacent les fibrilles musculaires qu'ils attaquent pour s'en nourrir, irritent les parties environnantes dont ils augmentent la densité et s'enroulent alors en spirale, comme un ressort de

1. Cheminent à travers les organes indistinctement (Virchow, Leukart); passent dans le sang (Zenker, Fiedler) ; pénètrent dans les vaisseaux sanguins et lymphatiques (Thudichum).

montre, dans le kyste ainsi formé autour d'eux et qui présente en dessus et en dessous un appendice ou pôle caractéristique. De là leur est venu le nom de *trichina spiralis*.

Peu à peu la paroi de ce nid, qui est d'abord molle et transparente, s'incruste de calcaire, devient opaque et constitue à l'animal une véritable prison, une sorte de capsule blanchâtre, solide, qui est alors visible à l'œil nu. Il n'est pas rare de voir deux et même trois trichines renfermées dans le même kyste qui est généralement environné de graisse dans sa totalité ou dans une partie seulement de son étendue.

Ces trichines enkystées, bien que développées énormément si nous les comparons à ce qu'elles étaient à leur sortie de l'intestin, ne sont encore que des larves et resteront dans cet état tant que vivra l'animal infesté, c'est-à-dire jusqu'à ce qu'un hasard en faisant des trichines intestinales, leur capsule soit détruite, leur liberté recouvrée et leurs organes sexuels développés.

Pour que ce hasard arrive, il ne faut rien moins que l'animal ainsi trichiné soit mangé par un autre et que ses muscles avec leurs hôtes soient introduits dans l'intestin de ce dernier. Sans cette condition, les trichines ne subissent aucune métamorphose, et, jusqu'à leur mort, restent à l'état de larves. Ainsi enkysté, l'animal peut vivre plusieurs années dans sa capsule, plus de huit ans d'après Groth. Lorsqu'il vient à mourir, le kyste et son contenu sont atteints de dégénérescence graisseuse et résorbés peu à peu.

Mais, parvenu dans un intestin, il arrive rapidement à l'état adulte, s'accouple, dépose huit jours après dans le mucus intestinal des générations infinies d'êtres semblables à lui et meurt enfin ; tout cela en quelques semaines seulement[1].

Pour nous résumer : les trichines sexuées habitent l'intestin et ne parviennent jamais dans les muscles ; leurs petits seuls y pénètrent, s'y développent, mais ne s'y multiplient pas. Par là, se trouve justifiée la division des trichines en *musculaires* et *intestinales*[2].

Du troisième au cinquième jour après avoir mangé de la viande trichinée, le porc est triste, perd l'appétit, prend la diarrhée, va, vient et paraît éprouver de vives douleurs. L'intensité de ces phénomènes dépend du reste de la quantité de viande qu'il a consommée. Trois porcs qui avaient pris chacun 20 grammes de viande trichinée n'ont été qu'indisposés, tandis qu'un quatrième, qui en avait mangé dans la même expérience 135 grammes, est mort dans un état de maigreur extrême après avoir éprouvé de grandes souffrances. Après l'ingestion de fortes quantités de trichines, les animaux meurent d'une fièvre adynamique avant la dispersion des trichines dans les muscles ; s'ils en prennent de moindres quantités, l'affection intestinale diminue après quelques jours, et, du vingt-cinquième au trentième jour après le repas de viande trichinée, les organes digestifs sont rentrés dans l'état normal. Alors commencent les douleurs musculaires qui ont fait confondre la trichinose avec les rhumatismes. Les paupières deviennent œdémateuses, la respiration dif-

1. Les trichines, au dire de MM. Dengler et Rodet, ne restent dans l'intestin que quinze jours à trois semaines ; mais les observations faites pendant l'épidémie d'Hedersleben semblent indiquer que la durée de ce séjour peut être parfois plus considérable.

2. D. G. Pennetier, *Trichines et trichinose ou l'empoisonnement par la viande de porc.*

ficile et tous les mouvements musculaires douloureux. Les malades gardent le repos, ils peuvent mourir comme asphyxiés quand les trichines sont nombreuses dans les muscles de la paroi thoracique, mais ils reprennent la santé et peuvent même s'engraisser s'ils n'en ont avalé que de petites quantités. Après la mort, on trouve les trichines, surtout dans le diaphragme, dans les muscles des lombes, de la poitrine, du larynx, du pharynx, de la langue, du cou, des paupières.

C'est d'après ces données qu'on inspecte la viande des porcs abattus pour la consommation quand on a lieu de croire qu'ils sont affectés de trichinose : on examine au microscope les muscles de ces régions.

Pendant la vie, aucun signe positif ne fait connaître l'existence des trichines, ni dans l'intestin, ni dans les muscles ; on n'a la certitude de cette présence des parasites chez un animal que lorsqu'on en a trouvé dans les excréments ou dans les fibres musculaires retirées du corps au moyen d'un crampon explorateur.

On préservera les porcs de cette grave maladie en enfouissant profondément, avec de la chaux vive, les cadavres des malades qui ont des trichines. On ne consommera pas leur viande.

On ne peut nier que la viande trichinée ne soit un danger pour l'homme, et que l'ingestion dans l'estomac de quelques bouchées seulement ne soit capable de déterminer la mort.

Des épidémies graves de trichinoses, dit M. le Dr de Pietra-Santa, se sont succédé en Allemagne et aux États-Unis : toutes avaient pour point de départ l'ingestion de viandes de porc, à l'état plus ou moins cru ; toutes étaient en rapport direct avec les habitudes culinaires de ces populations (autochtones ou émigrées), très friandes de lards frais, de saucisses, de boudins, de viandes hachées, etc.

En France, nous ne connaissons pas un seul fait précis de trichinose, et nous sommes en droit de reproduire aujourd'hui les lignes que nous écrivions dès 1866, dans une communication à l'Académie de médecine :

« Nous n'avons pas à redouter en France la terrible maladie qu'engendrent ces êtres microscopiques, rongeant les muscles, fibre par fibre, conduisant à une mort prompte, au milieu d'angoisses et de tortures. Nos habitudes et nos mœurs nous mettent à l'abri de l'orage, par cela seul que nous faisons subir à toutes les préparations culinaires qui dérivent du porc, une cuisson assez prolongée pour détruire les germes les plus intimes et les plus multipliés. »

Suivant la remarque de M. G. Pennetier, il faut une température assez élevée pour tuer les trichines; mais la nouvelle propagée par différents journaux, qu'une cuisson prolongée de la viande est insuffisante pour les détruire, est tout à fait fausse; de nombreuses expériences l'ont prouvé, et les recherches récentes sur la résistance vitale des organismes inférieurs viennent tout à fait à l'appui de ces résultats. Toutefois, il semble démontré que plusieurs heures de cuisson d'un épais morceau de viande dans l'eau bouillante ne suffisent pas toujours pour tuer les animalcules du centre[1], et la condition essentielle est que *toute la masse* ait atteint la température voulue. Les expériences de Küchenmeister, de Haubner et de Leisering ont, il est

1. Un certain nombre de victimes de l'épidémie dernière d'Hedersleben avaient, paraît-il, fait usage de la viande de porc ainsi préparée.

vrai, démontré que ces animalcules périssent par une longue salaison de la viande et par une fumigation chaude de vingt-quatre heures. Mais Küchenmeister constate également qu'au bout d'une demi-heure de cuisson la viande peut n'avoir que 55 degrés centigrades au centre, tandis que la superficie est arrivée à 60; qu'au bout d'une heure la température interne peut n'atteindre que 70 à 75 degrés, et que, pendant ce même temps, des côtelettes et des saucissons peuvent n'acquérir au centre qu'une température de 60 degrés. Or, les trichines peuvent être exposées impunément à une température de 50 degrés, résistent assez longtemps à 62 ou 65 et ne sont tuées sûrement, au dire des auteurs, qu'à 100 degrés. Si l'on pouvait, en science positive, conclure par analogie, nous dirions que cette dernière évaluation nous paraît un peu exagérée.

MM. Virchow et Rodet pensent avec raison que le premier remède à opposer aux ravages des trichines consiste à prévenir la trichinose chez le porc, et pour cela il prescrit de veiller à la nourriture et à la propreté de cet animal. Il faut, dit M. Rodet, laver soigneusement les mangeoires de ces animaux et tous les objets qui sont à leur usage; tenir propres les caisses, les basses-cours, et éloigner de leur portée les latrines de l'homme; empêcher autant que possible les rats et les souris de fréquenter leurs écuries[1]; ne leur donner

1. Selon M. H. Rodet, les animaux qui se trichinisent d'eux-mêmes, à notre insu, sont, parmi les mammifères: le porc, le chat, le rat, le mulot, la souris, la taupe, le blaireau, le chien, etc., et parmi les oiseaux: la chouette, le chat-huant, la corneille, le corbeau, l'épervier, etc. Ceux qui ne se trichinisent que par les mains de l'homme, sont: le cochon d'Inde, le lapin, le pigeon, la poule, etc. Ceux enfin qui sont réfractaires à la maladie, sont: le bœuf, le veau, le cheval, l'âne, le mouton, l'oie, le canard, la dinde, etc.

enfin qu'une nourriture végétale à moins qu'on ne choisisse pour leur alimentation des viandes qui comme celle du cheval ne sont jamais trichinées.

Il faut remarquer, ainsi que l'observe si judicieusement le Dr P. Brocchi, que tous les animaux portant des trichines dans le tube intestinal ne peuvent pas servir au parasite pour se fixer. Ainsi les oiseaux peuvent parfaitement posséder des trichines sexuées dans leur intestin, mais jamais on ne trouve chez eux la trichine larvaire enkystée.

Il n'y a guère que les mammifères qui possèdent cette fâcheuse faculté. L'homme, le rat et le porc semblent les hôtes préférés de la trichine à tous ses états, sous toutes ses formes.

De ce que les oiseaux, et aussi les reptiles, ne peuvent suffire à la trichine pour arriver à parcourir le cycle complet de son existence, il n'en faudrait pas conclure que ces animaux ne peuvent transmettre la trichine. Si un mammifère se nourrit d'un oiseau renfermant des trichines sexuées, il pourra contracter la trichinose; de même, un porc dévorant un serpent infesté de parasites pourra recevoir dans ses muscles les larves du nématoïde. Quoi qu'il en soit, une fois le parasite enkysté, il restera dans cet état jusqu'au moment où son hôte sera dévoré par un autre animal.

Prenons comme exemple le cas peut-être le plus fréquent. Un rat renferme des trichines, il est dévoré par un porc ; l'accouplement des parasites se fait dans l'intestin de ces mammifères, et les embryons, les larves vont se fixer dans ses muscles. Ils restent là, inactifs, jusqu'au moment où le porc sera mangé par un homme par exemple. Dans l'intestin humain, la trichine achèvera son développement, s'accouplera, et ici les larves pourront trouver un abri dans les muscles de leur nouvel hôte [1].

Voyons maintenant le traitement de la trichinose chez le porc :

Quand on soupçonne la présence des trichines dans les intestins d'un animal, il faut essayer de les détruire au moyen de purgatifs et de lavements vermifuges. Voici quelques formules :

Bols purgatifs :

Mercure doux	1	gramme
Huile de croton	2	—
Pâte de farine	35	—

Faire deux bols qu'on donnera dans la matinée à intervalles rapprochés.

Lavement vermifuge :

Huile empyreumatique	10	grammes
Tabac à fumer	120	—
Acide arsénieux dissous	10	centigr.
Eau	1.000	grammes

(En deux ou trois lavements.)

Une fois que les trichines sont parvenues dans les muscles, il n'existe aucun moyen de les détruire ni même de soulager les malades, si ce n'est les narcotiques qui diminuent la sensibilité [2].

La trichine, lisons-nous dans le savant *Traité de zoologie agricole* du Dr Brocchi, n'est connue que depuis un nombre relativement peu considérable d'années. C'est en 1832 que le Dr Hilton, en pratiquant

1. Dr P. Brocchi, *Traité de zoologie agricole.*

2. H. Villiers et A. Larbalétrier, *Traité pratique de médecin vétérinaire.*

une autopsie à Guy's hospital, découvrit dans les muscles du sujet un grand nombre de petits corps ovoïdes, qu'il rapportait à des cysticerques. Le Dr Wormald, puis M. J. Paget, observèrent les kystes, reconnurent la véritable nature du parasite, à qui M. Richard Owen donna le nom de *Trichina spiralis*.

Pendant longtemps, la trichine ne fut connue que sous sa forme larvaire; la forme sexuée fut observée pour la première fois en 1859, par Virchow. Puis peu à peu, des observations répétées permirent de connaître complètement l'histoire du parasite [1]. On avait d'ailleurs observé en Allemagne un certain nombre d'épidémies de trichinose, et plusieurs cas de mort occasionnés par cette maladie.

Quand un homme a mangé de la viande trichinée, il peut être envahi, n'eût-il fait qu'un seul repas, par un grand nombre de ces parasites. Ces vers se reproduisent, en effet, avec une déplorable facilité. D'après les calculs de Cobbold, l'ingestion d'une livre de viande trichinée déterminerait bientôt la présence de *quatre millions* de jeunes trichines, et ce chiffre est certainement *au-dessous* de la vérité.

Les premiers symptômes observés chez les personnes trichinées sont : un grand abattement, de la chaleur, la perte de l'appétit, des sueurs excessives, etc. ; puis bientôt la diarrhée et quelquefois des vomissements. Malheureusement, ces symptômes sont ceux de plusieurs maladies, et ressemblent par exemple beaucoup à ceux de la fièvre typhoïde. Pour acquérir une certitude, il faut examiner les déjections du malade, et s'il

1. Ce furent surtout les observations de M. Zenker, médecin de l'hôpital de Dresde, qui conduisirent à la vérité.

s'agit réellement de la trichinose, on trouvera dans ces déjections une certaine quantité de trichines sexuées. A cette période, la mort peut survenir, soit que les larves du parasite traversant le péritoine déterminent l'inflammation de cette membrane (péritonite) soit que la diarrhée, la fièvre, amènent une issue fatale.

Quand les trichines se sont enkystées, on constate souvent un gonflement de la face et des membres. Les muscles deviennent douloureux, se tuméfient ; souvent les muscles de l'appareil respiratoire sont envahis, et cet accident détermine l'asphyxie, etc. Si le malade résiste à ces symptômes, qui peuvent d'ailleurs être plus ou moins aigus, les kystes contenant les trichines peuvent subir des dégénérescences ; il s'y forme des dépôts calcaires, et la guérison peut être complète.

Comme je l'ai dit, c'est surtout en Allemagne que les épidémies de trichinose ont été observées, à cause du goût immodéré qu'on professe en ce pays pour la charcuterie.

En France, on n'a constaté qu'une épidémie de ce genre fort localisée, observée à Crépy-en-Valois [1].

Aussi était-on assez tranquille, lorsque dans ces dernières années on signala une assez grande quantité de trichines dans les viandes de porc d'origine américaine, et importées en Europe en grandes quantités. En 1881, le gouvernement défendait l'introduction en France des viandes de cette provenance.

Les Américains reconnaissent eux-mêmes qu'un grand nombre de leurs porcs sont trichinés, et cela

1. Voir pour plus de détails: J. Chatin et A. Laboulbène, *De l'infection par les trichines ou trichinose et des moyens de la reconnaître* (*Annales d'hygiène publique et de médecine légale*, 1881, t. V.)

grâce au manque de précautions et aux pratiques immondes suivies dans les porcheries de ce pays. C'est ainsi que dans beaucoup de localités, les porcs américains sont nourris avec des déjections humaines.

En 1879, le nombre des porcs abattus dans les États de l'Ouest a été de 11.000.000. Chicago seul en a salé et expédié 4.805.000, et d'après la commission de santé de cette ville, la proportion de porcs trichinés a été de 8 pour 100.

Dans un rapport adressé par le consul d'Angleterre à Philadelphie au gouvernement anglais, on peut lire ce qui suit : « En 1880, la trichinose a fait périr 700.000 porcs, rien que dans l'Illinois. D'immenses quantités de porcs sont embarquées chaque année pour l'Angleterre, et comme la *trichina spiralis* paraît se propager, la question mérite attention. »

Malgré toutes les preuves, malgré le danger imminent, beaucoup de personnes, directement ou indirectement intéressées dans le commerce des viandes américaines, protestèrent avec énergie contre le décret de 1881. On déclara que l'on entravait la liberté du commerce, que l'on portait atteinte à des intérêts considérables, etc., comme si la protection de la santé publique n'était pas d'un intérêt plus général que celui de je ne sais quels spéculateurs !

On commença par nier la présence des trichines dans les porcs expédiés d'Amérique. M. J. Chatin, envoyé au Havre pour examiner ces viandes, put bientôt se convaincre et convaincre tous les gens de bonne foi, qu'elles étaient littéralement farcies de ce dangereux parasite.

On renonça alors à nier l'évidence, mais on déclara que ces viandes étaient, il était vrai, trichinées, mais qu'elles étaient inoffensives, la saline et la fumure tuant constamment et sûrement les trichines. Les faits établissant le contraire étaient cependant très nombreux. Dès 1860, MM. Virchow et Leuckart donnaient facilement la trichine à divers animaux en les nourrissant avec de la viande trichinée et *salée* depuis longtemps. Au laboratoire municipal de la ville de Paris, MM. Girard et Pabst ramenaient parfaitement à la vie les helminthes trouvés dans la viande américaine. M. J. Chatin, nourrissant des cobayes avec de la viande suspecte, trouvaient dans les déjections de nombreuses trichines à l'état d'embryons et voyait ces rongeurs succomber. M. Fourment, ayant conservé des morceaux de salaisons américaines, les plaça dans un flacon rempli de sel pendant un an. Il nourrit ensuite des souris avec cette viande, les vit succomber et constata la présence des trichines sexuées dans leur intestin. Je pourrais multiplier ces observations, ces faits indéniables. Si j'y insiste, continue le docteur Brocchi, c'est que quelques observateurs sérieux ont cru devoir déclarer que les viandes américaines ne présentaient aucun danger. C'est ainsi que M. Georges Pouchet déclare que les salaisons d'Amérique sont parfaitement inoffensives.

A l'appui de son dire, le savant professeur du muséum apporte quelques faits indiquant que des rats nourris avec des viandes suspectes n'ont pas succombé aux suites de l'expérience. J'admets parfaitement le résultat constaté ; nous avons vu que l'homme lui-même pouvait guérir de la trichinose : il se peut parfaitement que le rat jouisse de la même immunité. Mais il n'est pas moins vrai que l'on a vu fréquemment ces rongeurs succomber dans les mêmes conditions. Il y a lieu aussi de s'étonner qu'aucun des observateurs cités par M. G. Pouchet n'ait essayé de répéter les expériences de MM. Ch. Girard et Pabst, c'est-à-dire de constater si les trichines enkystées dans les produits américains étaient oui ou non vivantes. Mais l'auteur cite un fait plus important peut-être. Un garçon de laboratoire, confiant dans l'innocuité des salaisons de Chicago, n'hésita pas à consommer en cachette sa part des meilleurs jambons. Or, ce malheureux entra à la Charité, et y succomba aux suites d'une *pneumonie*. Je ne veux pas en conclure que cet homme mourut de trichinose, et cependant la pneumonie a été signalée souvent par les auteurs allemands comme une des causes ordinaires de la mort des individus envahis par les trichines.

Enfin, M. Pouchet donne une autre raison pour faire passer dans l'esprit de ses lecteurs la conviction dont il est possédé :

« On sait, dit-il, que l'Académie de médecine a décidé, à l'unanimité moins une voix, que les viandes américaines n'offrent aucun danger pour la santé publique.

« Au risque de me montrer irrévérencieux pour un corps savant que je respecte infiniment d'ailleurs, je dois avouer que cette décision ne me semble absolument rien prouver. En fait d'observations scientifiques, une décision académique n'a aucune valeur. Elle ne saurait détruire les faits observés, et je suis convaincu que beaucoup des honorables académiciens qui ont fait la déclaration que je viens de rappeler hésiteraient à se nourrir de viandes trichinées. Car enfin, les partisans de la viande américaine devraient nous dire pourquoi cette substance qui a produit les épidémies de trichinose en Allemagne, personne n'en a jamais douté, serait inoffensive dans notre pays. Quelle que soit l'antipathie des races latines pour les races allemandes, elle ne saurait suffire à expliquer un phénomène de ce genre. »

Quelques personnes se montrent moins affirmatives que M. Pouchet ; elles déclarent que la viande trichinée offre un danger, mais que ce danger disparaît lorsque cette viande a été soumise à une cuisson suffisante.

Il faut d'abord remarquer qu'un certain nombre de préparations livrées au public par les charcutiers doivent être consommées sans cuisson : tels sont par exemple les saucissons d'Arles et de Lyon.

D'autre part, MM. Girard et Pabst ont fait des expériences qui montrent qu'il faut dix heures pour qu'un jambon mis à bouillir dans l'eau arrive à une température de 85 degrés. On possède de nombreuses observations de trichinose se déclarant après l'ingestion des viandes cuites comme on le fait d'ordinaire dans les ménages.

Certainement, arrivées à un certain degré de cuisson, les viandes trichinées deviennent inoffensives; mais est-il besoin de démontrer que, dans l'immense majorité des cas, ce degré ne sera pas atteint ?

Je crois donc, conclut le savant professeur de l'Institut agronomique, que le seul moyen d'éviter la trichinose est l'examen microscopique des viandes de porcs et que forcément, malgré toutes les réclamations possibles, on sera amené à adopter cette mesure devant laquelle le gouvernement a reculé au dernier moment. Encore une fois, ni la fumure, ni la salure, ni la cuisson n'offrent une garantie suffisante [1].

1. Pourquoi, si on pense que la cuisson fait disparaître tout danger, continuer à faire examiner la viande de porc, et à proscrire celle qui renferme des *cysticerques*, celle qui est *ladre* ?

CHAPITRE XVII

FUMIER DE PORC

La valeur fertilisante du fumier de porc dépend, à n'en pas douter, de la qualité des aliments qui sont distribués à ce dernier, et si ce fumier est généralement peu apprécié des cultivateurs, c'est que la plupart du temps, dans les fermes, le porc est non seulement mal soigné, mais encore mal nourri.

Composition chimique des déjections. — Les porcs donnent des déjections solides très aqueuses et de grandes quantités d'urines, car la ration de ces animaux est en général noyée dans beaucoup de liquides. Ainsi dans une de ses expériences, M. Boussingault nous apprend qu'un porc de huit mois, pesant 60 kilogrammes, nourri avec 7 kilogrammes de pommes de terre cuites délayées dans l'eau, fournit en 24 heures :

Excréments solides	1 kilog.
Urines	3 05

Les urines du porc, font remarquer MM. A. Müntz et A.-Ch. Girard, sont très alcalines, en général aqueuses et d'une densité faible. Le porc en donne beaucoup relativement à son poids. Voici, d'après M. Boussingault, la composition de ces déjections pour cent :

	EXCRÉMENTS SOLIDES	URINES	DÉJECTIONS MIXTES
	—	—	—
Eau	84.00	97.90	93.80
Azote	0.70	0.23	0.23
Acide phosphorique	0.62	0.04	0.28

Un porc moyen produirait par année environ 1500 kilogrammes de déjections contenant 5 kilog. 5 d'azote et 4 kilogrammes d'acide phosphorique.

Dans des expériences citées par M. Wolff et faites sur deux porcs de dix mois qui, pesant 122 kilogrammes, recevaient par jour 5 kilogrammes de pommes de terre et 2 kilog. 572 de lait écrémé et en outre le numéro 1, 1 kilogramme d'orge, le numéro 2, 1 kilogramme de pois, les excréments renfermaient :

	AZOTE	AC. PHOSPHORIQUE	POTASSE	CHAUX
	—	—	—	—
1° Excréments solides.				
Porc n° 1	8 gr. 7	10 gr. 3	7 gr. 3	4 gr. 4
Porc n° 2	9 gr. 1	11 gr. 1	5 gr. 9	4 gr. 9
2° Urines.				
Porc n° 1	19 gr. 3	6 gr. 7	23 gr. 0	0 gr. 4
Porc n° 2	30 gr. 6	7 gr. 1	37 gr. 1	0 gr. 2

Nous n'avons, dans ce qui précède, envisagé que les éléments ayant une valeur fertilisante réelle ; nous croyons devoir donner ici, d'après M. Boussingault, la composition complète des urines de porc, comparées à celles de la vache et du cheval :

	URINE DE VACHE	URINE DE CHEVAL	URINE DE PORC
	—	—	—
Urée	18 gr. 5	31 gr. 0	4 gr. 9
Hippurate de potasse	16 » 3	4 7	0 0
Lactates alcalins	17 » 2	11 3	indét.
Lactates de soude	—	8 8	—
Bicarbonate de potasse	16 1	15 5	10 7
Carbonate de magnésie	4 7	4 2	0 9
Carbonate de chaux	0 6	10 8	traces
Sulfate de potasse	3 6	1 2	2 0
Chlorure de sodium	1 5	0 7	1 3
Silice	traces	1 0	0 1
Acide phosphorique	0 0	0 0	1 0
Eau et matières indéterminées	921 » 3	910 » 8	979 » 1

Le cheval était nourri au trèfle vert et à l'avoine; la vache au regain et aux pommes de terre; le porc aux pommes de terre cuites[1].

Comme on le voit, d'après ces analyses comparatives, le fumier de porc est loin de valoir celui des autres animaux, et cependant, en Angleterre, on regarde cet engrais comme aussi énergique, sinon plus, que le fumier des bêtes à cornes.

Comme le fait remarquer M. J. Girardin, cette divergence pourrait bien provenir de ce que, partout ailleurs qu'en Angleterre, les porcs ne sont pas nourris avec tout le soin convenable. Chez nous, comme leur nourriture est presque toujours aqueuse, leurs excréments sont par cela même très fluides et frais. Ces

1. A. Müntz et A.-Ch. Girard, *les Engrais*, t. I., p. 200.

animaux ont besoin d'une litière plus abondante que les vaches, parce qu'en travaillant continuellement du groin ils brisent davantage la paille; et cependant cette paille ne pourrit pas aussi promptement que celle des vaches, des chevaux, ce qui prouve que les excréments du cochon sont plus aqueux.

Mais les porcs nourris avec des pommes de terre, des glands, du son, des graines, etc., ainsi que cela a lieu en Angleterre, produisent un meilleur fumier que lorsqu'ils ne reçoivent que des déchets ordinaires de la cuisine. Schwerst a reconnu expérimentalement que le fumier de porc à l'engrais produit, pendant deux années, un effet plus grand, dans les mêmes terres et sur les mêmes plantes, que le fumier de vaches.

Ce qu'on peut cependant reprocher avec raison au premier, c'est, d'une part, que l'animal rendant non digérées la plupart des graines qui entrent dans sa nourriture, on rapporte sur les champs, avec ses déjections, une grande quantité de semences de mauvaises herbes; d'autre part, que ce fumier manifeste une propriété stimulante, corrosive et nuisible aux plantes, provenant de la plus grande quantité de *purin* qu'il retient, purin doué d'une très grande énergie.

Ce qu'il y a de certain, c'est que Boenninghausen a constaté que le fumier de porc, donné en couverture, ne le cède que peu à aucun autre sur toutes les plantes, à l'exception des plantes à cosses, probablement parce qu'ainsi exposé à l'air il perd promptement son âcreté. Quelques cultivateurs affirment l'avoir employé avec avantage dans les houblonnières et les chènevières; mais ils le repoussent pour les récoltes-racines attendu qu'il communique à celles-ci une saveur désagréable. On dit même que l'arome du tabac en souffre.

Il ressort de ces observations, continue M. Girardin, que, si le fumier frais du porc ne doit pas être appliqué inconsidérément aux terres arables, à cause de la grande quantité de grains et de l'âcreté des urines qu'il contient, ces circonstances ne s'opposent nullement à ce qu'il soit répandu avec utilité sur les prairies; que, loin de nuire à cette application, la fluidité de cet engrais lui est particulièrement appropriée.

Néanmoins, il n'y a qu'un bien petit nombre d'exploitations dans lesquelles il soit fait usage du fumier en question isolément, et le mieux, dans les circonstances ordinaires, est encore de l'employer en mélange avec un autre, surtout avec celui du cheval; on corrige ainsi ses mauvaises qualités et on le rend propre à tous les sols et à toutes les récoltes[1].

En Chine, continue l'auteur précédemment cité, à Chusan, surtout, on mélange les excréments du porc, par parties égales, avec des terres argileuses, et on leur donne la forme de petits cylindres du poids de 500 à 600 grammes sous laquelle on les conserve. Quand on veut s'en servir, on les délaye dans de l'eau, de façon à pouvoir les répandre sur les plantes. Cet engrais est réservé pour les terres maigres et pierreuses des montagnes, quelles que soient les récoltes qu'elles supportent. On l'emploie à la dose de 200 kilogrammes par *méou* de terres (un dixième d'hectare), qui remplacent 150 kilogrammes de matières fécales, l'engrais par excellence dans le Céleste Empire; ils reviennent à

1. J. Girardin, *des Fumiers et autres engrais animaux*, p. 64.

250 ou 300 sapèques (1 fr. 25 à 1 fr. 50) les 100 kilogrammes, soit à l'hectare 2.000 kilogrammes, valant de 25 à 30 francs. Mais on n'emploie pas ordinairement les excréments de porc seuls; on complète cet engrais par une légère fumure de matières fécales, que l'on répand quinze jours ou trois semaines après[1].

Le fumier de porc, fait remarquer M. P. Joigneaux, passe pour éloigner les taupes. C'est à vérifier.

Nous savons qu'un porc peut rendre environ de 800 à 1.400 kilogrammes d'engrais par an, et que l'hectare de terre n'en exige pas moins de 40.000 kilogrammes.

1. Déposition de M. Simar, consul de France à Nin-Pô, dans l'enquête sur les engrais industriels faite en 1864, par ordre du gouvernement, t. I, p. 607.

CHAPITRE XVIII

LE SEL MARIN OU SEL DE CUISINE

Importance du sel dans l'alimentation du bétail et dans l'engraissement du porc. — Le sel est un produit de première nécessité, non seulement dans l'alimentation journalière de l'homme et des animaux domestiques, mais encore en charcuterie; en effet c'est l'agent essentiel de la conservation de la viande de porc, par la *salaison;* enfin, il entre dans toutes les préparations que la charcuterie livre au commerce. Donc à ces trois points de vue : 1° de l'hygiène humaine; 2° de l'alimentation du bétail; 3° de son emploi en charcuterie, le sel mérite d'être étudié dans cet ouvrage.

Le sel, dit M. F. Bélison, professeur à l'école supérieure d'Amiens, paraît avoir été connu et surtout apprécié dès la plus haute antiquité; les documents les plus anciens l'attestent...

Dans toutes les religions primitives, le sel apparaît avec un caractère tellement sacré que les hommes ne trouvent pas de plus noble offrande à présenter à leurs divinités.

Jésus-Christ a dit à ses disciples : « Vous êtes le sel de la terre. »

L'hospitalité s'exerce par le sel. L'Arabe se croit

obligé de protéger et de défendre l'étranger qu'il a admis à partager le sel avec lui.

Le sel est l'élément par excellence de la salubrité et de la conservation. Sans le sel, l'homme ne peut conserver ses richesses acquises, le poisson, les viandes.

Le sel répandu sur la terre stérile la fertilise, contrairement au préjugé antique, et y développe une végétation vigoureuse. Le peuple breton, qui vit dans une atmosphère salée, est le peuple le plus chevelu de la terre.

Le sel excite l'appétit de l'homme et le maintient en santé. Privez l'homme de sel, condamnez-le à manger de la viande non salée, et aussitôt vous allez voir se développer dans ses intestins, dans toutes les parties de son corps, des myriades de parasites, vers, tænias; ses cheveux et son corps se couvriront de vermine; je parierais que les enfants ont leurs raisons pour adorer le sel. Les Abyssins, qui mangent beaucoup de viande et qui n'ont pas de sel, sont constamment affectés de dragonneaux et de vers solitaires, à tel point que les personnes qui en sont exemptes se figurent qu'elles sont très malades...

On comprendra sans peine pourquoi les peuplades éloignées du bord de la mer entreprennent souvent de longs et pénibles voyages pour aller chercher le corps qu'ils estiment le plus, le sel. La denrée qui renchérit le plus vite dans une ville assiégée est le sel.

Le sel est le principe de toute croissance et de toute vigueur. La taille et la vigueur de l'homme sont en proportion du sel qu'il consomme. Le Patagon et le Taïtien, qui sont les plus grands des mortels, font leur cuisine à l'eau de mer...

L'ensemble de ces considérations me paraît plus que

suffisant, continue M. Bélison, pour trouver l'impôt sur le sel aussi immoral que l'impôt sur les portes et fenêtres. Avouez que nous sommes peu intelligents. Comment! voici un produit indispensable à la santé de l'homme, produit qui, sur les lieux d'extraction, ne vaut pas un centime le kilogramme et que nous payons 20 centimes!

On m'objectera peut-être qu'il ne faut pas trop se plaindre, qu'il y a quelques années on le payait encore 50 et 60 centimes le kilogramme. Voyons, est-ce sérieux? Et parce que nos ancêtres ont admis avec un savant illustre, Gay-Lussac, contrairement à l'avis de tous les ruminants et de tous les cultivateurs de France, que « la question du sel est parfaitement étrangère à l'agriculture... et l'impôt juste de tout point », nous, les hommes de progrès, nous refuserions d'ouvrir les yeux à la lumière, nous ne nous affranchirions pas de cet impôt inique qui, non seulement oblige le mouton et le bœuf à se passer de sel, mais force l'homme lui-même à réduire sa consommation à des proportions tout à fait insuffisantes!

Savez-vous que je conçois la haine du peuple pour les gabelous et les gabelles; que je conçois qu'on fasse des révolutions, rien que pour se délivrer de l'impôt sur le sel. Le sel, indispensable à l'homme, est également recherché par les animaux. Il convient de remarquer que les premiers animaux qui se sont ralliés à l'homme sont doués d'un vif appétit pour le sel.

Le sel est pour les ruminants la première condition de la santé, de la vigueur et de la succulence. Avec le sel, il n'est point d'épizooties à redouter. Pénétrez l'hiver dans les étables de pauvres cultivateurs; vous y trouvez tous les animaux dévorés de vermine, par suite de la mauvaise nourriture et de la privation de sel. La plupart des maladies qui déciment les étables, la clavelée, la morve, proviennent de l'appauvrissement du sang, et n'ont pas d'autre cause que la mauvaise qualité de la nourriture, qui se bonifierait immédiatement d'une minime addition de sel.

Avec le sel, il n'y a pas de mauvais fourrages pour le mouton ni pour le bœuf.

Les herbes sèches des prairies voisines de la mer sont préférées par le bétail aux herbages les plus gras et les plus tendres des prairies de l'intérieur.

Le mouton par excellence est le mouton des prés salés[1].

Production et consommation du sel dans le monde. — Depuis quelques années, la production du sel a pris une extension considérable : l'industrie l'emploie à la fabrication des produits chimiques, du savon, du verre, à l'extraction du cuivre et de l'argent de leurs minerais. Voici quelques renseignements fournis par le monde de la science et de l'industrie.

La consommation du sel par habitant est évaluée ainsi :

Amérique	kg.	25 »
Angleterre		20 »
France		15 »
Italie		10 »
Russie		9 »
Autriche		8 »
Prusse		7 »
Espagne		6 »
Suisse		4 5

1. *Le Progrès agricole.* Directeur : M. G. Raquet.

La production annuelle du sel dans le monde entier peut être évaluée à 7.300.000 tonnes.

L'Europe en fournit pour sa part 5.280.000 tonnes, et la Grande-Bretagne, qui vient au premier rang, en produit 2.235.000 tonnes; elle en exporte plus d'un million. L'Angleterre a des salines importantes dans le comté de Chesles.

En 1876, la France produisait 550.000 tonnes de sel; elle en fournit aujourd'hui 666.000.

Ce sel provient surtout des Bouches-du-Rhône, de l'île de Ré, des Landes, de la Charente-Inférieure et des salines du Doubs, de Meurthe-et-Moselle. La consommation du sel en France est de 550.000 tonnes, dont 376.000 servent à l'alimentation.

L'Italie produit annuellement plus de 400.000 tonnes de sel tiré de la mer ou des salines. Elle en exporte 254.000 tonnes.

La Suède importe du sel pour une somme annuelle de 2.075.000 francs. La Norvège en importe également près de 70.000 tonnes.

En 1876, la Russie recevait de l'étranger 316.000 tonnes de sel destiné uniquement à l'alimentation. En 1886, ce chiffre est descendu à 25.400 tonnes.

L'Allemagne produit 810.000 tonnes, qui lui procurent un revenu de 25 millions de francs.

Le Canada consomme 161.000 tonnes de sel extrait principalement des salines de la province d'Ontario.

En 1886, dans les États-Unis, la production du sel a été de 968.639 tonnes; l'importation, de 396.410 tonnes. Le sel vaut un peu plus de 22 fr. 50 la tonne.

L'Inde produit du sel, mais le quart de sa consommation provient de l'étranger.

En Afrique, les lacs salés de Gaudiole, à l'embouchure du Sénégal, donnent beaucoup de sel. On trouve des salines dans le Sahara et en Algérie, où la production atteint 14.200 tonnes.

L'Australie est restée en arrière dans cette exploitation ; elle possède des salines, qui sont abandonnées pour la plupart. Elle reçoit de la Grande-Bretagne seule plus de 70.000 tonnes de sel[1].

Administration du sel aux bêtes porcines. — Il est essentiel de faire entrer le sel dans l'alimentation des porcs, tant pour les bêtes d'élevage que pour les bêtes d'engrais, et cela pour trois raisons principales. D'abord, le sel constitue un condiment précieux qui excite les bêtes à manger, or plus un porc consomme et plus il augmente ; ensuite la viande de porc nourri avec une nourriture quelque peu salée est bien plus fine et plus savoureuse que celle provenant d'un porc qui n'a pas reçu de sel dans ses rations ; enfin, le sel marin, comme nous l'avons vu, est un excellent préservatif contre les maladies parasitaires qui déciment si souvent les porcheries.

Bien d'autres raisons militent encore en faveur de la distribution du sel au bétail en général et aux porcs en particulier.

Maintenant, on peut se demander comment il convient de leur administrer cette substance.

Le meilleur moyen est de mettre dans un coin de la porcherie ou plutôt de la loge à porcs un bloc de sel en pierre ou plutôt de sel gemme, que les porcs vont lécher tout naturellement de temps à autre.

Lorsqu'on dispose de fourrages un tant soit peu ava-

1. *Revue scientifique* du 17 mai 1890.

riés que les animaux refusent, un excellent moyen de les forcer à manger c'est de les arroser, quelques instants avant de les leur donner, avec de l'eau salée. On fera de même lorsqu'on voudra faire consommer aux porcs une nourriture pour laquelle ils montrent peu de prédilection.

Mais, qu'on donne le sel sous une forme ou sous une autre, il faudra toujours mettre de l'eau à la disposition des porcs; car si cette substance les excite à manger, elle les excite également à boire et il est très important, cela se conçoit sans peine, qu'ils ne souffrent pas de la soif.

CHAPITRE XIX

RÉSULTATS FINANCIERS DE L'ÉLEVAGE DU PORC

Bénéfices qu'on retire de la production porcine. — Peu importe que l'agriculteur fasse de l'élevage ou de l'engraissement, il doit avant tout faire ce qui est demandé sur le marché et ce qui lui permet de réaliser des bénéfices.

Les agriculteurs qui possèdent de bons animaux reproducteurs appartenant à une race qui répond aux exigences de la clientèle de la contrée qu'ils habitent, ont généralement intérêt à faire de l'élevage, car dans ce cas, ils vendent facilement et à bon prix les jeunes porcs qu'ils font naître.

De même, ceux qui habitent les régions où le commerce des gorets a une grande importance, ont également intérêt à faire de l'élevage.

C'est ainsi que le Limousin et le Périgord, comme le fait remarquer M. Heuzé, élèvent beaucoup de porcs pour le Quercy, le Rouergue et le Languedoc ; un grand nombre de porcs ou plutôt de gorets élevés en Bretagne sont achetés pour la Vendée et le Poitou. Les porcs du département de la Mayenne et de Maine-et-Loire sont souvent achetés pour la Beauce et l'Orléanais.

Le Berry, le Bourbonnais, les Marches et le Limousin envoient chaque année un grand nombre d'animaux maigres d'un an à quinze mois dans la Bourgogne, la Champagne, la Lorraine et l'Alsace.

Quant à l'engraissement, on le pratique de préférence dans les localités voisines des grands centres de consommation et dans les contrées où le commerce des porcs gras ou des jambons et du lard fumé, etc., a une grande importance à un moment déterminé. En général, ces contrées récoltent annuellement beaucoup de pommes de terre, de maïs et de châtaignes, etc.

La Normandie, l'Anjou et le Maine élèvent et engraissent pour Paris ; la Flandre pour Lille et l'Angleterre ; le Quercy, le Rouergue et le Languedoc pour Bordeaux, Toulouse, Montpellier et Marseille ; l'Auvergne et la Bourgogne pour Paris et Lyon ; le Dauphiné pour Marseille ; la Lorraine et les Ardennes pour Paris et la Belgique ; le Vivarais pour Lyon et Marseille.

Les spéculations sur les porcs sont généralement lucratives, lorsqu'elles sont bien étudiées avant leur adoption et quand les animaux ont été bien soignés et parfaitement nourris. En effet, l'entretien du porc est beaucoup moins onéreux que celui de la plupart des autres animaux, car cet animal est peu difficile sur le choix des aliments, et utilise, comme nous l'avons dit ailleurs, de substances abondamment produites dans toutes les fermes et même dans les ménages, qui sans lui seraient perdues, par exemple les déchets de cuisine, les eaux grasses, les épluchures, les glands de chêne, etc.

Mais il est une chose indispensable, quoique généralement négligée ; c'est de tenir une comptabilité rigoureuse.

On devra, fait remarquer très judicieusement M. Heuzé, si l'on veut avoir une comptabilité complète, inscrire exactement sur le cahier appelé *mémorial de la consommation*, les quantités en poids et en volume des aliments qu'on fera consommer. Il sera utile aussi, si on inscrit au *débit* du compte la paille donnée comme litière, d'évaluer en poids on en volume le fumier qu'on retirera des loges pour inscrire sa valeur au *crédit* du même compte. M. Dailly a adopté depuis longtemps un système qui simplifie les écritures et qui n'oblige pas à faire des pesées fréquentes dans le but d'apprécier très exactement la valeur du fumier produit par les animaux. Ainsi, il balance la paille-litière par le fumier qu'on enlève, c'est-à-dire il ne faut pas figurer la valeur de la litière au *débit* ou au *doit* et celle de l'engrais au *crédit* ou à l'*avoir*.

Dans les deux cas, lorsqu'on veut connaître le résultat économique d'une spéculation, on relève les nourritures consommées, on leur donne une valeur qu'on inscrit au *débit*, puis on ajoute les salaires du porcher, les frais généraux et les dépenses occasionnées par la vente, l'entretien du mobilier, etc. Alors on inscrit au *crédit* les recettes réalisées par la vente, la valeur des porcs consommés sur le domaine, la somme représentant la valeur du fumier qu'on a récolté et on complète ces détails en inscrivant sur la même partie du compte la valeur réalisable des animaux que la porcherie renferme encore. En balançant les recettes avec les dépenses, on clòture le compte et on voit si la spéculation a été bonne ou mauvaise, c'est-à-dire si elle se solde en bénéfice ou en perte.

Voici un spécimen de compte concernant un élevage:

DÉBIT ou DOIT

	fr. c.	fr. c.
Inventaire d'entrée :		
1 verrat..........	150 »	
10 truies-mères...	1000 »	
12 gorets..........	120 »	
		1.270 »
Nourriture :		
100 litres de lait...	12 50	
150 — — crémé..............	8 »	
250 kil. viande de vache...........	24 50	
2500 kil. de farine d'orge..........	412 50	
40 kil. de sel gris..	6 40	
20500 kil. pommes de terre..... ...	307 50	
500 kil. trèfle vert.	5 »	
500 kil. citrouille..	15 »	
		891 40
Litière :		
5700 kil. paille....	190 »	190 »
Combustibles :		
1500 kil. houille...	60 »	
1 st. calin........	14 »	
50 fagots..........	6 »	
2 kil. huile à brides	7 50	
		87 50
Divers :		
Moins-value du mobilier...........	25 »	
Réparation de la porcherie.......	8 50	
Frais de vente....	20 50	
		62 »
Main-d'œuvre :		
Gages et nourriture du porcher....................		300 »
Sinistre :		
Une truie morte d'un coup de sang................		100 »
Frais généraux :		
Quote-part................		42 »
Solde en bénéfice..........		569 10
TOTAL.....		3.512 »

AVOIR ou CRÉDIT

	fr. c.	fr. c.
Ventes :		
65 porcelets.......	1245 »	
8 — pour la reproduction....	320 »	
		1.565 »
Engrais :		
42.000 kil. fumier.	336 »	
2 tonneaux purin.	6 »	
		342 »
Sinistre :		
Contre-passe (100 fr.)......		100 »
Balance de sortie :		
1 verrat...........	135 »	
9 truies mères....	1150 »	
2 jeunes truies. ..	120 »	
5 gorets...........	100 »	
		1.505 »
TOTAL.....		3.512 »

Voici maintenant un autre compte, disposé d'une autre manière, mais également très démonstratif en ce qui concerne les bénéfices qu'on peut réaliser. Nous l'empruntons à un fermier, M. C. Bailly, qui l'a établi sur 20 cochons de race de la vallée d'Auge, élevés et engraissés :

DÉPENSES :

Nourriture de 20 gorets, pendant 2 mois d'allaitement et 27 jours après, y compris l'avoine donnée aux 2 mères, faisant en tout 132 jours, à 10 centimes par jour, et par tête, 13 fr. 20 pour les 20 cochons	264 »
Une année pendant laquelle les animaux ont pâturé pendant 6 mois, estimée à 15 centimes par jour, par tête, 54 fr. 75 pour 20 porcs	1.095 »
60 jours pendant lesquels ils n'ont mangé que des pommes de terre, à 20 centimes par jour, par tête, 24 francs pour 20	480 »
70 jours pour 40 centimes de pois par jour, par tête, 28 francs pour 20	560 »
70 jours pour 45 centimes d'orge par jour, par tête, 31 fr. 50 pour 20	630 »
110 jours pendant lesquels les cochons n'ont mangé que pour 40 centimes d'orge par tête, par jour, parce que leur appétit avait diminué, 110 jours à 40 centimes par jour, par tête, 44 francs pour 20	880 »
Gages d'un domestique	400 »
Faux frais et entretien de la porcherie	300 »
Total des dépenses	4.609 »

Après 2 ans, 2 mois et 7 jours, mes 20 cochons, dit M. Bailly, pesaient, l'un dans l'autre, 320 kil. et furent vendus chacun 390 francs.

Somme totale pour les 20 cochons................ 7.800 »

RÉCAPITULATION :

Recette	7.800 »
Dépenses	4.609 »
Bénéfice net pour les 20 cochons.	3.191 »

Voici maintenant un compte d'engraissement dressé par M. Bardonnet, quand il a engraissé des porcs Berckshire dans le centre de la France :

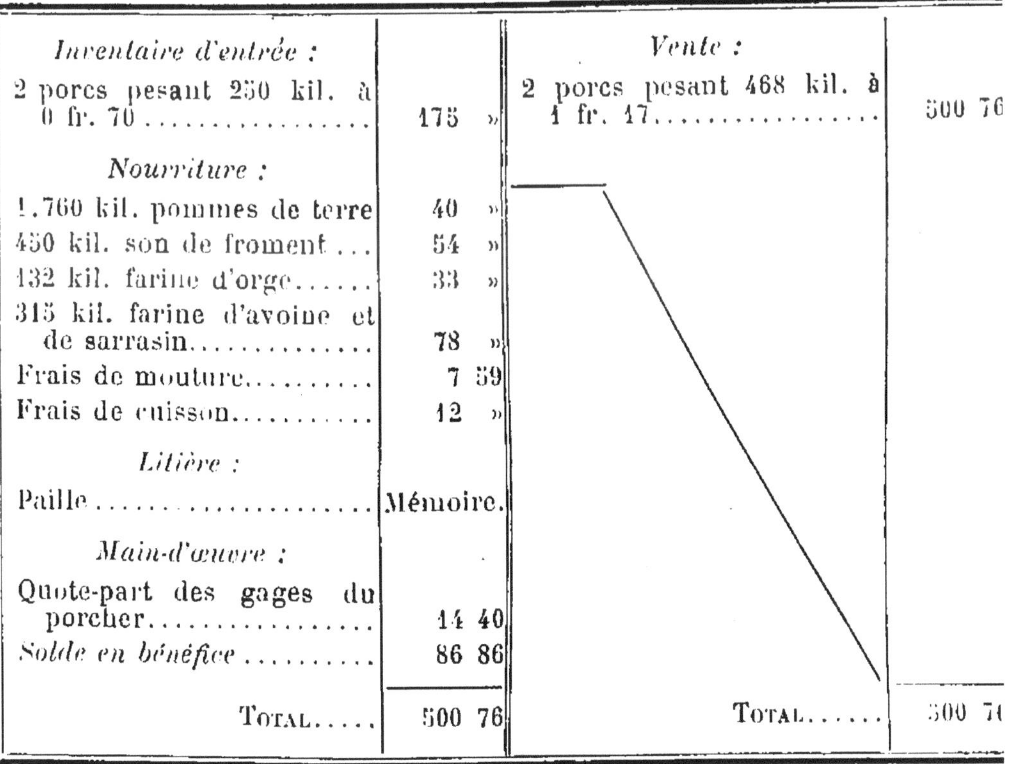

DÉBIT		CRÉDIT	
Inventaire d'entrée :		*Vente :*	
2 porcs pesant 250 kil. à 0 fr. 70	175 »	2 porcs pesant 468 kil. à 1 fr. 17	500 76
Nourriture :			
1.760 kil. pommes de terre	40 »		
450 kil. son de froment	54 »		
132 kil. farine d'orge	33 »		
315 kil. farine d'avoine et de sarrasin	78 »		
Frais de mouture	7 59		
Frais de cuisson	12 »		
Litière :			
Paille	Mémoire.		
Main-d'œuvre :			
Quote-part des gages du porcher	14 40		
Solde en bénéfice	86 86		
TOTAL	500 76	TOTAL	500 76

Ce compte, fait remarquer M. Heuzé, est incomplet ; il ne comprend pas les frais généraux et la valeur locative des bâtiments occupés par les animaux pendant le temps de leur engraissement. On peut aussi lui reprocher de ne pas contenir les frais de vente et la moins-value du mobilier. Ce compte est en outre incomplet, parce que les denrées alimentaires n'y figurent pas avec leur prix de revient[1].

Suivant les expériences de M. Parent, il faut :

20	kilog.	de pommes de terre.
4	—	d'orge cuit.
4	—	de seigle cuit.
4	—	de maïs ordinaire.
4	—	de sarrasin.
8	—	de son.

pour produire un kilogramme de viande de porc.

Donc, conclut M. Heuzé, si l'on élevait dans la comptabilité la valeur des pommes de terre à 6 francs les 100 kilogrammes, parce qu'on pourrait les vendre à ce prix, le kilogramme de viande reviendrait à 1 fr. 20. Ce prix, bien entendu, ne comprend pas les frais de cuisson, etc. Si, par contre, les porcs les soldent suivant ce qu'elles ont coûté à produire, soit par exemple, 3 francs les 100 kilogrammes, on constatera qu'ils permettent de produire la viande à 0 fr. 60 le kilogramme. Il est encore sous-entendu que ce prix de revient s'élèvera quand on aura ajouté la quote-part des dépenses générales[2]. Enfin, pour terminer, nous

1. Ce dernier grief est sujet à discussion. *A. F.*

2. On déterminera le prix de revient d'une denrée agricole quelconque en divisant les dépenses totales d'une culture par le produit qu'elle a donné.

Quand il est question de pommes de terre non marchandes, ou de graines avariées ou de qualité très secondaire, on diminue naturellement le prix de revient constaté et la différence

donnerons, d'après M. Léouzon, les résultats d'une porcherie bien dirigée appartenant à M. Pierre Méheust, dont la ferme est située près de Quimper (nous n'indiquons que la dernière année et le total des six années). Les femelles appartenaient à la race indigène et étaient croisées avec un verrat de race Yorkshire. Les produits étaient très recherchés sur le marché de Quimper :

	1866	TOTAL de 1861 à 1866
Fourrages verts, à 13 fr. le 1000	200 fr. »	889 fr. »
Mauvais grains et glands à 6 fr. le 100	15 »	86 »
Sarrasin, à 12 fr. le 100	120 »	726 »
Orge, à 12 fr le 100	24 »	87 »
Seigle, à 14 fr. le 100	» »	72 »
Avoine, à 14 fr. le 100	» »	11 »
Son (volailles et vaches)	» »	» »
Lait, à 3 cm. le litre	1.062 »	3.063 »
TOTAUX. ..	1.421 »	4.934 »
Un huitième à ôter pour volailles	170 »	608 »
Reste au compte de la porcherie	1.251 »	4.326 »
Soins (un huitième à moitié du temps d'une servante)...	100 »	365 »
Frais généraux et divers	60 »	308 »
DÉPENSES TOTALES	1.411 fr. »	3.999 fr. »

est ajoutée aux produits pouvant être livrés à la consommation ce qui élève d'autant le prix auquel ils ont été obtenus.

Les prix de revient du petit lait, des eaux grasses, etc., sont très difficiles à déterminer, à moins que les déchets n'aient été achetés en dehors de la ferme.

On peut, sans commettre une grande erreur, donner au premier une valeur de 0 fr. 02, et aux eaux provenant des cuisines une valeur de 0 fr. 01 le litre.

La porcherie doit solder tous les gages et les frais de nourriture du porcher, lorsque cet aide est occupé du matin au soir à soigner les animaux qu'on lui a confiés.

ANIMAUX ACHETÉS	1866	TOTAUX
Nombre de têtes..................	»	13
Valeur...........................	»	369 60

ANIMAUX VENDUS OU LIVRÉS AU MÉNAGE	1866	TOTAUX
Nombre de têtes..................	66	200
Valeur...........................	1.605 10	5.014 60
Valeur d'inventaire au 1er octobre 1866..................	810	810
Valeur totale..................................		5.823 60
Otant la valeur des animaux achetés.........		369 60
Reste pour produit de la ferme (animaux)....		5.454 »
Valeur du fumier, à 5 0/0 les 1.000 kil.......		780 »
Total...........		6.234 »

Ce compte peut se résumer ainsi :

Recette totale de 6 années.............	6.234 fr.
Dépenses totales........................	4.999 —
Bénéfice net.....	1.235 fr.

M. P. Méheust fait suivre ce tableau de quelques remarques.

Le lait, quoiqu'il se vendît en moyenne 12 centimes le litre à Quimper, est compté par lui à raison de 13 centimes savoir :

Pour le beurre qui en provient..........	10 cm.
Pour le compte, porcherie et volailles...	3 —
Valeur dont il crédite la porcherie.....	13 cm.

Les années 1863, 1864 et 1865 ont été désastreuses en Bretagne pour la plupart des productions. L'année 1864 a été notamment fatale pour le porc, à tel point que douze porcelets âgés de quarante-neuf jours n'ont réalisé que 2 fr. 60 par tête et, quatre élèves de sept mois et demi 20 francs par tête. Les prix, excessivement bas dans cette période triennale, se relèvent et deviennent bons en 1866.

Ainsi, malgré ces trois années mauvaises, le compte se solde encore avec un bénéfice remarquable, après avoir payé la nourriture à un prix convenable, et fourni aux cultures beaucoup de fumier à un prix peu élevé.

On peut juger dès lors combien profitable eût été, sans cette crise, la spéculation dont nous rendons compte, et en conclure avec certitude que, en général, la porcherie donne de très beaux bénéfices à ceux qui s'en occupent avec intelligence.

Cette manière de voir de M. L. Léouzon, est également la nôtre, et nous ne comprenons pas comment il existe encore des fermes en France où on n'entretient pas de porcs, sous prétexte que ce bétail met en perte. Il est bien évident que lorsque la race est bien choisie et surtout lorsqu'elle répond aux exigences locales, lorsque la nourriture est appropriée, les soins donnés avec intelligence, les porcs, qui sont les animaux les plus aptes à transformer les résidus de peu de valeur en viande, les porcs, disons-nous, doivent donner des bénéfices, d'autant plus que cet animal, comme nous le verrons plus loin, ne laisse pas de non valeur, tout chez lui est utilisé, viande, graisse, cartilages, soies, ongles, boyaux, etc., etc.

Enfin dans les petits ménages, l'entretien d'un ou plusieurs porcs est toujours une précieuse ressource, car quoi qu'on en ait dit, la viande de porc, lorsque celui-ci est bien soigné et bien nourri, est saine et nutritive, sous ce dernier rapport elle vient immédiatement après celle du bœuf et avant celle du mouton et du veau.

DEUXIÈME PARTIE

CHAPITRE XX

LA CHARCUTERIE

Considérations générales. — La charcuterie, dit M. Sanson, est l'industrie et le commerce de la chair et des autres matières comestibles que fournit le porc. La différence entre le charcutier, qui exerce cette industrie et ce commerce, et le boucher, ne consiste pas seulement dans le genre des animaux sur lesquels ils portent. Le boucher se borne à tuer ou à abattre les bœufs et les moutons, à dépecer leur viande et à la vendre en gros ou en détail. Le charcutier fait la même chose pour les porcs, mais en outre il exécute des préparations culinaires qu'il met en vente, telles que le saindoux, les pâtés, les boudins, les saucisses, etc. La charcuterie est donc, comme industrie, plus compliquée et plus difficile à exercer que la boucherie. Pour être bon charcutier, l'habileté dans l'achat, l'abatage des animaux et la coupe de la viande ne suffit point, il faut y joindre la capacité culinaire spéciale. Par une heureuse inconséquence de nos règlements municipaux, les relations de nos producteurs de porcs n'ont jamais, à notre connaissance, rencontré les entraves dont le commerce de la boucherie a été durant si longtemps embarrassé. La charcuterie a toujours été libre, soit pour l'achat des animaux qu'elle prépare, soit pour la vente de ses marchandises, dont le prix n'a point été taxé. Aussi l'organisation de cette industrie n'a-t-elle donné lieu à aucune réclamation de la part des agriculteurs. Nous n'avons conséquemment pas à nous en occuper ici, au point de vue économique. Il peut être utile seulement de donner quelques indications sur les idées qui règnent, parmi les charcutiers, relativement à la qualité des porcs, et qui se traduisent par les prix qu'ils consentent à payer sur les marchés d'approvisionnement.

Ces idées ne sont pas précisément conformes à celles que les éleveurs les plus en renom cherchent à faire prévaloir. Nous les avons recueillies, continue M. A. Sanson, dans nos relations avec les principaux membres de la chambre syndicale de Paris, soit dans le jury du concours général d'animaux gras, soit dans la commission chargée de suivre le rendement des sujets primés à ce concours. La charcuterie estime davantage et paye plus cher, au kilogramme de poids vif, les porcs chez lesquels le rendement en chair est plus élevé que le rendement en graisse ou saindoux. A ce titre, elle préfère les porcs de race celtique à ceux de race ibérique et surtout aux métis qu'on appelle cochons anglais. A engraissement égal, en apparence, les premiers obtiennent une plus value d'au moins 10 centimes par kilogramme de poids vif. Cette plus-value est expliquée par une meilleure qualité de la

MARCHÉ DE LA VILLETTE DU 8 MAI 1890

ARRIVAGES	PORCS	POIDS NET PAR 1/2 KILO	POIDS VIF PAR 1/2 KILO
137	Auvergnats..............	55 à 70	35 à 46
289	Creuse et Indre...........	60 à 75	42 à 51
575	Bourbonnais et similaires.	58 à 74	40 à 50
1.077	Bretons.................	56 à 72	38 à 48
522	Vendéens.................	58 à 74	40 à 51
1.448	Craonnais et Manceaux...	62 à 75	42 à 52
.....	Allemand.................	» »	» »
.....	Belges..................	» »	» »
200	Sortes inférieures........	54 à 68	36 à 44
100	Sortes supérieures (viande franche)...............	75 à 76	52 à 53

MARCHÉ DE LA VILLETTE. — COURS AU KILO DU 8 MAI

SORTES	AMENÉS	RENVOYÉS	VIANDE NETTE			POIDS VIF			PRIX EXTRÊMES
			1re QUALITÉ	2e QUALITÉ	3e QUALITÉ	1re QUALITÉ	2e QUALITÉ	3e QUALITÉ	
			f. c.	f. c.	f. c.	f. c.	f. c.	f. c.	f. c. f. c.
Porcs frais....	4.002	36	1 45	1 40	1.30	1 05	1 »	0 90	1 24 à 1 46
Porcs maigres.	»	»	»	»	»	»	»	»	»

marchandise qui, dans le travail de la charcuterie, donne des produits plus estimés, non seulement pour les quantités obtenues, mais encore pour la saveur plus agréable de la matière première. En consultant les mercuriales du marché de la Villette, on constate en effet que les porcs de l'ouest de la France, de l'Anjou, du Maine, de la Normandie, s'y vendent toujours au-dessus du cours de ceux du centre et des autres parties de notre pays [1].

Lors donc que dans l'examen comparatif des diverses sortes de porcs, au point de vue des avantages de leur exploitation, on insiste exclusivement sur l'aptitude à l'élaboration facile et précoce de la graisse, comme utilisant mieux les aliments consommés, on laisse de côté un élément important de la question. A la quantité de poids vif obtenue en un temps donné, il faut joindre la qualité qui fait varier la valeur de l'unité. Ajoutons du reste que les porcs ainsi plus estimés dans le commerce de la charcuterie, par unité de poids, n'en sont plus à devoir être reconnus tous comme inférieurs, nécessairement, en aptitude à utiliser les aliments. Bon nombre de variétés de la race celtique comptent des familles, dont la précocité ne le cède en rien à celle des cochons anglais. Le concours général des animaux gras en montre chaque année de nombreux exemples. Nous avons eu l'occasion de démontrer par des recherches, dont les résultats précis n'ont pas pu être contredits, que pour le même temps et avec la même alimentation, les sujets de ces familles donnent au moins autant de poids vif, d'une valeur commerciale plus élevée. Si donc le jury spécial du concours

1. Voir le tableau ci-dessus.

d'animaux gras était en majeure partie composé de charcutiers, ce ne sont point les porcs d'origine anglaise qui obtiendraient le plus habituellement le prix d'honneur [1].

A ces considérations, dont la justesse n'échappera à personne, nous ajouterons les suivantes que nous trouvons exposées dans le livre de la ferme et des maisons de campagne :

« Une opinion, assez communément répandue, admet que la graisse des porcs de races anglaises est beaucoup moins ferme que celle des porcs de races françaises; quelques personnes ont même trouvé l'explication chimique du fait dans la proportion différente pour laquelle figureraient, de part et d'autre, la stéarine et l'oléine. Nous ferons d'abord remarquer que, si la différence signalée s'est présentée quelquefois entre telle et telle race des deux pays, on ne saurait partir de là pour la généraliser, au point de faire ainsi deux catégories opposées : toutes les races françaises d'un côté, et toutes les races anglaises de l'autre. Nous ajouterons que, si la nature des animaux joue un rôle important dans la constitution de leurs produits, l'alimentation en joue un plus direct, et que c'est surtout à l'influence du genre d'alimentation que doit être attribuée la proportion plus ou moins grande d'oléine ou de stéarine. Jusqu'à ce que des expériences, dans lesquelles les races et les régimes auront été étudiés comparativement, aient éclairé le problème, on ne peut donc rien présumer, encore moins rien affirmer à ce sujet. Et, d'ailleurs, fût-il démontré que la graisse des

1. Sanson, *Dictionnaire d'Agriculture* de Barral et Sagnier, Art. Charcuterie.

porcs anglais est un peu moins ferme que celle des porcs français, la question de l'adoption des races anglaises ne serait pas tranchée de ce fait; car la principale destination du porc n'est pas de fournir du lard de cette nature.

« La grande fermeté du lard n'a quelque importance que pour la consommation des campagnes; il ne suffit pas ici que la nature grasse reste sans perdre dans la soupe ou dans le plat qu'on a préparés avec un morceau de porc; on aime à retrouver le lard entier, à en isoler la masse pour en faire un mets distinct, et l'on préfère, en conséquence, le lard très ferme, qui résiste mieux à la cuisson. Toutefois, c'est seulement quand il s'agit de porc frais que cette extrême fermeté semble être utile; il paraît en être autrement pour la salaison. Trois porcs primés à Poissy, en 1854, dans la classe des races françaises, tous trois *augerons*, ont été vendus, à Paris, à un même charcutier; c'est aussi par un même acquéreur qu'ont été achetés quatre porcs primés dans la catégorie des races étrangères pures et races croisées, un New-Leicester, un New-Leicester-Craonnais, un Coleskine-Berchshire et un Essex-Hampshire. L'étude de ces animaux a été rendue plus simple par cette circonstance, et la comparaison a été plus facile.

« Le charcutier qui avait tué les trois augerons se louait beaucoup de la qualité des porcs, et, en particulier, de la fermeté de leur lard, qui offrait, en effet, l'aspect de la résistance du marbre : il semblait que, si l'on eût entrepris de fondre cette graisse, on eût échoué. Les porcs qui avaient du sang anglais présentaient un lard généralement moins ferme que celui des précédents; le charcutier s'en plaignait, mais se consolait un peu, cependant, vu le prix élevé que la graisse obtient depuis ces dernières années.

« Au bout de quelques jours, les rôles étaient intervertis; l'acquéreur des porcs français était moins satisfait; l'acquéreur des porcs anglais prenait confiance. L'attente de l'un et de l'autre avait été trompée : la graisse des porcs français devait être presque tout entière fondue, tandis que la graisse des porcs anglais prenait bien le sel, se raffermissait et promettait un excellent service.

« Cette observation semble prouver qu'il ne faut pas toujours se laisser séduire par une grande fermeté, et que la graisse des porcs anglais, même quand elle est un peu plus molle que celle des porcs français, peut conserver cependant assez de qualité pour répondre à toutes les exigences d'une bonne fabrication. Elle semble prouver encore que tout le monde, sans excepter les hommes du métier, a quelque chose à apprendre d'une étude raisonnée et comparative des faits. »

Composition chimique et valeur nutritive de la viande de porc. — MM. Lawes et Gilbert ayant recherché la composition chimique de deux porcs, dont l'un était très maigre, et l'autre engraissé depuis dix semaines, ils ont trouvé sur cent parties :

1° Dans la *carcasse :*

	Porc de vente.	Porc gras.
Matières minérales...	2.57	1.40
Composés azotés.....	14.—	10.50
Graisse..............	28.01	49.50
Eau.................	**55.03**	**38.60**

2° Dans les abats, moins le contenu de l'estomac et des intestins :

Matières minérales...	3.07	2.97
Composés azotés.....	14.—	14.80
Graisse............ .	15.—	22.80
Eau................	67.90	59.40

3° Dans le corps entier à jeun :

	Porc de Vente.	Porc Gras.
Matières minérales...	2.67	1.65
Composés azotés.....	13.70	10.90
Graisse........... ..	23.40	42.10
Eau................	55.—	41.04
Contenu des estomacs et intestins..	5.22	3.97

Le sang de porc, si usité pour la confection des boudins, présente la composition suivante :

Eau............................	76.09
Globuline................................	14.06
Albumine................	7.03
Fibrine..................................	4.—
Sels........	6.—

Enfin, dans le tableau suivant, emprunté au traité de chimie physiologique de Gorup-Besanes, on trouvera la composition chimique moyenne des différentes parties du porc et de quelques préparations de charcuterie commune.

La viande de porc, occupe le troisième rang quant à sa valeur nutritive ; elle est après celle de bœuf et de poulet, et avant celle de mouton et de veau.

Cette viande, quoique tendre et très savoureuse, lorsque l'animal est jeune et sain, est cependant, fait remarquer le Dr Paul Labarthe, lourde à digérer à cause de l'énorme quantité de graisse qu'elle renferme. La viande fraîche est d'une digestion moins facile que la viande salée ou fumée. Le lard cuit est savoureux, mais il se digère difficilement. Rôti, le porc est meilleur et plus digestif froid que chaud.

TABLEAU

DE LA

COMPOSITION CHIMIQUE ET VALEUR NUTRITIVE DE LA VIANDE DE PORC

MORCEAUX DE L'ANIMAL	EAU	MATIÈRES ALBUMINOÏDES	PORCS GRAS	MATIÈRES EXTRACTIVES ET PERTES	MATIÈRES SALINES
I. VIANDES					
Jambon	48.71	15.98	34.62	»	0.69
Jambon fumé	25.98	23.97	36.48	1.50	10.99
Côtelettes	43.44	13.37	42.59	»	0.60
Épaule	40.27	12.55	46.71	»	0.46
Tête	49.07	14.23	34.74	»	1.07
Cœur	75.07	17.65	5.73	0.64	0.91
Foie	71.16	18.61	8.32	»	1.91
II. CHARCUTERIE					
Cervelas	37.37	17.64	39.76	»	5.44
Petites saucisses	42.79	11.69	39.61	2.25	3.66
Saucisses de 1re qualité	48.70	15.93	26.38	6.38	2.66
Saucisses de 2e qualité	47.58	12.89	25.10	12.22	2.21
Saucisses de 3e qualité	50.12	10.87	14.43	20.71	2.87
Boudins	49.93	11.81	11.48	2.60	1.69

Quant à la charcuterie (boudins, andouilles, saucisses, saucissons, cervelas, fromage d'Italie, etc.), sans aller jusqu'à dire, comme Rabelais, que « toute ceste tripaille n'estoit point viande moult louable », on peut reconnaître que, mangée modérément et de temps en temps, elle est agréable et excite jusqu'à un certain point l'estomac, grâce aux épices qui entrent dans sa préparation. L'opinion de Rabelais n'est vraie que dans le cas où la charcuterie forme la base de l'alimentation quotidienne. Enfin, la graisse qu'on emploie pour les divers usages de la cuisine est plus lourde que le beurre. D'une manière générale, la viande de porc ne convient pas aux estomacs délicats et paresseux, aux gastralgiques, aux dyspeptiques, aux personnes dont la vie est sédentaire. Seuls peuvent en manger impunément, les individus robustes, qualifiés d'un estomac vigoureux et qui ont une vie active et mouvementée quant aux exercices du corps. » A ces justes remarques nous ajouterons que la viande de porc rôtie perd en moyenne de 22 à 24 pour 100, tandis que bouillie, sa perte est très minime et ne dépasse pas 6 pour 100, ainsi que l'a constaté M. Emile Baudement dans des essais effectués sur de la viande provenant de quatre porcs de races différentes.

CHAPITRE XXI

ABATAGE DU PORC

Abatage en petit. — Examinons d'abord, la manière d'abattre un porc, isolément, comme cela se fait dans les fermes ou dans les ménages, après quoi nous étudierons l'abatage de ces animaux sur une grande échelle, comme cela se pratique à Paris, aux abattoirs de la Villette.

Un porc destiné à être abattu doit être à jeun depuis douze ou vingt-quatre heures, afin que ses boyaux soient en partie vidés. Pour tuer un porc, il vaut toujours mieux employer une personne expérimentée, dont le salaire est ordinairement fixé suivant les localités.

L'animal étant couché et solidement maintenu, dit M. Léouzon, l'opérateur lui plonge dans la gorge un couteau pointu et long, afin de couper les jugulaires et les carotides. Ce moyen procure à l'animal des souffrances atroces et lui arrache des cris aigus. Pour lui éviter cette agonie douloureuse, il serait préférable de l'assommer préalablement : un ou plusieurs coups de maillet appliqués obliquement au-dessus de l'oreille l'étendent sans mouvement. L'assommage est immédiatement suivi par l'égorgement, qui produit une effusion de sang aussi rapide et aussi complète qu'on peut le désirer.

Le sang est recueilli dans un vase plat, où on le remue à la main, pour éviter qu'il se coagule. On enlève et on jette les caillots qui se forment. On le dépose ensuite dans un lieu frais, hors des atteintes des chats et des mouches.

Le porc une fois saigné, on procède au nettoiement de la peau. Deux moyens peuvent être employés : le grillage ou l'échaudage.

Le grillage des soies se fait au moyen de paille que l'on sème sur l'animal et que l'on enflamme. On brûle un côté après l'autre. On balaye ensuite le corps, pour enlever les matières carbonisées. Si des parties ont échappé à l'action du feu, on les grille avec une poignée de paille allumée, après quoi, on râcle la peau avec un instrument spécial. Avant le grillage, on coupe les pieds, et pendant cette opération, on préserve la tête des atteintes du feu au moyen d'une tuile, parce que ces deux parties doivent être epilées à l'eau chaude, afin de leur donner plus de blancheur et d'enlever complètement les poils.

L'échaudage consiste à mettre le corps dans une cuve pleine d'eau bouillante pendant un temps suffisant pour permettre aux soies d'être arrachées facilement. On le sort alors, et on l'épile au moyen de racloirs.

Cette méthode donne une couenne très propre, parfaitement exempte de soies; mais elle ramollit la viande. Le grillage donne plus de fermeté à la chair, aide, dit-on, à conserver la qualité du lard. Aussi, beaucoup de personnes le trouvent préférable [1].

1. L. Léouzon, *Manuel de la Porcherie.*

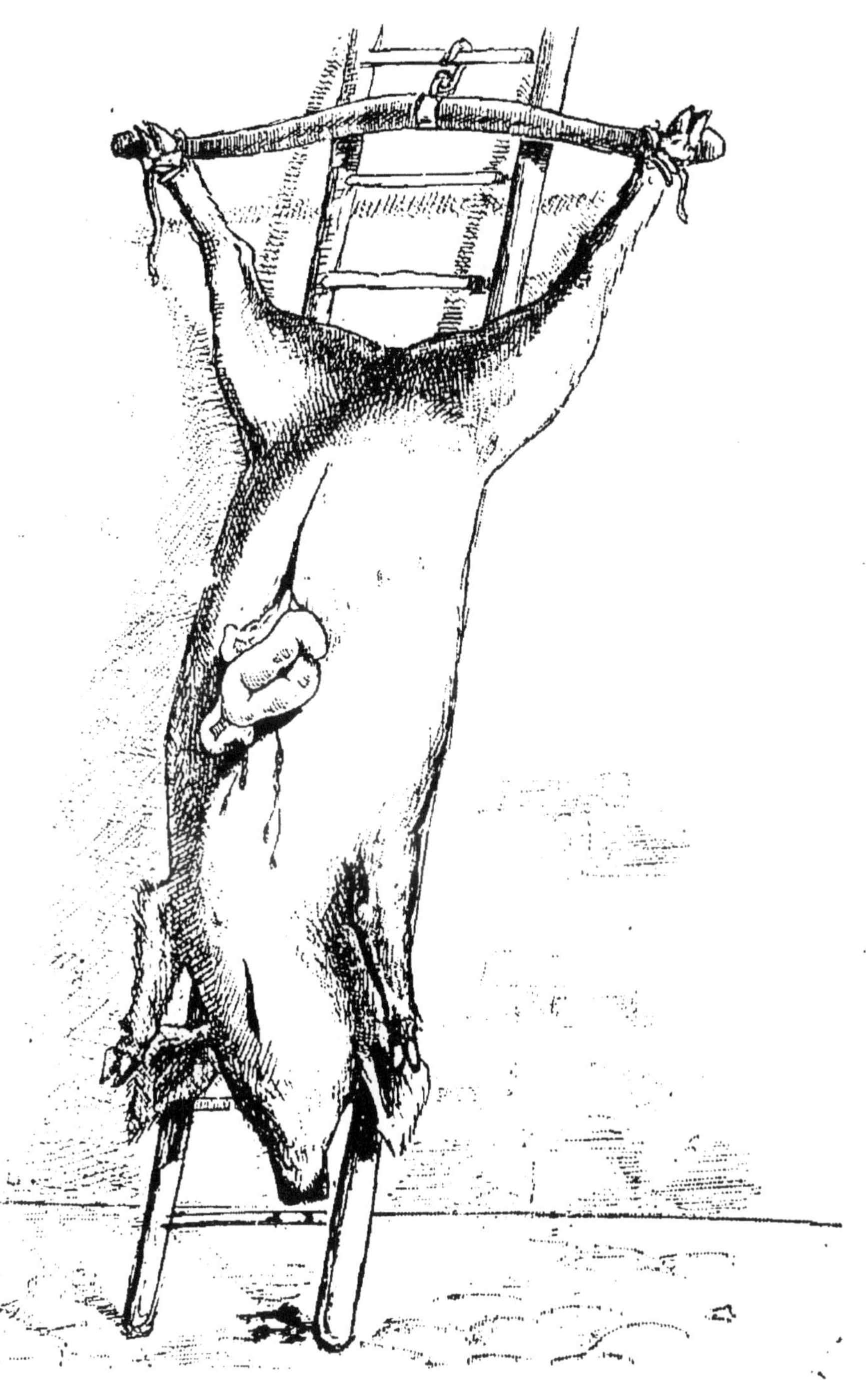

Dépeçage ou habillage du porc.

Une fois la peau débarrassée de ses poils et bien nettoyée, on place le porc sur de la paille propre et sèche pour procéder au découpage dont il est question dans un autre chapitre.

Abattoirs à porcs. — Avant le 31 octobre 1848, l'abatage des porcs destinés à l'approvisionnement de Paris, se faisait dans des tueries particulières qui existaient dans la ville, rue du Cherche-Midi, n° 81, quai Jemmapes, n° 152, rue Saint-Jean-Baptiste et rue du Faubourg-du-Roule.

Jusqu'en 1833, date de sa fermeture, celle du Faubourg-du-Roule, fait remarquer M. Ernest Thomas, auquel nous empruntons la plupart des détails qui suivent, avait été affectée aux marchands en gros et aux charcutiers forains.

Plus tard, les habitants se plaignirent des émanations que les trois autres tueries répandaient et, de son côté, le préfet de police, le 24 novembre 1843, adressa au préfet de la Seine, des réclamations à ce sujet.....

Le 21 juillet 1844, le préfet de la Seine proposa au conseil municipal d'accepter l'offre que faisaient les sieurs Heuillant et Goulet, de se charger pour le compte de la ville de Paris, de la construction de deux abattoirs à porcs sur deux terrains situés, l'un au coin de la rue Saint-Maur et des Amandines, et l'autre sur le quai d'Orsay, près de la barrière de la Cunette.

Toutefois, en janvier suivant, le choix de ces emplacements fut modifié d'un commun accord et les soumissionnaires consentirent à édifier les abattoirs, savoir : pour la rive droite, sur les terrains de l'ancienne voierie de Château-Landon et sur un terrain de 6.662 mètres, appartenant à un sieur Badoulleau, et pour la rive gauche, sur un terrain situé près de la barrière Montparnasse, d'une superficie de 8.707 mètres environ.

Les abattoirs furent établis sur l'emplacement de l'ancienne voierie de Château-Landon et l'autre aux abords de la barrière des Fourneaux.

Le 12 octobre 1848, les travaux étant achevés, les abattoirs à porcs furent mis à la disposition du commerce.

Ces deux abattoirs ont été ouverts le 31 octobre 1848, en vertu d'une ordonnance du 27 du même mois qui en a réglé la police.

Aux termes de l'article 3 de cette ordonnance, toutes les tueries particulières existant alors dans les limites du rayon de l'octroi de Paris furent interdites et fermées avec prescription, qu'à l'avenir, l'abatage des porcs aurait lieu exclusivement dans les nouveaux abattoirs; toutefois, les propriétaires et habitants autorisés à élever des porcs pour la consommation de leur maison conservèrent la faculté de les abattre chez eux, pourvu que ce fût dans un lieu clos et séparé de la voie publique.

La concession Heullant et Goulet est expirée le 31 octobre 1854, époque depuis laquelle la ville de Paris gère elle-même les deux abattoirs à porcs[1].

Abattoirs de Château-Landon et des

1. E. Thomas, *le Marché aux bestiaux de la Villette et les Abattoirs de la Ville de Paris*, p. 172 et suivantes.

Fourneaux. — Le premier de ces abattoirs, compte quatorze bâtiments, comprenant :

29 porcheries (1) et un magasin à paille..	5 bâtiments
2 Brûloirs	2 »
1 dégraissoir .... 2 pendoirs	1 »
2 réservoirs	1 »
1 vestiaire	1 »
8 magasins à paille	1 »
1 loge pour le concierge	1 »
1 bureau d'octroi	1 »
1 bâtiment d'habitation pour les employés	1 »

Entrée des porcs dans Paris. — Les porcs qui entrent dans Paris ne peuvent avoir d'autre destination que les deux abattoirs qui leur sont attribués.

Les cochons de lait vivants peuvent être envoyés au marché en gros de la volaille et du gibier qui se tient aux Halles centrales.

En vertu des circulaires de l'administration de l'octroi, les conducteurs de porcs et leurs garçons sont tenus de porter à leur chapeau une plaque de cuivre indiquant leur nom, profession et le numéro d'ordre du registre matricule de leur inscription.

Les porcs abattus à l'extérieur payent le droit au poids, et les charcutiers sont tenus de produire à l'appui de leur déclaration, une note indicative du poids de chaque demi-porc et de marquer chaque moitié d'un numéro.

Il n'est accordé aucune déduction sur le poids des

1. Les porcheries peuvent contenir chacune 35 gros porcs ou 45 petits.

animaux abattus, pour les issues qui n'en ont point été séparées.

Les porcs abattus, la viande depecée fraîche de ces

Échaudage du porc.

animaux, les cochons de lait, gras de porc et ratis[1] fondus ou non, venant de l'extérieur, payent à raison de 11 fr. 65 les 100 kilogrammes.

1. On appelle *ratis*, la graisse retirée des intestins et enlevée immédiatement après que l'animal a été abattu.

Il n'est fait aucune déduction sur le poids des animaux abattus, de toute espèce, pour la peau qui y est encore adhérente.

Les cochons de lait abattus à l'extérieur de Paris acquittent les droits à l'entrée comme viande de porc.

Les porcs élevés dans Paris, après consignation des droits, sont admis aux abattoirs sur la présentation de la quittance qui est visée par les employés de l'octroi, pour que le nourrisseur puisse retirer sa consignation à la barrière d'entrée[2].

Sorties des viandes et autres provenances des porcs. — Il y a dans chaque porc cinq parties distinctes soumises aux droits :

Le corps coupé par moitié et les ratis sont imposés comme viande.

La tête séparée du corps et enlevée séparément, les pieds qui restent attachés au corps et la fressure enlevée sont imposés comme abats.

Aux termes des ordonnances du 23 décembre 1846 et 30 aout 1848, les porcs abattus, la viande dépecée fraîche provenant de ces animaux, les cochons de lait, graisses, gras de porcs et ratis fondus ou non, sortant des abattoirs publics de la ville de Paris, sont imposés à raison de 11 fr. 40 les 100 kilogrammes, plus le décime, droit d'abatage compris. Le tarif impose les abats et issues de porcs sortant des abattoirs ou venant de l'intérieur à raison de 4 fr. 18 les 100 kilogrammes, droit d'abatage. Le droit principal est donc de 3 fr. 80 par 100 kilogrammes.

Lorsque l'on procède au pesage et à l'enlèvement des

2. Circulaire de l'octroi du 14 décembre 1847.

porcs, le mandataire du syndicat de la charcuterie remet, au chef du service de l'octroi, autant de déclarations signées de lui qu'il y a de charcutiers destinataires; chacune de ces déclarations indique le nom de ceux-ci et le nombre de demi-porcs qui lui est livré. Le pesage s'effectue au moment de la sortie par demi-porc, par les employés d'octroi, sous les yeux du déclarant lui-même, et la perception est établie sur les quantités enlevées.

Police des abattoirs à porcs. — En vertu de l'ordonnance de police du 23 octobre 1854, depuis le 1er novembre de la même année, les abattoirs publics pour les porcs, établis à Paris, l'un rue des Fourneaux, l'autre rue de Château-Landon, ont continué à être exclusivement affectés à l'abatage et à l'habillage[1] des porcs dans Paris (art. 1er).

Il est formellement interdit d'ouvrir dans Paris des tueries particulières de porcs et d'en faire usage. Toutefois, les propriétaires et habitants qui sont autorisés à élever des porcs pour la consommation de leur maison, conservent la faculté de les abattre chez eux, pourvu que ce soit dans un lieu clos et séparé de la voie publique (art. 2).

Les marchands de porcs et marchands charcutiers en gros et en détail, autorisés par le préfet de police, sont seuls admis à abattre et à vendre des porcs abattus dans les abattoirs de Paris. Toute vente de porcs sur pied y est interdite (art. 3).

1. Habiller un porc c'est le brûler, laver la couenne et le gratter, l'ouvrir, enlever les intestins et les nettoyer ainsi que l'intérieur de l'animal.

Les porcs destinés pour les abattoirs doivent y être conduits directement.

Les marchands ont la faculté d'abattre dans celui des deux abattoirs qui est le plus à leur convenance (art. 6).

Les marchands sont tenus d'avoir dans les abattoirs des garçons pour recevoir les porcs à leur arrivée.

Ils se pourvoient, en outre, de tous les instruments et ustensiles nécessaires à leur travail, les entretiennent en bon état de service et de propreté, et fournissent la paille pour la litière des porcs, auxquels ils doivent donner la nourriture et les soins nécessaires. — Les surveillants font connaître aux préposés de police, ceux des marchands qui négligent ces prescriptions (art. 8).

Les viandes sont inspectées après l'abatage et l'habillage. Celles qui sont reconnues impropres à la consommation sont saisies et envoyées à la ménagerie du Jardin des Plantes, par les soins de l'inspecteur de police, qui dresse procès-verbal de la saisie. Les porcs morts naturellement sont également saisis s'il y a lieu. En tous cas, les graisses de l'animal saisi sont laissées au propriétaire. Les viandes malsaines sont ramassées par des industriels, ainsi qu'il est pratiqué aux abattoirs de la Villette...

Les lavages et grattages des intestins de porcs sont interdits dans les établissements de charcuterie. Le travail de préparation des boyaux de porcs doit se faire exclusivement dans les abattoirs (art. 18).

... Le transport des porcs saignés et des viandes ne peut se faire que dans des voitures closes et couvertes, de manière à en soustraire complètement le chargement à la vue du public (art. 29).

... Les contraventions sont constatées par des procès-verbaux ou rapports, qui sont sur-le-champ adressés au préfet de police, pour y être donné telle suite qu'il appartient (art. 39).

Transport des matières insalubres. — Enfin, pour terminer ce qui a rapport aux abattoirs de porcs, nous donnons ici, toujours d'après l'ouvrage de M. Ernest Thomas, le règlement ayant trait aux matières insalubres.

Aux termes de l'article 21 (titre VI) de l'ordonnance du 1er octobre 1844, dit cet auteur, les eaux provenant de la cuisson des os pour en retirer la graisse, les eaux grasses destinées aux nourrisseurs de porcs, les eaux de charcuterie et de triperie, les raclures de peaux infectes et en général toutes les matières qui peuvent compromettre la salubrité, ne doivent être transportées dans Paris que dans des tonneaux hermétiquement fermés et lutés. Toutefois les débris frais des abattoirs, des boyauderies et des triperies peuvent être transportés dans des voitures garnies en tôle ou en zinc, parfaitement étanches et de plus, couvertes. Les matières énoncées dans le paragraphe 1er du présent article, peuvent également être transportées de cette dernière manière lorsqu'il est reconnu qu'il y a impossibilité de les transporter dans des tonneaux, mais seulement alors pendant la nuit jusqu'à huit heures du matin[1].

1. E. Thomas, *le Marché aux bestiaux de la Villette et les Abattoirs de la Ville de Paris.*

CHAPITRE XXII

DÉCOUPAGE DU PORC

Coupage de la viande. — Il y a diverses manières pour couper et découper la viande de porc après l'abatage.

La figure ci-contre donne le détail des diverses sections les plus communément pratiquées et indique en même temps les diverses qualités de viande. La tête et le cou, ne sont pas considérés comme des morceaux de choix, la viande y est toujours de qualité inférieure; on l'utilise pour faire le fromage de cochon. La tête sert également à préparer la pièce de charcuterie appelée *hure*.

L'épaule est délimitée en 2. Souvent on l'utilise avec l'os du bras dont on a enlevé le pied, comme jambon, ou plutôt comme jambonneau. Dans ce dernier cas, cette partie, comme nous le verrons plus loin, est en partie désossée.

Il faut remarquer toutefois que les jambons provenant des jambes de devant ne sont pas aussi appréciés que ceux qui proviennent des jambes de derrière dont la viande est de qualité bien supérieure.

En 3 se trouve indiquée la partie supérieure de la potrine qui donne le *petit-salé* ou *côtes à saler*, c'est un morceau de qualité ordinaire.

4 désigne la *longe de devant*, partie de bonne qualité qui fournit d'excellents carrés de porc frais et de bonnes côtelettes.

La *longe de derrière* est la partie représentée en 5; c'est cette partie qui fournit le délicat morceau désigné sous le nom de filet de porc frais.

Le ventre, 6, fournit une viande de seconde qualité qui est le plus souvent salée.

Le jambon, 7, est une partie délicate, fine et

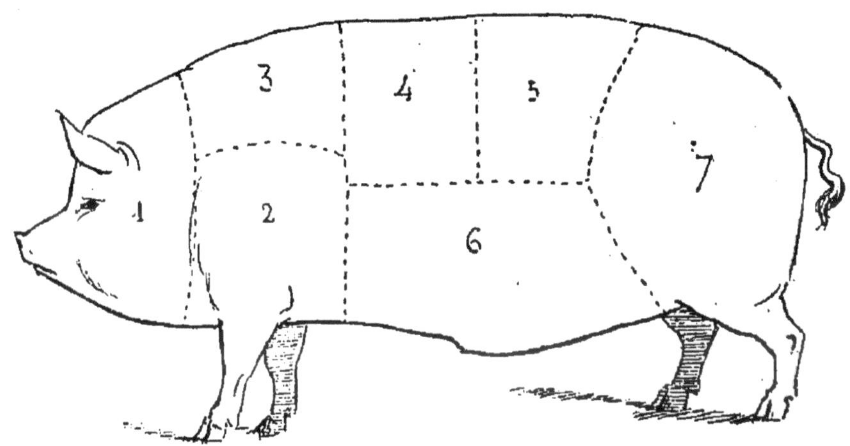

Découpage du porc.

savoureuse, une de celles dont le prix est le plus élevé.

On procède au coupage du porc, environ vingt-quatre heures après l'abatage.

On commence d'abord par détacher la tête et les pieds; on sépare la chair à saler en morceaux de 1 à 2 kilogrammes.

Le charcutier, dit M. G. Heuzé, enlève les jambons de derrière, en les coupant circulairement au point de jonction du tronc et de la cuisse, et en évitant d'endommager la *molette*. Il détache ensuite les jambons de devant, en agissant de la même manière.

Quand ces parties ont été séparées, il enlève la *panne*, masse de *graisse de dessous* qui tapisse l'intérieur de la poitrine et qui est belle quand elle est d'un beau blanc de lait ou n'offre que quelques marbrures rosées.

Il détache ensuite, à droite et à gauche du dos, sur les parties 4 et 5, les couches de chair qui se trouvent sur le lard. Cette viande est la plus estimée; elle constitue ce qu'on appelle le véritable *filet*.

Alors, il lève les *carrés* où se trouvent les côtes mobiles (les asternales), et il détache celles qui sont rapprochées du cou (les sternales) et qui fournissent les *plates-côtes*.

Enfin, il termine le coupage du porc en divisant les carrés et les plates-côtes en morceaux de grandeur moyenne destinés à être salés.

La viande de première qualité a un grain fin, une belle marbrure et une belle couleur claire; elle est exempte de tendons, perd peu à la cuisson et prend aisément le sel. C'est avec cette viande qu'on fabrique les saucissons de Lyon.

La viande de seconde qualité est sèche, se détache aisément des os, n'a pas de finesse et présente peu ou point de marbrures. On l'emploie spécialement dans la confection des cervelas et des saucisses fumées.

Le lard est la graisse qu'on remarque au-dessus des muscles sous-cutanés, dans la région dorsale 4 et 5; il doit être ferme, avoir un grain fin, une teinte légèrement rosée et offrir à la surface quelques rides ou ondulations très fines.

La *graisse frisée*, suivant l'expression de la charcuterie parisienne, est la plus estimée. Le lard (graisse

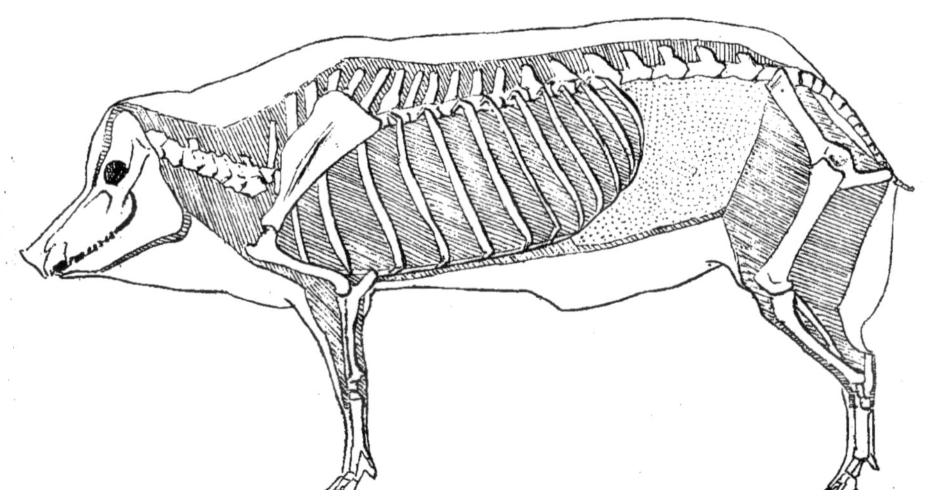

Schéma de la structure ostéologique du porc.

du dessus) qui est mou, sans consistance, fond facilement à la cuisson.

Les *débris* provenant des pièces parées sont mis de côté. Ils forment la chair à saucisses. Les *ratis* (graisse du dedans) sont utilisés dans la fabrication du saindoux et du boudin.

Aussitot que le porc a été divisé, on procède à la fabrication du boudin, puis à celle des saucisses, du fromage de cochon, du fromage d'Italie, des saucissons et des andouilles. On ne s'occupe de la salaison que lorsque ces produits ont été ou peuvent être préparés. »

Rendement. — D'une manière générale, et cela se conçoit facilement, les porcs les plus gros et les plus pesants sont ceux qui fournissent le plus de parties comestibles.

Le cœur, les poumons et le foie, constituent ce qu'on nomme la fressure.

Les os, suivant la précocité de la race représentent 5 à 7 p. 100 du poids vivant. Un porc fournit généralement de 500 à 800 grammes de soies ; les ongles pèsent de 600 à 800 grammes.

La graisse n'excède que rarement 5 p. 100 du poids vif.

La tête pèse de 20 à 22 kilogrammes chez les fortes races, chez les petites, son poids oscille entre 10 et 15 kilogrammes.

La quantité de sang fournie par un porc varie entre 3 et 8 kilogrammes les races anglaises en fournissent moins que les races françaises.

D'une manière très générale, la charcuterie parisienne utilise environ 79 p. 100 du poids brut d'un porc.

RENDEMENTS DE DIVERSES RACES

	NORMAND	FLAMAND	PÉRIGOURDIN	ESSEX	HAMPSHIRE	MIDDLESSEX	LEICESTER-CRAONNAIS	ESSEX-BERKSHIRE
	kilog.	kilog.	kilog.	kilog.	kilog.	kilog.	kilog.	kilog.
Poids vif	339.00	327.00	284.00	224.00	286.00	182.00	254.00	130.00
Viande nette (pieds compris)	283.00	262.00	240.00	180.00	237.00	157.00	205.05	102.00
Tête	27.00	14.00	10.00	11.05	15.00	7.00	13.05	9.25
Ratis et crépines	9.00	9.00	7.00	6.00	3.00	5.25	7.05	3.60
Fressure	5.00	7.50	6.00	3.00	7.00	3.25	4.00	2.25
Sang	8.00	9.50	7.00	4.05	6.00	3.00	5.05	2.50
Intestins	7.00	7.00	6.00	5.00	11.00	3.50	5.00	3.00
Excréments, raclures, évaporation	18.00	18.00	8.00	14.90	7.00	3.00	14.80	8.00
RAPPORT DU POIDS NET AU POIDS BRUT	79.39	80.12	85.70	80.36	81.50	87.14	80.73	78.46

Voici d'ailleurs le détail de ces produits :

Lard gras et maigre	30 kg	500
Viande de porc frais	17	»
Jambons désossés	9	»
Viande pour chair à saucisses	14	500
Jambonneaux	5	»
Petit salé	5	»
Graisse	6	500
*Abats et issues	13	»
Déchets	2	»
	104 kg	500

Mais, nous insistons sur ce point, les chiffres précédents n'ont rien d'absolu, et varient avec les races. Nous en avons une preuve dans les chiffres qui suivent et qui sont fournis par les comptes rendus publiés par l'administration de l'agriculture. Ils concernent des porcs primés dans les concours généraux. Comme on peut le voir par l'examen des chiffres de ce tableau, il y a de grandes variations. Or, avec M. Magne, nous ferons remarquer que, non seulement le rendement en viande nette est de beaucoup plus considérable dans le porc que dans les autres animaux domestiques, mais encore tous les produits fournis par cet animal, tête, pieds, intestins, sang, etc., sont livrés à la consommation ; de sorte que le rendement qui, dans les exemples du tableau précédent, ne paraît être que de 79 à 80 0/0 est réellement de 94 à 95. D'ailleurs M. Boussingault a quelque peu détaillé ces données, et il a constaté qu'un porc, pesant 111 kilogrammes brut, donnait les produits suivants :

Peau avec ses soies	10 kg	380
Viande débarrassée de graisse	46	020
Lard et graisse adhérente aux os	25	600
Saindoux	4	630
A reporter	**86 kg**	**630**

Report	86kg	630
Os dégraissés	6	190
Sang recueilli	3	240
Cœur	0	500
Poumons	0	750
Foie	1	500
Intestins, reins, cervelle, etc	7	120
Déjections	2	620
Déchets	1	500
TOTAL	111 kg	000

Le même auteur a également fait des recherches sur l'influence de l'engraissement sur le rendement des diverses parties ; il a notamment expérimenté sur un porc âgé de huit mois à un an et il a trouvé les chiffres suivants :

	AVANT l'engraissement.	APRÈS l'engraissement.	
Peau avec soies	8.27	9.35	%
Os dégraissés	6.91	6.23	»
Graisses diverses	25.57	27.30	»
Viande rouge	39.69	41.46	»
Sang recueilli	3.58	3.82	»
Estomac, intestins vidés	3.57	4.22	»
Organes	12.41	7.62	»

De ces faits, Boussingault déduit avec juste raison que dans l'engraissement des porcs qui n'ont pas encore atteint leur complet développement il se développe autant de chair que de graisse, sinon plus.

CHAPITRE XXIII

ANDOUILLES ET ANDOUILLETTES

Définitions. — Sous le nom d'*andouilles*, on désigne des pièces de charcuterie que l'on fait en remplissant un boyau de porc bien dégorgé et lavé, ou d'autres boyaux, avec de la chair.

Quant aux *andouillettes*, ce sont des pièces analogues mais préparées d'une autre façon, comme nous allons le voir.

Mais il nous faut d'abord parler des intestins ou boyaux et des préparations qu'ils doivent subir préalablement.

Intestins ou boyaux. — Les intestins, au point de vue anatomique, se divisent en intestin grêle et en gros intestin.

Ce dernier comprend :

Le cœcum, le colon et le rectum.

L'intestin grêle que les charcutiers désignent sous le nom de *menuises* ou *menus*, sert non seulement pour confectionner les andouilles, mais encore les saucisses et les boudins.

Le cœcum, encore appelé *poche* ou *sac*, sert, ainsi que le colon (chaudin) et le rectum, à l'emballage des saucissons de conserve.

Les boyaux de bœuf et de mouton sont également employés, mais ils doivent d'abord être nettoyés.

Nettoyage des boyaux. — Dès que l'animal est abattu, on procède à un premier nettoyage.

M. Berthoud donne à ce propos les conseils suivants :

Enlevez toute la graisse à laquelle ils adhèrent, faites couler abondamment de l'eau tiède à l'intérieur afin de chasser toutes les matières qu'ils contiennent.

Ouvrez l'estomac ; videz-le ; retournez-le et lavez-le à plusieurs eaux tièdes.

Retournez les gros boyaux, le côté gras en dedans ; lavez-les à plusieurs eaux chaudes et mettez dégorger petits et grands pendant vingt-quatre heures, dans de l'eau fraîche que vous renouvelez toutes les six heures.

Deuxième nettoyage : sortez les intestins de l'eau ; rincez-les à grande eau tiède ; séparez les menus des autres boyaux ; mettez les premiers dans un baquet d'eau tiède très légèrement additionnés de cristal de soude. Faites couler de l'eau à l'intérieur des menus ; étendez ceux-ci, chacun leur tour, sur une table, et ratissez-les minutieusement avec le dos d'un couteau. Passez de l'eau vinaigrée à l'intérieur de ces boyaux ; lavez-les de même à l'intérieur ; rincez les deux côtés à plusieurs eaux fraîches et laissez-les y baigner jusqu'au moment de vous en servir. Dans le cas où les menus ne doivent pas être employés de suite, mettez-les égoutter pour les saler.

On a remarqué qu'il n'est pas nécessaire de retourner les menus ; mais il est essentiel que toutes les impuretés et la membrane qui y adhèrent disparaissent entièrement par le ratissage et qu'il ne reste plus qu'un épiderme mince et transparent. Pour opérer le second nettoyage des gros intestins, on les lave à grande eau tiède ; puis on les lave encore extérieurement et intérieurement à grande eau chaude, dans laquelle on a fait dissoudre une petite dose de cristal de soude ; on retourne les boyaux, le côté gras en dehors, pour les ratisser avec soin ; on les lave de nouveau des deux côtés avec de l'eau acidulée de vinaigre ; on les rince à l'eau fraîche ; on les essuie dans un linge blanc ; on les retourne et on les essuie d'un autre côté, pour les utiliser de suite ou pour les saler.

Salage des boyaux. — Les boyaux, dit l'auteur précédemment cité, étant parfaitement égouttés et retournés le côté gras en dedans, salez-les à sec, avec du sel fin, sur une table inclinée ou dans un saloir percé de trous, laissant sortir la saumure, au fur et à mesure qu'elle se forme par le contact du sel et des boyaux.

Observez rigoureusement cette indication ; les boyaux qui séjournent dans la saumure s'attendrissent et contractent une odeur désagréable. Cette méthode de salage s'applique à tous les intestins, petits ou grands ; toutefois ces derniers doivent être préalablement salés à l'intérieur. Pour cela, retournez les boyaux, le côté gras en dehors ; passez-les dans du sel fin, en faisant absorber autant que possible, retournez-les de nouveau et salez-les comme il est dit plus haut. On doit éviter de faire de trop grandes provisions de boyaux ; quels que soient les soins apportés à leur salaison, en vieillissant ils s'affaiblissent et acquièrent une odeur forte.

On peut conserver les intestins en insufflant de l'air

à l'intérieur et en les faisant sécher, mais la conservation par le salage est préférable. La viande emballée dans des boyaux insufflés se dessèche très vite et par conséquent perd rapidement en poids et en qualité.

Lorsqu'on veut se servir de boyaux salés ou séchés, on les met tremper d'avance dans de l'eau tiède ; on les lave exactement à l'intérieur et à l'extérieur à plusieurs eaux froides, la première acidulée de vinaigre; on les égoutte ; on retourne le côté gras en dehors, pour le ratisser légèrement et l'essuyer dans un linge blanc. Dans cet état, les boyaux sont prêts à recevoir les viandes.

Pour la fabrication des andouilles et andouillettes on se sert de tous les boyaux de porc, excepté les menus.

Ces pièces de charcuterie sont assez nombreuses, nous ne parlerons que de la confection des principales, c'est-à-dire des :

Andouilles de Lyon.
Andouillettes truffées.
Andouillettes de Troyes.

Andouilles de Lyon. — Nous emprunterons encore cette description à M. Marc Berthoud, qui l'a fort bien décrite : Les boyaux étant minutieusement nettoyés et essuyés, mettez à part le fuseau pour le saler; réservez les meilleurs chaudins, c'est-à-dire les plus solides, les plus larges et les plus blancs ; coupez-les par bouts d'environ 40 centimètres. Ces bouts serviront à fourrer les andouilles ; ils prennent le nom de *robes* ou *fourrures*.

Retournez ces fourrures, le côté gras en dehors ; ratissez-les avec soin ; lavez-les à l'eau tiède ; passez-les au vinaigre, puis à l'eau fraîche. Échaudez à l'eau bouillante ce qui reste de boyaux ; partagez-les dans leur longueur, afin de pouvoir facilement les ratisser à l'intérieur pour enlever tout ce qui reste de graisse et de corps étrangers ; lavez-les encore une fois à l'eau chaude vinaigrée, puis à l'eau fraîche ; faites-les égoutter et coupez-les par bandes longues et étroites.

Échaudez des fraises de veau ; coupez-les par bandes comme les boyaux ; coupez également quelques bordures de rigon.

Formez des andouilles de bonne grosseur et d'environ 30 centimètres de longueur, en répartissant également dans chacune, les chaudins, les fraises et les bordures de rigon. Assaisonnez avec les ingrédients suivants, préalablement mélangés dans une terrine et arrosés de vin blanc vieux :

Sel.
Poivre.
Moutarde en poudre.
Échalotes hachées.

Fourrez les andouilles dans les boyaux réservés, attachez chaque extrémité ou rentrez chaque bout du boyau à l'intérieur de l'andouille. Piquez les andouilles ; mettez-les avec quelques oignons dans une marmite d'eau en ébullition et cuisez doucement pendant deux heures.

Dressez-les sur une serviette ; couvrez-les ; mettez-les en presse et laissez-les refroidir. On sert ces andouilles entières, rôties à la poêle ou grillées ; on peut aussi les couper par tranches que l'on passe au beurre[1].

1. M. Berthoud, *La Charcuterie pratique.*

demi-centimètre; mouillez-le légèrement avec de l'eau, mettez au milieu sur toute sa longueur un peu de sauce froide et des champignons hachés. Faites un nouveau boudin, aplatissez-le sur la table pour l'appliquer sur le premier en soudant très bien pour que la sauce reste au milieu. A l'aide d'une lame de couteau, donnez-lui une forme carrée. Barbouillez-le avec du beurre fondu, roulez-le dans la mie de pain, et au moment de servir, mettez-le au four.

Comme hors-d'œuvre, on les sert sans sauce; pour entrée, on les sert avec du jus de viande de veau ou de poulet rôti.

Boudins blancs. — Hachez 200 grammes de maigre de filets de porc sans peau ni nerfs; hachez très fin et ajoutez une pareille quantité de lard que vous hachez avec le porc jusqu'à ce que les morceaux de lard en soient réduits à la grosseur de la tête d'une forte épingle. Mettez dans une terrine une pinte de bon lait frais et bouilli avec 50 grammes de mie de pain blanc, quatre œufs entiers, sel, poivre et muscade.

Mettez-y le porc et le lard, mêlez bien le tout. Entonnez le hachis dans des boyaux, que vous lierez de distance en distance. Mettez-les à l'eau bouillante pendant 15 minutes sans les faire bouillir. Retirez-les et mettez-les cinq minutes à l'eau froide.

Au moment de servir, finissez de les cuire au four ou sur le gril.

Quelques charcutiers, comme assaisonnement, mettent du sel, très peu de poivre, mais 50 grammes d'amandes douces hachées; le boudin blanc préparé de cette manière est d'un goût bien plus délicat.

CHAPITRE XXV

SAUCISSES

Historique. — Les saucisses sont des mets préparés avec de la viande de porc, moitié grasse, moitié maigre, hachée menu, assaisonnée de sel, de poivre et de divers aromates; cette *chair à saucisses* encore appelée farce est introduite dans de menus boyaux de mouton qu'on se procure aisément chez les bouchers.

Les saucisses semblent avoir été connues de toute antiquité. Une ordonnance du prévôt de Paris, datée de 1298, prescrit de les faire avec de la viande hachée de porc, de mouton et de bœuf.

S'il faut en croire un arrêté de 1475, on ne pouvait à cette époque fabriquer des saucisses qu'avec de la chair de porc, du sel et des épices.

Aujourd'hui la fabrication de ces aliments est libre.

La préparation des saucisses consiste à prendre des boyaux de mouton ou de porc, bien nettoyés, que l'on peut conserver dans un pot recouvert de sel, comme nous l'avons dit, on passe de l'eau fraîche dans l'intérieur de ces boyaux, puis avec un petit entonnoir on remplit en poussant avec le pouce, au fur et à mesure qu'on emplit le boyau il se déroule.

Occupons-nous d'abord de la chair à saucisses.

Chair à saucisses. — Pour fabriquer celle-ci, qui dans la charcuterie a une grande importance, en raison de ses emplois variés, on prend le cou, l'épaule et les viandes qu'on enlève du bout de la cuisse lorsqu'on façonne celle-ci sous forme de jambon.

Il faut toujours mettre deux tiers de viande maigre pour un tiers de gras. Le tout est haché finement après addition de sel, de poivre et parfois même d'autres épices, telles que noix de muscade, etc.

M. Marc Berthoud, ex-président de la corporation des charcutiers de Genève, indique quatre procédés de préparation de la chair à saucisses, que nous reproduisons ci-dessous, toutefois il donne la préférence au premier :

1° Viande de porc moitié grasse et moitié maigre ; enlevez les principaux nerfs ; hachez très menu, jusqu'à ce que le tout forme une pâte compacte.

Pendant le hachage, assaisonnez chaque kilogramme de viande avec :

Sel	gr.	20
Poivre		2
Piment		1

Lorsque la farce est très ferme, on peut, pour faciliter l'entonnage, y incorporer, pendant le mélange, un peu d'eau fraîche, ou mieux, deux œufs par kilogramme de viande.

2° Moitié viande maigre de bœuf, sans nerf, et moitié gorge de porc.

Hachez très menu ; assaisonnez comme ci-dessus.

L'addition de deux œufs par kilogramme de farce est de rigueur.

3° Trois parties de viande de veau et une partie de lard frais un peu fondant.

Hachez fin ; assaisonnez comme les précédents et ajoutez, pour chaque kilogramme de farce : un décilitre de bon lait, non bouilli, ou mieux même quantité de crème.

4° Hachez excessivement menu les parties sanguinolentes du porc, plutôt grasses que maigres ; assaisonnez comme ci-dessus.

Cette méthode, pratiquée à Lyon, est, paraît-il, la moins bonne.

Quant à la *farce truffée*, elle se prépare avec de la viande de porc plutôt grasse qu'on assaisonne avec :

Sel	20 grammes.
Poivre....	2 —
Épices fines....	2 —
2 œufs.	

On manie le tout et on ajoute 150 grammes de truffes noires coupées en fragments. Toutes ces quantités s'appliquent à un kilogramme de viande.

Les saucisses peuvent être divisées en deux grands groupes, savoir :

1° Les saucisses plates ou crépinettes.

2° Les saucisses rondes ou longues.

1° Saucisses plates ou crépinettes. — Ici au lieu d'introduire la farce dans un boyau, on l'enveloppe d'un morceau d'épiploon, encore appelé coiffe, toilette ou crépine, cette crépine étant mise dans l'eau aussitôt que le porc est abattu, puis suspendue sur une corde dans un lieu bien aéré.

Indépendamment des crépinettes ordinaires, on apprécie beaucoup les crépinettes aux pistaches, les crépinettes à la cervelle de porc, etc.

Crépinettes ordinaires. — Mettez sur une table de la crépine de porc. Sur un bout de la crépine, mettez 50 grammes de chair à saucisses, enveloppez cette chair de crépine en lui donnant une forme allongée, aplatissez un peu et vous aurez une crépinette qui se cuit absolument comme les saucisses et se mange de même.

Crépinettes aux pistaches. — Mettez dans un vase 50 grammes de pistache, versez-y un peu d'eau bouillante, couvrez le vase ; 15 minutes après, frottez la pistache entre vos mains, les pellicules s'ôteront facilement ; mettez ensuite la pistache à l'eau froide, hachez-la finement, ajoutez-y 300 grammes de chair à saucisses, et un jaune d'œuf. Le jaune d'œuf rend la viande de porc très délicate et retient la graisse qui tend à s'échapper pendant la cuisson.

Crépinettes à la cervelle. — Après avoir fendu la tête du porc en deux, ôtez les deux moitiés de la cervelle, mettez-les à l'eau froide et enlevez les membranes qui l'enveloppent. Faites-les bouillir pendant 20 minutes avec de l'eau, du sel, un peu de thym et de laurier ; laissez refroidir la cervelle dans sa cuisson, hachez-la et mêlez-la à 300 grammes de chair à saucisses.

2° Saucisses longues. — Il y en a un grand nombre de variétés, nous ne mentionnerons que les principales :

Saucisses de ménage. — Voici comment M. Berthoud conseille de préparer ces saucisses :

Hachez grossièrement deux parties de porc maigre et une partie de lard ferme.

Assaisonnez chaque kilogramme de :

Sel	35	grammes.
Poivre	3	—
Piment	2	—
Salpêtre	1	—

Ajoutez quelques aromates, suivant le goût, tels que : coriandre, marjolaine, thym, genièvre, ail, etc.

Maniez ; pendant le travail, ajoutez encore deux décilitres de bon vin rouge par 5 kilogrammes de viande.

Poussez dans des menus de bœuf ; attachez par boucles de deux saucisses et suspendez dans un lieu sec.

En hiver, on ne doit pas cuire ces saucisses avant le quatrième ou le cinquième jour qui suit leur fabrication ; en été, on peut les cuire le surlendemain.

La cuisson dure de 20 à 25 minutes ; elle s'opère soit dans de l'eau, dans le pot-au-feu ou avec des légumes.

Saucisses fumées. — Même viande, même travail que pour les saucisses de ménage.

Laissez essuyer les saucisses pendant deux jours ; exposez-les à une fumée un peu chaude.

Ces saucisses ne peuvent pas être cuites avec des légumes ; on les fait bouillir dans de l'eau, à laquelle on peut ajouter quelques aromates.

Saucisses à griller. — Emballez de la chair à saucisses dans des menus de porc.

Laissez ces saucisses de toute la longueur du boyau, et tournez-les en forme de spirale ou attachez-les par bouts du poids de 125 à 250 grammes.

Afin que ces saucisses n'éclatent pas pendant la cuisson, piquez-les légèrement avec une épingle ou une fourchette à dents fines; plongez-les pendant trois minutes dans un plat rempli d'eau bouillante; essuyez-les et procédez à la cuisson qui s'opère en 20 minutes à feu doux, sur le gril, dans la poêle ou la casserole. Dans les deux derniers cas, mettez un peu de beurre ou de saindoux. On peut encore ajouter un oignon coupé ou faire un petit jus par l'addition d'un peu de vin blanc.

La charcuterie allemande prépare d'excellentes saucisses à griller, par un procédé autre, que nous empruntons également à M. Berthoud :

Hachez très menu : deux parties de porc maigre, une partie de veau et une gorge de porc.

Assaisonnez chaque kilogramme de :

Sel	20	grammes.
Poivre	3	—
Piment	2	—

et un décilitre d'eau fraîche.

Travaillez le tout; poussez dans de larges menus de mouton ; attachez par bouts de 30 centimètres; tordez ces bouts dans le milieu et divisez-les en deux parties égales.

Fumez vivement; cuisez à l'eau pendant trois minutes.

Achevez la cuisson, soit au four, soit sur le gril.

Saucisses de Francfort. — Ces excellentes préparations, très appréciées en Allemagne sous le nom de *Frankfurter-Wurst*, se préparent en hachant très menu de la viande de porc de première qualité, bien choisie, plus maigre que grasse ; à chaque kilogramme on ajoute :

Sel	15	grammes.
Poivre	3	—
Salpêtre	3	—
Viande battue[1]	50	—

et environ un demi-décilitre d'eau fraîche. L'ensemble est intimement mélangé et introduit dans des menus de porc qu'on lie par boucles de deux saucisses.

Les saucisses de Francfort doivent être fumées sans chauffer.

On sert ces saucisses rôties après avoir fait bouillir pendant cinq minutes.

Saucisses de Vienne. — Les *Wiener-Würste* se préparent en hachant très menu parties égales de porc maigre, de lard très ferme et de viande de veau.

1. La viande battue se prépare avec de la viande de bœuf bien désossée, débarrassée des peaux, des nerfs et de la graisse, elle est coupée en morceaux et vigoureusement battue avec des maillets en bois, jusqu'à consistance pâteuse : après quoi, on la hache, puis on la met dans un pétrin et on ajoute, par kilo 40 grammes de sel et 2 grammes de salpêtre. On ajoute un peu d'eau et on travaille vivement le tout. Le mélange est mis dans des terrines de grès et conservé dans un lieu frais. Cette viande devient ferme en vieillissant, mais on ne peut la conserver plus de huit jours.

On travaille ces mélanges après y avoir ajouté l'assaisonnement suivant pour un kilogramme :

Viande battue	100	grammes
Sel	20	—
Poivre	3	—
Coriandre	1	—
Piment	1	—
Salpêtre	1	—

1 demi-décilitre d'eau et un peu d'ail..

Le mélange est introduit dans des menus de mouton, qu'on tord et qu'on divise par boules de deux saucisses.

On fume vivement, et on cuit à l'eau pendant trois minutes.

Saucisses de Nuremberg. — Elles se préparent avec de la viande de porc maigre, qu'on hache très menu ; chaque kilogramme est additionné de :

125 grammes de lard coupé en petits cubes,
40 grammes de sel,
5 grammes de poivre,

avec un peu de piment, de muscade, de thym et de marjolaine.

Le mélange est travaillé et arrosé d'un peu de bon kirsch, puis introduit dans des menus de porc qu'on sépare en saucisses de 100 grammes environ.

Saucisses au foie. — La charcuterie française prépare des saucisses au foie qui diffèrent très peu des saucisses au foie allemandes ou *Gewohnliche-Leberwurste*, dont voici la préparation :

On coupe un foie de porc en petits morceaux carrés qu'on fait blanchir en le mettant dans une grande passoire qu'on plonge pendant quelques minutes dans l'eau bouillante; on remue le foie de temps à autre pour qu'il soit ferme et qu'il blanchisse régulièrement. Après quoi on fait égoutter. D'autre part, on fait cuire à moitié autant de lard frais qu'on a préparé de foie. Le tout est mélangé et haché très fin ; on ajoute comme assaisonnement :

Sel	30	grammes.
Poivre	3	—
Noix muscade	2	—
Piment, coriandre, muscade, etc. ...	2	—

Après avoir travaillé le mélange, on l'introduit dans des menus de bœuf qu'on attache par bouts de 40 à 50 centimètres de longueur, et qui sont liés en couronnes. Celles-ci sont laissées mijoter pendant un quart d'heure dans un bouillon léger.

On peut les fumer légèrement à froid. On sert les saucisses au foie après les avoir fait cuire à l'eau pendant un quart d'heure environ.

Saucisses anglaises. — En Angleterre, on prépare des saucisses d'excellente qualité en hachant menu parties égales de viande de porc maigre et grasse, de veau maigre et de graisse de rognon de bœuf auxquelles on ajoute comme assaisonnement et par kilogramme :

Sel	15	grammes.
Poivre	2	—
Muscade	1	—
1 Œuf.		

Le tout est intimement mélangé et roulé en saucisses ovales du poids d'environ 100 grammes.

On sert ces saucisses après les avoir passées au beurre.

Saucisses aux choux. — Les saucisses aux choux se préparent plutôt dans les ménages que dans les charcuteries, c'est une préparation toute française, qu'on fait avec de la viande de porc, grasse et maigre, hachée de grosseur moyenne ; on y ajoute par kilogramme les assaisonnements qui suivent :

Sel	40	grammes.
Poivre	3	—
Piment	2	—

D'autre part, on a épluché et lavé avec soin des choux en quantité moitié moindre que la viande, ceux-ci ont été blanchis puis bouillis pendant un quart d'heure dans de l'eau légèrement salée, puis égouttés et fortement pressés.

Ces choux sont mélangés à la viande assaisonnée et la préparation se continue comme pour les saucisses au foie.

Ici l'ail est indispensable, autrement ces saucisses n'auraient aucun goût et seraient en outre fortement indigestes.

CHAPITRE XXVI

SAUCISSONS

De même que pour les saucisses, il existe une infinité d'espèces de saucissons, dont quelques-uns même ont une renommée universelle, tels que les saucissons de Strasbourg, d'Arles, de Lyon, de Mayence, etc. Examinons les plus importants.

Saucisson de ménage. — Cette préparation est très estimée en Bourgogne : on hache, par exemple, 10 kilogrammes de viande de porc, à laquelle on ajoute un demi-kilogramme de sel gris, 64 grammes de poivre, des épices, un verre de bonne eau-de-vie ou de kirsch. Mélangez le mieux possible et bourrez-en fortement des boyaux de vache ou de bœuf, nettoyés d'avance. On lie ensuite ces saucissons qu'on pique de coups d'épingle sur toute leur surface et on les pend en lieu sec. Au bout de six semaines, ils sont bons à manger.

On en fait cuire des rondelles sur le gril, ou bien dans la poêle et, après les avoir retirées, on verse dans cette poêle deux ou trois cuillerées de crème et une de vinaigre, dont on fait une sauce qu'on verse sur le saucisson cuit[1].

1. *Le Livre de la Ferme*, par P. Joigneaux.

Saucisson de Lyon. — Ici, nous laisserons encore la parole à M. Marc Berthoud qui a décrit cette préparation dans tous ses détails :

Ce saucisson a une réputation européenne qu'il s'est acquise par sa supériorité sur tous les genres de saucissons à manger crus. Il possède l'avantage de pouvoir se conserver très longtemps ; dix-huit mois après sa confection, il est encore excellent.

La meilleure saison pour le fabriquer dure de fin octobre à fin février ; les conditions essentielles pour obtenir de bons résultats méritent d'être indiquées et observées exactement :

La plus importante est le choix de la viande ; cette dernière doit être de qualité irréprochable, provenir de porcs pas trop jeunes et ne présenter aucun symptôme d'échauffement.

La propreté minutieuse, qui est une règle inséparable de la charcuterie en général, est ici de toute rigueur, aussi bien dans le travail de la viande que dans celui des boyaux.

Le maniement et l'emballage doivent recevoir une attention toute particulière. Le séchage est aussi d'une grande importance, et doit être effectué dans un local réunissant, autant que possible, les dispositions exigées pour le séchoir.

La viande des jambons est celle qui est la plus convenable, le triage en est facile ; toutefois, on peut lui associer ou lui substituer celle des autres parties du porc.

Enlevez complètement toute la graisse et tous les nerfs, jusqu'aux plus petits. Hachez le maigre, extrêmement menu, jusqu'à ce qu'il forme une pâte ferme et très compacte.

Pendant le hachage, assaisonnez chaque kilogramme de :

Sel....	45	grammes.
Poivre........................	2	—

Préparez pour chaque kilogramme de viande : 135 grammes de lardons de 7 millimètres carrés, coupés dans une pièce de lard gras très ferme, salée à sec depuis une dizaine de jours.

La viande étant hachée, ajoutez pour chaque kilogramme de celle-ci : 1 gramme de poivre blanc en grains et un peu d'ail.

Maniez ; dès que ce poivre est un peu mélangé avec la viande, ajoutez les lardons ; travaillez fortement le tout.

Poussez, aussi ferme que possible, dans des boyaux gras de porc, apprêtés d'avance et attachés par bouts de 45 centimètres environ. Accrochez les saucissons pendant deux jours dans le séchoir, pour faire essuyer les boyaux.

Ressuyez la viande des saucissons en la repoussant à chaque extrémité ; attachez de nouveau ; ficelez en tous sens, de manière à rendre les saucissons très fermes et droits.

Suspendez-les dans le séchoir jusqu'à ce qu'ils soient suffisamment secs et mangeables, résultat qui ne sera atteint qu'au bout de trois ou quatre mois.

Lorsque les saucissons sont assez secs, placez-les dans un endroit frais, mais peu exposé aux courants d'air, afin d'éviter qu'ils durcissent trop.

On peut associer à la viande de porc du bœuf sans nerf ni graisse ; cette addition hâte le séchage et ne nuit pas beaucoup à la qualité du saucisson, surtout lorsque celui-ci doit être consommé dans les six ou huit mois qui suivent sa fabrication; mais au delà de ce temps, il devient dur et bien inférieur à celui qui ne contient que du porc. La proportion de viande de bœuf à incorporer ne doit guère excéder 10 pour 100 de celle de porc.

Quelques charcutiers dépassent sensiblement cette limite; ils ajoutent alors à la masse une certaine quantité de panne fondue au bain-marie. Cette graisse empêche la viande de devenir trop dure, mais elle atténue cette belle couleur rose et ce goût fin qu'on n'obtient que par une fabrication exempte de tout mélange.

On sait qu'on ne cuit jamais le saucisson de Lyon.

Saucisson marbré de Lyon. — Ce saucisson, que le charcutier lyonnais désigne aussi sous les noms de *saucisson gris* ou saucisson d'Arles, est à manger cru.

Même viande, travail et assaisonnement que pour le saucisson de Lyon.

Emballez dans des rosettes de porc et achevez exactement comme le saucisson de Lyon.

Saucisson d'Arles. — Toutes les parties maigres du porc conviennent pour faire ce saucisson.

Dépouillez-les de leur graisse et de leurs plus gros nerfs.

Ajoutez quantité égale de bœuf maigre et sans nerfs, hachez le tout grossièrement. Assaisonnez chaque kilo de :

Sel..............................	40	grammes.
Poivre............................	3	—
Piment............................	2	—

Un peu d'ail et de salpêtre.

Maniez; ajoutez par kilogramme de viande : 150 grammes de lardons assez réguliers, d'environ cinq millimètres carrés, un peu de poivre entier.

Et pour 25 kilogrammes de viande, un litre de bon vin rouge.

Poussez dans des boyaux droits de bœuf, par saucisson de 20 à 30 centimètres de longueur. Suspendez au séchoir pendant trois ou quatre jours; fumez sans chauffer et remettez au séchoir.

Au bout d'un mois ou deux, ces saucissons peuvent être mangés crus; on peut aussi les cuire; dans ce dernier cas, on procède comme pour le saucisson ordinaire [1].

Saucisson de Paris. — Il se fabrique avec de la viande de porc, dont on a enlevé les gros nerfs, en laissant la graisse. Si la viande était trop maigre, on ajouterait un peu de lard, de manière à avoir un tiers de gras pour deux tiers de maigre. Le tout est haché et additionné par kilogramme, de :

Sel	40	grammes.
Poivre	2	—
Piment	1	—
Salpêtre	1	—

On ajoute aussi quelquefois un peu d'ail, on manie le tout et on pousse dans des boyaux. Ces saucissons seront ensuite suspendus au-dessus d'un fourneau de cuisine et laissés ainsi pendant deux ou trois jours pour qu'ils deviennent rouges.

Saucissons de Brunswick. — Ces saucissons

1. M. Berthoud, *La Charcuterie pratique.*

jouissent d'une excellente renommée, parce qu'ils sont très succulents, qu'ils ont un goût délicieux et se conservent très longtemps sans se moisir ni se sécher.

M. Cauderlier entre, à leur sujet, dans des détails très circonstanciés, que nous allons reproduire *in extenso :*

La chair des porcs qui ont été engraissés avec des grains, des betteraves, des carottes ou des panais, doit être préférée, parce que ces céréales et légumes donnent à la chair des porcs un goût agréable, une grande abondance de suc et font une graisse compacte. La viande du porc engraissé avec le résidu de l'eau-de-vie, ne vaut absolument rien pour le saucisson que l'on veut enfumer, leur graisse s'écoule et les cavités qui se forment font gâter promptement les saucissons; en outre, la chair de ces porcs n'a pas un bon goût.

Il est préférable d'employer la chair du jambon ou des cuisses d'un porc assez fort, pour faire ces saucissons, car la chair de très jeunes porcs est trop molle, en la hachant elle devient gâcheuse et en la fumant elle se dessèche; les saucissons non seulement sont plissés et vidés, mais il se forme des vides qui sont les causes de la détérioration et de la putréfaction. On obtient les meilleurs saucissons en les faisant avec des jambons de 10 kilogrammes et plus.

Après avoir ôté la couenne des jambons et avoir enlevé la viande des os, ôtez soigneusement les tendons et supprimez la graisse superflue du côté de la queue qui forme l'angle du jambon.

Coupez la viande en petits morceaux, puis hachez-la finement (les saucissons n'en seront que meilleurs). En admettant que vous ayez 12 kilogrammes de chair de jambon, ajoutez-y 400 grammes de sel, 40 grammes de salpêtre épuré, 50 grammes de gros poivre, 40 grammes de poivre en grains. Mêlez soigneusement ces ingrédients en les pétrissant pendant assez longtemps.

Les fabricants renommés pour la fabrication des meilleurs saucissons, cachent bien qu'ils joignent encore à ce mélange 25 grammes de sucre en pain pilé.

Remplissez des gras-doubles de porc avec la viande hachée; au besoin, on peut se servir de boyaux de bœuf, mais les gras-doubles de porc et les vessies de veau sont préférables; ceux-ci pour leur graisse et leur peau solide, celles-là pour leur circonférence, conservent les saucissons plus souples et les garantissent du desséchement. Il est de rigueur de remplir ces saucissons aussi fort que possible; la crainte de déchirer le boyau ne doit pas vous arrêter, car il importe moins qu'un boyau crève qu'un saucisson ne gâte.

Poussez fortement au moyen d'un tube à saucisson le hachis par petites portions dans le boyau; lorsqu'il est rempli à moitié, pressez fortement vers le fond tout ce que vous avez déjà entonné, puis continuez à le remplir. Enveloppez-le alors dans une serviette, pour éviter que la main glisse, pressez encore une fois et par parties la masse qui se trouve dans le boyau, de haut en bas, aussi fortement que possible. Lorsque la masse n'est plus comprimable, liez solidement le saucisson, afin qu'il n'y ait plus de vide entre la viande et la ficelle. Attachez alors les saucissons à des perches placées horizontalement, de façon à ce que les saucissons soient suspendus à l'air pendant 24 heures. Ceux qui ne seraient pas assez bourrés se tasseraient et laisseraient un vide à la partie supérieure; on les presse alors de nouveau en reculant la ficelle, puis on les suspend pendant deux jours dans un courant d'air, afin que les boyaux prennent l'apparence d'une vessie sèche, puis on les met dans la chambre à fumer, ou si on n'a pas de chambre à fumer, dans la cheminée. Cependant, les saucissons deviennent bien meilleurs dans une chambre à fumer que dans la cheminée, car, dans celle-ci, la fumée est trop épaisse, trop fuligineuse, ce qui l'empêche de pénétrer dans les parties intérieures des saucissons.

Lorsqu'on est absolument obligé de se servir d'une cheminée, il faut y suspendre les saucissons assez haut, pour que la fumée ne les touche pas immédiatement après sa naissance ; mais quand elle s'est refroidie un peu et quand elle a déposé la plus grande partie de la suie.

Aussi longtemps que les saucissons seront dans la cheminée ou dans la chambre à fumer, il ne faut pas cesser de chauffer pendant bon nombre d'heures ; et pendant les nuits longues et froides de l'hiver, on fera bien, avant de se coucher, d'allumer encore un feu qui ne fera que fumer.

Comme nous l'avons déjà dit, une bonne odeur de fumée exerce de l'influence sur le goût agréable des saucissons ; il est par conséquent avantageux, surtout au commencement et vers la fin de la fumigation, d'entretenir des feux de bois de genévrier. Mais, quelque avantageuse que soit une bonne odeur de fumée, aussi désavantageuse est-elle lorsqu'elle est mauvaise; il faut donc, pendant tout le temps que l'òn enfumera les viandes, éviter qu'un objet répandant une mauvaise odeur brûle ni ne s'évapore dans la cheminée ou dans la chambre à fumer, ce qui exercerait une influence fâcheuse sur les saucissons. On laisse les saucissons dans la chambre à fumer ou dans la cheminée pendant douze à seize jours, cela dépend du plus ou moins de chaleur ; il faut que les saucissons soient d'une belle couleur brun jaunâtre.

Saucisson de Courtrai. — Hachez finement 3 kilogrammes de viande maigre du milieu de la cuisse du bœuf. Enlevez avec soin les nerfs, os, graisse et peaux. Coupez en tout petits dés un demi-kilogramme de lard frais, dur et sec.

Joignez le lard à la chair hachée, et mêlez-y 15 grammes de poivre moulu, 25 grammes de sucre blanc pilé, 100 grammes de sel fin, mélangé avec 2 grammes 1/2 de salpêtre. Faites de nouveau hacher le tout ensemble, jusqu'à ce que le lard soit de la grosseur d'une tête d'épingle.

Avec un entonnoir à large embouchure, remplissez des boyaux de porc ou de vache de différentes grandeurs et grosseurs. Plongez vos mains dans de l'eau fraîche pendant cinq minutes; emplissez les boyaux en les piquant de temps en temps pour faire sortir l'air que vous y introduisez en formant les saucissons. Les boyaux étant bien remplis, liez les bouts et suspendez-lez dans un courant d'air pendant cinq à six jours; puis, faites-les fumer pendant trois à quatre jours.

Ce genre de saucisson se fait ordinairement de une, de deux et de trois livres, et l'on se sert de boyaux de vache, parce qu'ils sont plus solides que ceux de porc, et qu'il importe qu'ils soient bien remplis et que les boyaux ne crèvent pas.

Saucissons à l'anglaise. — Hachez très finement 1 kilogramme 750 grammes de viande de porc fraîche, moitié grasse et moitié maigre; ajoutez-y 200 grammes de sang de porc, 50 grammes de sel pilé, 10 grammes de poivre moulu, 2 grammes de salpêtre, 2 grammes de clous de girofle, 5 grammes de cannelle en poudre et 10 grammes de sucre blanc pilé. Mélangez bien tous ces ingrédients à la viande et entonnez-là dans des boyaux que vous aurez soin de ne pas trop remplir. Mettez les saucissons dans une marmite d'eau bouillante avec une forte poignée de sel; faites bouillir les saucissons à petit feu pendant vingt minutes, puis mettez-les fumer pendant trois jours, et pour terminer, suspendez-les dans un courant d'air.

Saucisson de sanglier. — C'est là une excellente recette que nous puisons encore dans le livre de M. Cauderlier:

Hachez très finement 3 kilog. de chair maigre de sanglier, sans peaux, sans nerfs, ni tendons. Coupez en petits dés 500 grammes de lard frais et dur au toucher; ajoutez-le à la viande hachée avec 100 grammes de sel fin, 15 grammes de poivre moulu, 4 grammes de salpêtre, 10 grammes de macis en poudre, 10 grammes de girofle pilé, 10 grammes de sucre blanc en poudre, un verre à vin de bonne eau-de-vie ou cognac. Hachez le tout ensemble jusqu'à ce que le lard soit réduit à la grosseur d'une forte tête d'épingle et tournez souvent la viande pour que le tout soit bien mélangé.

Ayez des boyaux de porc ou de bœuf, ou de vache, ayant séjourné pendant quelques jours dans la saumure. Entonnez le hachis dans les boyaux pour faire des saucissons de 30 à 40 centimètres de longueur et suspendez-les dans un courant d'air.

1. Cauderlier, *loc. cit.*

Mortadelles de Bologne. — On fait les mortadelles avec de la viande de jambon dont on supprime les nerfs et la graisse. Cinq kilogrammes de viande ainsi préparée sont hachés et pilés, on y ajoute ensuite l'assaisonnement suivant :

Sel	200	grammes.
Salpêtre	10	»
Cochenille pulvérisée	0,30	

Le tout, bien mélangé est mis dans une terrine que l'on dépose pendant vingt-quatre heures dans un lieu frais. Après quoi, on achève de hacher et on broye au mortier, puis on ajoute, à la quantité précédemment indiquée :

Lard frais coupé en cubes	700	grammes.
Poivre noir entier	15	—
Poivre blanc	15	—

On peut même y joindre un peu d'ail.

Après avoir bien travaillé le mélange, on le mouille avec du bon vin blanc, et on l'introduit dans des vessies de porc ou de bœuf bien fermées et solidement ficelées.

On laisse macérer la vessie dans de la saumure pendant cinq ou six jours, après quoi on suspend au séchoir pendant cinq jours environ.

La mortadelle est très appréciée en Italie ; on la mange crue ou cuite. Sous cette dernière forme on préfère la mortadelle fraîchement préparée.

CHAPITRE XXVII

CERVELAS

Fabrication. — La fabrication des cervelas, encore appelés saucissons allemands, a quelque analogie avec celle des préparations qui font l'objet du chapitre précédent. Toutefois ici, nous trouvons beaucoup moins de variétés.

C'est surtout la charcuterie allemande qui a la spécialité de ces mets ; toutefois à Lyon et à Milan on fabrique des cervelas qui sont également très estimés.

Voici comment on les prépare, d'une manière générale, d'après M. G. Heuzé :

On hache, mais moins finement que s'il était question de faire des saucisses, de la chair de deuxième qualité, entrelardée et assaisonnée de persil, de ciboule de quelques feuilles de laurier, de poivre en poudre, d'épices et de poivre en grains.

Quand ce mélange a été préparé, on l'introduit dans des boyaux de veau qu'on divise tous les 10 centimètres environ avec de la ficelle. Ceci fait, on les suspend dans une cheminée pendant une semaine.

Avant de les manger, on les fait cuire dans de l'eau pendant une demi-heure.

Cervelas allemand. — Le cervelas allemand

de première qualité ou *Fleischwurst*, se prépare avec de la viande de porc bien ferme, moitié grasse et moitié maigre qu'on hache grossièrement; après quoi on ajoute pour chaque kilogrammes, l'assaisonnement qui suit :

Sel	30	grammes.
Poivre	5	—
Salpêtre	2	—
Macis [1]	1	—

On mêle bien le tout jusqu'à ce qu'on ait une masse compacte.

Puis, on entonne dans des boyaux gras de porc par bouts de 40 centimètres environ de longueur.

On laisse ressuyer à l'air pendant quelques jours puis on les fume légèrement sans chauffer.

On ajoute du sel et du salpêtre, quelques centigrammes de cochenille en poudre pour donner au cervelas la belle couleur rouge que demandent les consommateurs.

Petit cervelas. — Hachez menu de la viande de porc entièrement maigre.

Assaisonnez chaque kilogramme de :

Lard frais coupé en très petits dés	120	grammes.
Sel	25	—
Poivre	2	—
Piment	1	—
Coriandre	1	—
Salpêtre	5	—
1 décilitre d'eau fraiche		
Un peu de viande battue et un peu d'ail.		

1. Le macis est l'enveloppe fibreuse de la noix muscade; son parfum est beaucoup plus fin que celui de la noix même.

Maniez; emballez des menus de bœuf; attachez par bouts assez courts, de manière que huit cervelas pèsent un kilogramme.

Fumez vivement les cervelas; cuisez-les dans un bouillon léger pendant dix minutes; dès qu'ils sont cuits, plongez-les dans de l'eau fraîche, durant cinq minutes.

On les sert froids; quelquefois on les coupe en tranches que l'on met en salade.

Cervelas au bœuf. — Hachez passablement menu cinq parties de bœuf sans nerf.

Ajoutez trois parties de gorge de porc, bien ferme; continuez de hacher le tout jusqu'à ce que le lard soit bien fin.

Assaisonnez chaque kilogramme de :

Sel	30	grammes.
Poivre	2	—
» en grains	1	—
Salpêtre	1	—

Achevez comme les précédents[1].

Cervelas à l'ail. — Ces cervelas, assez estimés dans plusieurs régions de l'Allemagne et dans quelques provinces méridionales, se préparent comme les précédents; mais on y ajoute de l'ail haché finement, et en proportion variable suivant le goût des consommateurs.

Les cervelas à l'échalote se préparent de la même manière.

1. M. Berthoud, *loc. cit.*

Cervelas truffé. — En Allemagne, les cervelas truffés ou *Truffellcervelatwurst* sont réputés comme très délicats; leur préparation n'offre aucune difficulté; on hache des truffes fraîches qu'on mélange avec la viande des cervelas de toute première qualité, on met environ 200 grammes de truffes par kilogramme de viande et on emballe dans des boyaux gras de porc.

On fabrique également des cervelas d'une exquise délicatesse avec de la chair d'oie et on ajoute un peu de rhum à l'assaisonnement.

Cervelas de Milan. — Pour 1 kilogramme de chair de porc maigre, on prend 180 grammes de bon lard, 40 grammes de sel, 10 grammes de poivre, on hache le tout, on mêle bien, et on ajoute un demi-litre de bon vin blanc et 150 grammes de sang de porc, auxquels on ajoute 6 grammes de cannelle et de girofle pilés; on larde ensuite les cervelas avec des morceaux de lard coupés saupoudrés de cannelle.

On fume légèrement et on fait cuire avant de consommer.

CHAPITRE XXVIII

TÊTE DE PORC

Utilisation. — Comme nous l'avons déjà vu, tout est utilisé dans le porc ; la tête notamment est employée dans toutes ses parties, il n'y a guère que les yeux qui ne puissent être employés.

Parmi les préparations les plus importantes, nous mentionnerons les suivantes :

Hure de porc. — Choisissez, autant que possible, dit M. Berthoud, la tête d'un jeune porc, blanc, à courtes oreilles et qui n'ait pas été assommé. Coupez cette tête au ras des épaules ; faites-la baigner ; nettoyez-la minutieusement, sans endommager ni la peau ni les oreilles. Désossez-la, en commençant en dessous et du côté du cou :

Sortez la langue ; continuez à séparer la peau de l'os, jusqu'à la mâchoire ; sciez l'os verticalement à dix centimètres de l'extrémité du museau ; ne détachez pas les os du groin, afin que ce dernier ne se déforme pas pendant la préparation ou la cuisson de la hure.

Réduisez l'épaisseur du lard jusqu'à concurrence d'un centimètre.

Taillez une rondelle de couenne grasse, de même dimension que l'ouverture du cou ; cousez cette couenne, de manière à fermer presque entièrement l'ouverture ; ménagez un trou suffisant pour y passer les viandes destinées à emplir la tête.

Fendez l'os de la tête ; sortez la cervelle ; lavez l'os et la peau ; égouttez-les ; mettez-les en saumure pendant cinq jours avec douze langues de porc ou de veau et un collier de porc.

Cuisez le tout dans un bon bouillon aromatisé ; les langues, le collier et les os doivent être cuits complètement ; la peau de la tête doit être cuite à moitié et rester bien ferme.

Désossez les langues et les débris de la tête ; épluchez les langues ; coupez-les, ainsi que le collier, supprimez toutes les parties noires.

Assaisonnez de poivre, piment et d'un peu de bouillon, emplissez la peau de la tête en plaçant les morceaux longitudinalement ; ajoutez des pistaches.

Pressez avec force ; achevez de coudre l'ouverture ; enveloppez la hure dans une grande serviette ; laissez les oreilles en dehors ; ficelez solidement. Remettez la hure dans son bouillon ; ne faites pas baigner les oreilles ; elles doivent rester fermes et droites ; mijotez pendant une heure et demie.

Resserrez fortement la hure, avec une solide tresse de fil ; mettez-la en presse ; laissez-la refroidir jusqu'au lendemain.

Passez à la chapelure rousse et faites une décoration avec du persil, des citrons, des fleurs, etc., ou glacez et décorez à la gelée.

Cervelles de porc frites. — On fait dégorger les cervelles dans de l'eau fraîche, puis on enlève les fibres et les peaux qui les enveloppent. Après quoi, on les fait blanchir dans de l'eau additionnée de sel et de vinaigre. Ceci fait, les cervelles sont partagées en deux, on les passe à la chapelure et on les fait frire au beurre.

Oreilles de cochon aux purées. — C'est plutôt une préparation de ménage que de charcuterie proprement dite, mais elle n'en est pas moins très appréciée. C'est ordinairement avec des lentilles qu'on fait cuire l'oreille de cochon ; on peut également se servir de pois ou de haricots secs. On met tremper dès la veille, lisons-nous dans le *Livre de la ferme*, dans de l'eau tiède, un litre d'un de ces légumes ; le lendemain matin on les retire pour les faire cuire dans une marmite avec de l'eau et l'oreille ; on sale s'il y a lieu, on ajoute deux carottes, un oignon piqué d'un clou de girofle, un bouquet de persil, de ciboule et de thym. Dès que les lentilles, pois ou haricots sont cuits, on les retire avec l'écumoire, on les passe au tamis pour les mettre en purée, on verse cette purée dans une casserole, on ajoute du beurre, un peu de jus de cuisson, sel et poivre, on laisse bouillir un instant et on sert cette bouillie avec l'oreille.

Oreilles de porc à la Sainte-Menehould. — Dans une marmite, on met de l'eau à laquelle on ajoute du thym, des feuilles de laurier, des clous de girofle, une gousse d'ail et quelques oignons. On introduit alors les oreilles lorsque l'eau est bouillante (celles-ci doivent être bien nettoyées), on les laisse cuire à petit feu, jusqu'à ce qu'elles soient bien tendres. On laisse refroidir le tout, puis on ajoute du sel et du poivre sur les oreilles retirées du jus. Cela fait, on les trempe dans du beurre à peine fondu, et de là dans de la mie de pain.

Au moment de servir les oreilles ainsi préparées, on les fait griller. Elles doivent être consommées très chaudes.

Langues fourrées et fumées. — La charcuterie prépare non seulement les langues de porc, mais encore les langues de bœuf ; nous devons donc nous occuper des unes et des autres.

1° *Langue de porc.* — Prenez des langues, dont vous ôtez une partie du cornet, dit M. Cauderlier, échaudez-les pour leur ôter la première peau, mettez-les dans un vase en les serrant bien l'une contre l'autre, et les salant avec du sel et un peu de salpêtre ; joignez-y du basilic, du thym, du laurier, du genièvre et quelques échalotes si vous voulez, mettez-le dans un endroit frais pendant huit jours ; au bout de ce temps, retirez-les de la saumure, faites égoutter, emballez-les dans des boyaux de cochon, de bœuf ou de veau ; liez-en les deux bouts, faites-les fumer, et quand vous voudrez vous en servir mettez-les cuire dans l'eau avec un peu de vin, un bouquet de persil et de ciboules, quelques oignons, du thym, du laurier, du basilic ; laissez refroidir et servez.

2° *Langue de bœuf.* — Supposons qu'on ait quinze à vingt langues à saler toutes les semaines. On se procure d'abord deux cuvettes, on masque le fond d'une des cuvettes d'un centimètre de gros sel sur lequel on sèmera une pincée de salpêtre ; on met sur cette couche de sel les langues les unes à côté des autres, de façon à ce qu'elles se touchent, sans qu'elles soient serrées cependant ; on sème par-dessus une pincée de salpêtre et une pelletée de sel, et on fait entrer avec la main le sel entre chaque langue, de façon que les langues soient séparées entre elles par le sel. On met encore du sel pour recouvrir entièrement la première couche de langues, en séparant chaque couche de langues par un lit de sel. On prend ensuite un rond de bois qui s'adapte à la cuvette, on le met sur les langues, on pose un poids de 10 à 14 kilogrammes sur la planche et on verse un litre d'eau dans la cuvette pour faire la première saumure. Douze jours après, vos langues seront suffisamment salées, retirez-les du sel, mettez-les sur la planche pendant quelque temps, pendez-les dans le fumoir pendant six jours, après, elles seront bonnes à cuire. Leur conservation ne demande aucun soin, on les pend où l'on veut.

Après avoir retiré les langues du saloir, transvasez la saumure et une partie du sel ; vous ne laissez de sel que pour recouvrir le fond du tonneau ; vous remettez de nouvelles langues avec du nouveau sel ; si c'est nécessaire, on emploie tout le vieux sel de la saumure.

Quand les langues sont salées, faites-les entrer dans un gros intestin de bœuf ou de porc, liez-les aux deux extrémités et faites-les fumer pendant huit jours. Quand on sale pendant quelque temps des langues, il se produit une surabondance de saumure qu'on doit supprimer, car les langues de bœuf ou de vache ne se salent pas dans les saumures ; on doit toujours les presser pour les faire saler, et on ne peut employer que le sel qui se dépose au fond de la cuvette.

On fait cuire d'ordinaire les langues de bœuf avec les jambons. Quand on doit les cuire exprès, on les fait tremper et bouillir à petit feu pendant une heure et demie et on les laisse refroidir dans la cuisson. Une langue, pour être bonne, ne veut pas être trop cuite[1].

Fromage de cochon. — Le fromage de cochon est un mets très connu et très apprécié, non seulement par les amateurs de charcuterie, mais dans les ménages. Il y a diverses recettes pour le préparer, celle qu'indique M. Heuzé est une des meilleures :

Après avoir lavé et nettoyé et fait dégorger la tête pendant deux heures, on la désosse pour couper la chair, les oreilles et quelquefois aussi la langue, en filets plus ou moins longs et minces.

Quand cette division est terminée, on assaisonne le tout de persil haché menu, de sel, de poivre et d'épices. Alors on étend la peau de la tête dans un saladier après avoir cousu les ouvertures des oreilles pour y placer alternativement les filets gras et maigres, les tendons des oreilles et un peu de panne divisée. Ce travail terminé, on relève les extrémités de la peau pour les réunir par une couture et donner à la masse une forme arrondie.

Quelquefois, on remplace la peau par un linge.

On fait cuire le fromage de cochon dans une marmite contenant de l'eau à laquelle on a ajouté une bouteille de vin blanc, du persil, des clous de girofle et des feuilles de laurier. Au bout de quelques heures on retire le fromage, on le presse quand il est encore chaud pour l'égoutter et on le met aussitôt dans un moule en fer-blanc ou dans une casserole garnie de bardes coupées minces en ayant le soin de le presser de nouveau. Ceci fait, on met le moule dans un four pendant trente

1. Cauderlier, *loc. cit.*

à quarante minutes. On retire le fromage du moule quand il est refroidi, en plongeant le vase pendant quelques minutes dans une eau bouillante. On le couvre ensuite ou de saindoux, ou de chapelure ou de gelée.

Fromage d'Italie. — Le fromage d'Italie, quoique n'étant pas préparé avec la tête du porc, peut être décrit ici, car c'est une préparation très appréciée surtout connue dans le nord de la France. M. Heuzé, précédemment cité, nous apprend que Louis XI en mangeait à ses déjeuners; mais il ne convient pas aux estomacs délicats, quoiqu'il constitue selon M. Payen, un aliment d'un goût assez agréable.

Voici comment on le prépare.

On hache très menu environ 2 kilogrammes de foie, 1 kilogramme de lard et 250 grammes de panne. Quand le tout a été bien mélangé et assaisonné de poivre, sel, échalotes, thym et parfois de muscades, on garnit intérieurement un moule en terre ou en fer-blanc de crépine ou de minces bardes de lard, et on y place le fromage qu'on couvre de petites bardes de lard et d'un couvercle.

Le fromage ainsi préparé est mis dans un four après la cuisson du pain. Au bout de deux ou trois heures, on retire le moule du four, et quand il est refroidi, on le trempe pendant quelques instants dans de l'eau chaude pour pouvoir retirer facilement le fromage.

Souvent on couvre ce fromage, qui se mange froid comme le fromage de cochon, de saindoux ou de gelée.

Dans quelques localités, on met à l'intérieur de la masse, au moment du moulage, des morceaux de lard taillés carrément, mais de longueur et de grosseur variables. (G. Heuzé, *le Porc.*)

Fromage américain. — Cette préparation, assez peu connue en France, a quelque analogie avec la précédente, elle est assez délicate pour que nous en donnions la recette.

On prend 3 kilogrammes de cuissot de veau sans os ni graisse, 250 grammes de lard salé (le maigre) et 20 biscuits anglais. On hache le tout très menu et on assaisonne avec 40 grammes de sel, 15 grammes de poivre, un peu de thym et six œufs.

On garnit de bardes l'intérieur d'une terrine et on y place le mélange ci-dessus, le tout est recouvert d'une barde, on met le couvercle et on cuit au four pendant une heure environ.

On laisse refroidir. Ce mets est servi avec de la gelée.

CHAPITRE XXIX

JAMBONS

Considérations générales. — Sans contredit, nous touchons maintenant à l'un des sujets les plus importants de la charcuterie.

Dans la grande majorité des cas, on sale les jambons entiers, tantôt pour les faire cuire, après quelques jours de sel, tantôt pour les fumer ou les conserver ainsi pendant un temps plus ou moins long.

D'autres fois, on les désosse pour les employer à la fabrication de divers saucissons et autres préparations de charcuterie.

Nous devons donc nous occuper tout d'abord de la salaison, puis du fromage ou boucage des jambons et des diverses manières d'y procéder.

Salaison des jambons. — Ce que nous allons dire de la salaison des jambons, s'applique d'une manière générale à la salaison de toutes les parties du porc, qu'on soumet généralement à cette préparation.

1° *Salaison à la française.* — On pare le jambon pour l'arrondir et enlever les bavures et on supprime le bout du jarret; quand la coupe est nette, on pique la couenne avec précaution afin de ne pas l'endommager, pour que la saumure puisse bien pénétrer dans la chair. Alors, on mêle 5 kilogrammes de sel, 25 grammes de poivre en poudre et 60 grammes de salpêtre; et quand le mélange est fait, on en applique une partie sur le jambon, en ayant soin de bien frotter toute sa surface. Aussitôt que cette première salaison est terminée, on met le jambon dans un vase spécial et on le couvre avec le restant du sel. La couenne doit être placée au-dessus. On charge le tout d'un corps pesant. Au bout de huit à dix jours, on retire le jambon du *charnier* ou *saloir*, on le lie avec une grosse ficelle pour le comprimer, et on le fait bouillir dans une légère saumure, après y avoir ajouté du thym, des clous de girofle, des feuilles de laurier et du basilic. On le remet ensuite dans le saloir et on l'arrose avec la saumure. Il est nécessaire qu'il baigne constamment dans celle-ci; c'est pourquoi il faut le couvrir d'une planche surmontée d'un corps pesant.

Quand le jambon est resté de nouveau dans la saumure pendant quinze à vingt jours, on l'enlève du saloir, on le laisse égoutter et on le place sous une presse pendant dix ou douze heures, pour le suspendre ensuite dans une cheminée ou une chambre à fumer[1].

2° *Salaison des jambons de Bayonne.* — Salez à sec et mettez en même temps en presse, pendant huit jours; couvrez ensuite, dit M. Berthoud, de la saumure suivante, pendant douze jours:

Bon vin rouge	2 litres
Eau froide	5 »
Sel blanc	2 kilogr.
Sel gris	1 »
Salpêtre	0,150 gr.

1. G. Heuzé, *le Porc.*

Égouttez les jambons et suspendez-les dans un lieu aéré ; lorsqu'ils sont bien secs, enveloppez-les dans du foin, et fumez-les à froid.

3° *Salaison des jambons de Westphalie.* — Les jambons renommés de la Westphalie reçoivent, d'après M. E. Fischer, la préparation suivante :

On leur fait subir l'action de la saumure dans un tonneau, en recouvrant chaque jambon d'une couche de 0m,20 d'un mélange de quatre parties de sel commun et d'une partie de cendres de bois tamisées. Quand les porcs pèsent moins de 100 kilogrammes, on laisse les jambons dans la saumure pendant cinq semaines, et quand ils dépassent ce poids, on les y laisse pendant six à sept semaines ; on les plonge ensuite pendant quelques heures dans de l'esprit de vin, où l'on a fait macérer préalablement des baies de genevrier concassées; enfin on les soumet alors à l'action de la fumée produite par la combustion de ramilles de genévriers, après les avoir convenablement nettoyés et lavés à l'eau tiède.

4° *Salaison des jambons de Mayence.* — Les jambons de Mayence ou de Hambourg se préparent de la manière suivante d'après M. Heuzé :

Après avoir lavé le jambon dans de l'eau de pluie, ou, ce qui vaut mieux, dans de l'eau-de-vie, on le saupoudre très fortement d'un mélange composé comme suit :

Sel	250	grammes.
Salpêtre	60	—
Poivre	30	—
Girofle en poudre	15	—

Après cette opération, on le met dans un vase vernissé avec quelques feuilles de laurier et de l'ail coupé par tranches, et on recouvre le tout avec un linge. Si le mélange précité était insuffisant, il faudrait le doubler, car il est utile que le jambon soit arrosé de temps en temps.

Au bout de vingt-cinq à trente jours, on le retire du saloir, on le lave à l'eau froide et on le met pendant quinze jours environ dans un baril contenant de la lie de vin, alors on l'enveloppe de papier mince et on l'accroche dans une cheminée.

5° *Salaison des jambons d'York.* — Les jambons d'York ou jambons anglais se préparent ainsi :

Après avoir lavé et paré le jambon, on le frotte aussi bien que possible, pendant douze à quinze jours, avec le mélange suivant : salpêtre, baies de genièvre concassées, cochenille en poudre et sucre brut. Puis on le met dans le saloir.

Quand la viande est suffisamment salée, on retire le jambon du saloir et on l'expose à l'action d'un courant d'air sec pour le faire sécher. Après quoi on le fait fumer. En général, on emploie en Angleterre dans la préparation d'un fort jambon de 6 à 7 kilogrammes, de première qualité, 500 grammes de sel, 200 grammes de sucre, 50 grammes de salpêtre et 1 gramme de cochenille.

6° *Salaison système Cauderlier.* — M. Cauderlier a combiné un système mixte, que nous devons également faire connaître :

Supposons, dit cet auteur, que vous ayez cent jambons à saler, pendant la saison d'hiver, voici comment il faudra procéder par poids et mesures : procurez-vous d'abord deux tonneaux à vin de Bordeaux vides, défoncés d'un côté, propres et bien aérés. Mettez dans l'un des tonneaux de l'eau de pompe, un peu plus qu'à moitié (environ 170 litres) et suspendez par des cordes un panier d'osier blanc de manière qu'il baigne moitié dans l'eau; le panier ne peut jamais toucher le fond du tonneau. Prenez 50 kilogrammes de sel raffiné, mettez-le dans le panier par pelletées, et à mesure que le sel se dissout, vous en ajouterez et y mettrez également un demi-kilo de salpêtre; vous continuez à remettre du sel jusqu'à ce qu'il ne puisse plus se dissoudre. Quand vous êtes certain que le sel ne peut plus se dissoudre, vous retirez le panier : la saumure a alors 52 degrés.

Épluchez, pilez ou écrasez 2 kilogrammes de baies de genevrier, mettez-les dans un vase qui se ferme herméтiquement. Mettez-y également 50 grammes de thym, 50 grammes de laurier, 500 grammes de poivre moulu, 500 de cassonade, versez au-dessus de tout cela 7 à 8 litres d'eau bouillante et fermez bien le vase.

Ces aromes étant bien refroidis, versez le tout dans la saumure qui aura encore 24 degrés. En supposant que vous saliez vingt-cinq jambons à la fois mettez-en douze dans un tonneau et treize dans l'autre, ils y baigneront à leur aise; mais, avant de les y mettre, vous aurez soin de les faire tremper pendant une couple d'heures dans de l'eau froide et de les presser en appuyant fortement sur le maigre du jambon avec la paume de la main pour faire sortir le peu de sang qui s'y trouve encore; vous les remettez dans l'eau pour un quart d'heure, et après vous les pressez de nouveau; puis vous les jetez indistinctement, petits et grands, dans la saumure; et vous mettez une planche au-dessus pour que la viande soit recouverte par la saumure. Deux ou trois jours après, vous les ôtez un à un et vous les mettez sur le bord de la cuvelle pour les presser de nouveau et en faire sortir encore le peu de sang qui pourrait y rester. Remettez-les dans la cuvelle avec la planche dessus; quelques jours après vous les remuez afin que ceux qui se trouvent au-dessous se retournent au-dessus. Vous les laissez ainsi jusqu'au moment de les retirer: la saumure étant au-dessus de 22 degrés, le jambon pesant 10 kilogrammes doit y rester pendant 18 jours, celui de 9 kilogrammes 16 jours et ainsi de suite selon leur poids, excepté celui de 4 kilos qui doit y rester 8 jours, et celui de 5 kilos 10 jours. La saumure ne pesant plus que 20 ou 21 degrés, les jambons doivent y rester 24 heures en plus par demi-kilo de leur poids. En retirant les jambons du saloir, il serait imprudent de les fumer de suite, le sel n'ayant pas encore atteint le milieu du jambon, qui en contient cependant assez pour se conserver et être tendre, devenu juteux par la cuisson, sans être trop salé. Il faut donc, au fur et à mesure que vous retirez les jambons du saloir, les mettre à plat sur des barres ou sur des planches pendant dix à quinze jours, dans un endroit bien aéré, et les retourner de temps en temps. Faites alors fumer les jambons avec de la sciure de bois de chêne plus ou moins à votre fantaisie.

Repesez la saumure et vous verrez qu'elle ne pèse plus que 21 à 22 degrés; remettez douze à quinze jambons dans le tonneau et traitez-les comme les premiers, en les y laissant un jour de plus.

Lorsque les derniers seront à leur tour assez salés, suspendez de nouveau dans le tonneau le panier contenant une certaine quantité de sel pour renforcer la saumure et la faire remonter à 22 ou 23 degrés. Bien que l'on puisse remettre deux ou trois fois du sel dans la saumure, on fera bien de ne pas en mettre une quatrième fois et de s'en servir pour saler autre chose que des jambons, car il est à remarquer que les jambons sortant d'une saumure fraîche sont toujours plus délicats que ceux qui ont été salés dans une vieille saumure.

Fumage ou boucanage des jambons. — Le fumage, qui s'applique non seulement aux jambons, mais encore à d'autres viandes, de porc, de bœuf, etc., consiste à exposer celles-ci à l'action des fumées de matières ligneuses, plus ou moins aromatiques. La fumée, en se déposant, forme à la surface des viandes, un enduit léger qui intercepte l'air et conserve la viande. De plus, il y a une action chimique, car l'acide pyroligneux contenu dans la fumée, coagule et solidifie l'albumine des chairs, les raffermit et assure leur conservation.

Néanmoins le fumage n'est jamais fait seul, il est toujours appliqué concurremment avec la salaison dont il est le complément nécessaire.

Dans le deuxième volume de la quatrième édition du *Livre de la Ferme* de M. P. Joigneaux, nous trouvons un excellent article sur le fumage ou boucanage des jambons, dû à la plume de M. A. Lesne :

« Dans ces dernières années, un pharmacien prussien a conseillé d'employer la suie pour préparer les jambons. Il prend 1 kilogramme de suie de bois pure qu'il délaye dans 8 litres d'eau de fontaine, il tient ce mélange dans un lieu frais en ayant soin de le remuer de temps en temps pendant deux jours. Après cela, il décante le liquide et dans cette eau de suie, il met tremper pendant une demi-heure les jambons ou le lard salé, qu'il essuie d'abord parfaitement avec un linge. Si l'on ajoute un peu d'eau-de-vie à l'eau de suie, le mélange n'en vaut que mieux et peut servir pour plusieurs opérations. Au bout d'une demi-heure au moins, et plus si la pièce est grosse, on retire les jambons ou le lard et on les suspend dans un endroit chaud.

L'acide pyroligneux, qui est un puissant antiputride, est aussi employé en Angleterre et en Allemagne pour la conservation des viandes. Les jambons salés, convenablement nettoyés, dit notre collaborateur M. E. Fisher, sont d'abord séchés. Ensuite on y applique au pinceau une couche d'acide pyroligneux. Si l'acide n'est pas concentré, on donne une seconde couche vingt-quatre heures après. Avec douze centimes d'acide, pas davantage, on prépare convenablement le lard et les jambons d'un porc ordinaire. Les jambons sont après cela placés dans un lieu frais, à l'abri de la chaleur et de la gelée. On assure que les viandes préparées de la sorte se conservent bien, mais ces préparations n'ont pas le fumet recherché, elles n'agissent qu'à la surface et elles laissent tout à fait intacts les animalcules qui peuvent exister dans l'intérieur des viandes. Ces deux procédés constituent un boucanage artificiel. Dans les campagnes, on a l'habitude, après avoir séché les jambons salés, de les suspendre à l'intérieur des cheminées et dans l'Ardenne belge, les cheminées sont même construites à cet effet; pour cela, on leur donne, à la hauteur de l'étage, une grande dimension. Les jambons, toujours d'après M. Fischer, doivent être d'abord suspendus, au moins à quatre mètres de distance du foyer, du fourneau ou de la gueule du four; la fumée des bois feuillus est la meilleure; au début, on veille à ce que la fumée soit légère, ce qu'on obtient en plaçant les viandes assez haut. Il faut six semaines au moins pour fumer un jambon. Vers le milieu de la fumaison, on a le soin de les descendre, de les essuyer, pour enlever la suie et autres croûtes qui ont pu s'y former. Lorsqu'on peut prolonger plus longtemps la fumaison, les jambons n'en valent que mieux; on peut même les laisser sans crainte dans la cheminée jusqu'à trois ou quatre mois.

Dans certains pays, on fume les jambons dans des chambres spéciales, bien sèches et ne recevant pas directement la chaleur du foyer, c'est au grenier que l'opération de boucanage se fait, puis on place les jambons le plus souvent dans des cendres sèches ou du poussier de charbon de bois et on les enveloppe d'une toile avant de les suspendre aux poutres du plafond.

En Alsace, on commence la fumigation avec des branches vertes de genévrier, ce qui communique une saveur délicate à la viande; on la termine avec du bois ordinaire.

CHAPITRE XXX

DIVERSES RECETTES POUR APPRÊTER LES JAMBONS ET JAMBONNEAUX

Cuisson des jambons. — Pour être délicat et savoureux, il ne suffit pas que le jambon soit bien salé et bien fumé, quoique ces deux opérations aient déjà une énorme influence sur ses qualités digestives; la cuisson du jambon est loin d'être indifférente, d'autant plus que nous ne conseillons pas la consommation du jambon cru, qui est lourd, indigeste et souvent malsain. Il faut donc cuire le jambon, et pour cela faire, on ne saurait trop recommander les conseils que donne M. Cauderlier, auquel nous aurons encore une fois recours dans les lignes qui suivent :

Un jambon qui est salé depuis six à huit mois doit nécessairement tremper dans l'eau froide avant de le faire cuire, non pour le désaler (car il ne doit pas être trop salé), mais pour le laver.

Avant de le faire cuire et pour que la chair du jambon reprenne son premier volume, on coupe le manche au-dessous de la jointure du pied, on le lie fortement en y faisant trois ou quatre tours avec une corde et on le met debout dans une marmite, le manche en haut, ou bien à plat, la peau en haut avec trois pouces d'eau au-dessus; on remplit la marmite avec de l'eau de puits jusqu'à hauteur de la corde, on fait chauffer l'eau jusqu'à 30 ou 40 degrés et on retire la marmite du feu pendant une heure, pour donner au jambon le temps de se gonfler, et de reprendre ensuite son premier volume; ensuite on le fait bouillir pendant sept quarts d'heure à tout petit bouillon. Deux jambons cuits ensemble doivent bouillir pendant une heure et demie, et quatre jambons pendant une heure à un bouillon imperceptible. On retire la marmite du feu et on laisse refroidir le jambon dans sa cuisson jusqu'à ce qu'il soit presque froid. Il est bien entendu que ceci ne s'applique pas aux jambons qui pèsent plus de 6 à 8 kilos; ceux de 10 à 12 et plus, doivent bouillir un peu plus longtemps.

Les jambons désossés ayant une cuisson à part, ne peuvent être compris dans ce qui précède.

Lorsque nous étions dans les affaires, continue M. Cauderlier, nous avions un vaste chaudron enclavé dans la maçonnerie; nous cuisions trente jambons à la fois; nous devions les mettre à plat, nous placions les plus gros au fond du chaudron et le petits par-dessus, puis nous retirions complètement le feu. Quatre ou cinq heures après, tous les jambons étaient parfaitement cuits. Tous les dimanches, nous vendions généralement 5 à 6 petits jambons avec une sauce au vin de Madère; aussi engageons-nous ceux de nos confrères qui seront assez intelligents pour se procurer notre livre et en suivre les prescriptions, à faire des jambons au vin de Madère; la chair de porc bien préparée, peut faire un mets très délicat et rapporter de grands bénéfices à celui qui la prépare.

Jambon à la mode bourguignonne. —

Commencez par faire dessaler le jambon la veille dans un baquet d'eau fraîche, après l'avoir paré, c'est-à-dire après en avoir enlevé les parties noires. On coupe ensuite le bout du jarret, on place le jambon dans un linge qu'on noue ou qu'on ficelle et on le fait cuire dans une marmite contenant une quantité suffisante d'eau et de vin blanc par moitié, pour que la pièce y baigne. Ajouter un oignon piqué, poivre, carotte, persil, thym, laurier, ail; écumer, laisser cuire à petit feu pendant cinq à six heures. Lorsqu'il est à moitié cuit, vous coupez deux pieds de veau en morceaux et les jetez dans la marmite. Quand la pointe d'une lardoire enfonce facilement dans le jambon, la viande est cuite à point; retirer de la marmite, dénouer le linge, désosser le jambon, enlever la couenne et même un peu plus épais que la couenne, faire des entailles dans tout le dessus de ce jambon. Mettez alors dans un bol, du persil haché bien menu, avec deux ou trois gousses d'ail, trois pincées de poivre; ajoutez du bon vinaigre et battez bien le tout comme pour faire une sauce verte. Vous étendrez cette espèce de sauce verte sur le jambon, vous couvrirez avec la couenne. Il ne reste plus qu'à retourner le tout avec un linge dans une casserole, de manière que la couenne se trouve en dessous. On charge avec un poids d'environ deux ou trois kilogrammes, on place la casserole au frais et la gelée ne tarde pas à se former tout autour.

Le jambon retourné le lendemain sur un plat est alors prêt à servir [1].

Jambon rôti. — Le jambon rôti se prépare de la manière suivante :

1. *Le Livre de la Ferme*, par J. Joigneaux.

On prend un jambon de préférence petit, on enlève l'os ainsi que le jarret, puis on ôte la couenne et une partie du lard, de manière à ne laisser de ce dernier qu'une petite couche atteignant un centimètre d'épaisseur environ.

On coupe, on rogne, on pare le jambon de manière à lui donner une forme arrondie, puis on le laisse séjourner pendant deux jours dans la saumure.

Au bout de ce temps, le jambon est retiré, lavé à grande eau fraîche, essuyé convenablement, après quoi, on l'enveloppe dans une grande bande sur les parties maigres. On attache celle-ci avec une ficelle et on fait rôtir au four en arrosant le plus souvent possible avec du bon vin blanc. Ainsi apprêté, le jambon rôti est délicieux, on le sert chaud avec son jus, ou bien froid avec une sauce mayonnaise ou au naturel.

Jambon roulé de Strasbourg. — Détachez la noix d'un petit jambon, dit M. Berthoud, auquel nous empruntons encore cette recette ainsi que la suivante, laissez-lui une légère couche de graisse, donnez-lui une forme allongée et arrondie.

Saupoudrez-la de salpêtre et salez-la pendant huit jours dans une saumure aromatisée.

Égouttez-la, enveloppez-la dans une serviette, cuisez-la pendant une heure et demie à deux heures, dans un bouillon léger et additionné d'un peu de vin blanc.

Resserrez la serviette, en donnant une jolie forme a la noix; bandez-la avec une tresse de fil ; laissez-la refroidir.

Entourez d'une barde les parties dépourvues de graisse et fourrez la noix dans une baudruche.

Remettez-la dans son bouillon pendant vingt minutes pour faire cuire la barde et le boyau.

Essuyez celui-ci ; colorez-le de suite avec du sang ; fumez légèrement.

Ce jambon peut se conserver pendant plusieurs semaines ; on le sert toujours froid.

Jambon blanc ou jambon glacé. — Supprimez le jarret et la noix nerveuse d'un jambon frais ; désossez le reste et salez-le en saumure, pendant huit jours.

Attachez le jambon avec une grosse ficelle ou enveloppez-le dans une serviette ; cuisez-le au bouillon pendant environ deux heures.

Éloignez la marmite du feu ; dégraissez le bouillon ; versez deux litres d'eau froide pour arrêter complètement l'ébullition ; laissez baigner le jambon encore pendant une heure.

Retirez-le du bouillon ; détachez-le, placez-le dans une terrine à jambon blanc, la couenne en dessous.

Mettez-le en presse ; laissez-le refroidir jusqu'au lendemain.

Glacez-le et entourez-le de gelée.

Jambon au vin de Madère. — On se procure un kilogramme de tranches de jambon finement taillées ; on enlève la couronne et on supprime la plus grande partie du gras. Toutes ces tranches sont empilées les unes sur les autres dans un vase quelconque, un saladier par exemple. Au moment de servir ces tranches, on les arrose avec huit ou dix cuillerées de bon bouillon. Lorsque les tranches ont baigné ainsi pendant un quart d'heure environ, on les retire, on les dresse sur un plat préalablement chauffé et on les arrose avec la sauce au vin de Madère. Celle-ci se prépare de la manière suivante :

On prend 500 grammes de viande de bœuf bien maigre et autant de viande de veau, on coupe ces viandes en tranches fines et on les fait mijoter dans le beurre jusqu'à ce que le jus s'attache au fond de la casserole; on mouille avec du bouillon et on fait bouillir pendant une heure environ.

D'un autre côté, mélangez une cuillerée de farine avec du beurre; passez le jus au tamis au-dessus de ce mélange et mettez-y du bon vin de Madère en quantité suffisante. On fait réduire sur le feu en tournant le plus souvent possible. Ceci fait, ajoutez le jus d'un citron, une cuillerée à café de sucre blanc et un verre à bordeaux de vin de Madère.

Jambonneaux. — Le plus souvent on prépare les jambonneaux panés, de la manière suivante :

Le jambonneau est salé pendant huit à dix jours; ceci fait, on les pare, on enlève les nerfs et on les fait cuire dans un bon bouillon, afin que les os se détachent sans difficulté.

Alors que le jambonneau est encore chaud, on repousse les chairs du petit côté contre la partie charnue de façon que la moitié de l'os soit à découvert.

On met le jambonneau dans une bassine, en le plaçant verticalement, l'os dirigé en haut, on le couvre de bouillon; puis, lorsqu'il est refroidi, on scie l'os à cinq centimètres environ au-dessus des chairs.

Cela fait, le jambonneau est pané avec de la chapelure, et on enveloppe le manche d'une feuille de papier blanc à dentelles pour flatter l'œil.

CHAPITRE XXXI

PIEDS DE COCHON

Considérations générales. — Il faut bien se garder dans les campagnes de laisser perdre les pieds du porc, qui constituent une des parties les plus délicates de cet animal.

Les charcutiers des villes préparent les pieds de cochon de différentes manières, toutefois les pieds truffés et les pieds à la Sainte-Menehould sont les préparations les plus estimées, et à bon droit.

Enfin, on se sert encore des pieds de porc pour préparer diverses gelées.

Pieds de porc à la Sainte-Menehould. — Procurez-vous des pieds de porc, ratissez-les avec soin, puis faites-les baigner dans de l'eau tiède; cela fait, on les lie ensemble deux à deux en sens inverse l'un de l'autre en mettant un pied de devant avec un pied de derrière, on lit fortement avec un ruban assez long (un mètre environ) pour éviter la désarticulation pendant la cuisson.

Après cette première opération, on introduit les pieds liés dans une marmite et on les recouvre d'eau bouillante, puis on met l'assaisonnement suivant par litre d'eau (l'eau doit être en quantité suffisante pour dépasser les pieds de cinq à six centimètres) :

Vin blanc	250	grammes.
Bon bouillon	250	»
Vinaigre	5	»

un oignon piqué, des petites carottes, un poireau, du thym et quelques feuilles de laurier. On met du sel en quantité suffisante, et on laisse cuire pendant quatre heures environ pour que les pieds soient assez tendres, de manière à ne plus résister à la pression des doigts.

Arrivés à ce point, on les retire de la marmite avec précaution, on les arrange sur un plat et on les laisse refroidir jusqu'au lendemain.

Déficelez les pieds, divisez chacun en deux, graissez chaque partie avec du saindoux et saupoudrez-les avec de la chapelure blonde. On fait griller les pieds ainsi préparés sur un feu vif et on sert avec une sauce à la moutarde ou sauce piquante.

Pieds de porc truffés. — Le pied étant cuit comme pour les pieds de porc à la Sainte-Menehould (voir page 318), vous l'ôtez de la marmite avant qu'il ne soit tout à fait refroidi, le déballez et le désossez, en ayant le soin de retirer jusqu'aux plus petits os. Étalez le pied sur une assiette et laissez-le refroidir. Ayez de la crépine de porc (vulgairement appelée *nette*), que vous avez d'avance mise à l'eau froide; étendez cette *nette* sur une table et mettez dessus trois ou quatre morceaux de truffes coupées en tranches; sur la truffe mettez de la farce truffée; sur la face la moitié du pied désossé que vous masquez d'une légère couche de farce truffée. Emballez le tout dans la crépine en lui donnant une forme allongée. Au moment de servir, mettez au four et servez avec une légère couche de Madère (Cauderlier).

Pieds de porc farcis. — M. M. Berthoud, dans son ouvrage sur *la Charcuterie pratique*, donne deux recettes pour préparer les pieds farcis :

1° Faites bouillir les pieds frais jusqu'à parfaite cuisson, c'est-à-dire pendant au moins six heures, dans un bouillon aromatisé, mais peu salé, ou mieux dans de la gelée.

Désossez-les ; laissez-les refroidir.

Préparez pour chaque pied : 200 grammés de chair à saucisses bien fine ; divisez-la en parts de 100 grammes.

Étalez une de ces parts sur de la crépine ; aplatissez-la de manière qu'elle présente une surface large de 8 centimètres et longue de 16 centimètres.

Placez sur cette chair un pied cuit et désossé ; couvrez celui-ci d'une nouvelle part de chair ; enveloppez le tout dans la crépine ; donnez à la préparation une forme ovale, un peu aplatie et pointue d'un côté.

Procédez de même pour les autres pieds.

Panez à la chapelure blonde et avant de servir faites griller.

2° Cuisez les pieds, suivant les indications contenues dans le paragraphe précédent ; désossez-les ; laissez-les refroidir. Coupez les pieds en petits dés ; ajoutez pour chacun 200 grammes de farce et deux œufs ; maniez le tout et divisez en nombre égal à celui des pieds ; enveloppez dans de la crépine et donnez la forme prescrite à l'article ci-dessus. Cette méthode, applicable également aux demi-pieds farcis et aux pieds et demi-pieds truffés, est la meilleure, à mon avis. Beaucoup de personnes n'aiment pas à trouver le pied entier et à la même place, comme cela arrive avec le premier procédé. »

Pieds de porc à la sauce duchesse. — Les pieds étant cuits et divisés en deux, comme il a été dit pour les pieds à la Sainte-Menehould, on trempe chaque moitié dans du beurre fondu additionné de sel et de poivre, puis on les roule dans de la mie de pain bien sèche. Au moment de servir, on les met au four pour leur faire prendre une couleur légèrement dorée et on sert avec une sauce duchesse.

Cette dernière se prépare en mélangeant 15 grammes de bonne farine avec 30 grammes de beurre bien frais, on ajoute les trois quarts d'un verre de bouillon et on fait bouillir pendant deux ou trois minutes en remuant. D'un autre côté, on hache 50 grammes d'écorces de melon confit qu'on met dans la sauce avec du sel et du poivre. On obtient ainsi une sauce délicieuse.

CHAPITRE XXXII

LARD ET SAINDOUX

Lard frais. — Le lard frais est constitué par la graisse située entre la couenne ou peau et la chair musculaire; suivant qu'il adhère plus ou moins à celle-ci ou à celle-là, il porte différents noms.

Le *lard fondant* est celui qui est le plus rapproché de la chair musculaire, il est mou au toucher et est surtout employé pour la préparation du saindoux.

Le *lard dur* est celui qui adhère à la couenne, il est ferme et difficile à fondre, c'est le *lard commun* des charcutiers.

Bardes. — Les charcutiers français donnent le nom de *bardes* à des tranches de lard, minces ou plus ou moins grandes qui entrent dans une foule de préparations de charcuterie et même de cuisine, surtout pour apprêter les volailles et garnir le fond des casseroles.

On prépare les bardes avec du lard frais ou du lard de conserve ou lard à piquer, toutefois le premier doit être préféré. Voici comment on opère :

Une tranche de lard bien ferme, de la dimension qu'on veut donner aux bardes, étant placée sur une table, on en détache horizontalement, à l'aide d'un tranche-lard, des bandes minces de la grandeur de celle de la tranche.

Ces bandes sont étalées sur une table et légèrement saupoudrées de sel fin; puis on les roule avec une baguette, à moins qu'on ne veuille les employer de suite, auquel cas, il n'est même pas nécessaire d'ajouter du sel. Si le lard n'était pas assez ferme pour être régulièrement découpé, il faudrait le saler quatre ou cinq jours avant. Par les grandes chaleurs, la préparation des bardes est toujours difficile, même si le lard est salé, dans ce cas il faut, quelques heures avant le découpage, le recouvrir d'une couche de lard et de glace grossièrement pilée, qu'on enlève au moment de procéder à la confection des bardes.

Lard de conserve ou lard à piquer. — Pour préparer le lard de conserve, on emploie de préférence la couche dorsale. On commence par enlever toute la chair qui adhère à la graisse et on frotte la surface de celle-ci pendant plusieurs jours avec du sel fin, on découpe ensuite par bandes.

Ceci étant fait, on descend les bandes dans une cave fraîche, mais non humide, et on le met dans un saloir ou *barbantalle* en pierre ou en bois ayant la forme d'une auge (environ 0m,40 de profondeur), en plaçant les morceaux de manière que les surfaces couvertes de couenne soient appliquées l'une sur l'autre. On place sur la dernière rangée, comme l'indique M. Heuzé, une planche qu'on charge fortement, afin que le lard soit plus tard aussi ferme que possible. Au bout d'un mois à six semaines, on retire les morceaux du saloir, en évitant de détacher le sel qui est encore adhérent à la graisse, et on suspend à l'air dans une chambre pour qu'ils puissent sécher complètement. Il est utile de le frotter de sel tous les quinze jours pendant environ deux à trois mois.

Le lard, qui a été ainsi préparé, se conserve bien s'il est ferme. Il est excellent comme lard à piquer.

10 kilogrammes de lard exigent 1 kilogramme de sel et 300 grammes de salpêtre.

Les morceaux doivent être rectangulaires autant que possible, afin de pouvoir livrer à la vente de *belles planches de gras* ou de *belles planches de lard*.

Dans quelques contrées, on divise le lard à conserver en morceaux carrés qu'on sale avec les autres parties du porc. Ces morceaux sont plus tard extraits du saloir et suspendus dans un endroit sec. Ce procédé laisse à désirer, parce que le lard ainsi préparé manque de fermeté et qu'il est sujet à rancir.

Qualité du lard. — La première qualité qu'on exige le plus communément, c'est une grande fermeté. Le lard doit offrir aussi une belle teinte, légèrement rosée et un grain fin. Cette finesse du grain se manifeste quelquefois, suivant la remarque de M. Émile Baudement, par une succession de petites rides ondulées qui courent sur la surface de la graisse et la rendent comme *frisée*.

Le lard très ferme peut se partager, aisément et sans se casser, en petits fragments longs et minces qui servent à piquer les viandes.

Un peu moins ferme, il a moins de corps, doit être coupé plus gros pour qu'il ne se rompe pas, et donne principalement des *bardes*.

Quand il n'a pas assez de fermeté pour l'un ou l'autre de ces emplois, on l'ajoute à la panne pour faire du saindoux, et le résidu, le *creton*, est utilisé dans la fabrication des boudins.

La facilité avec laquelle le lard très ferme se laisse diviser en fragments petits et rigides ne peut être le seul avantage pour lequel la charcuterie estime avant tout la fermeté; car l'emploi du lard à piquer est, en somme, assez restreint. En effet, on a remarqué que la quantité de matière grasse est proportionnellement d'autant plus compacte que la trame cellulaire est plus réduite. De plus le débit du lard ferme est plus commode et il prend plus facilement le sel que le lard mou. Nous avons vu ailleurs que cette fermeté du lard est influencée par la race porcine qui le produit et aussi par l'alimentation à laquelle elle est soumise.

Saindoux. — On fabrique le saindoux en faisant fondre la panne et le lard qui manque de fermeté. Cette fonte doit être opérée autant que possible aussitôt après l'abatage du porc; en hiver on peut au besoin différer de trente-six à quarante-huit heures, mais en été il faut opérer dans les vingt-quatre heures.

Nous venons de voir ce qu'est le lard, voyons maintenant la panne.

On donne le nom de *panne* à la graisse qui enveloppe les rognons et recouvre le filet; d'ailleurs ce nom s'applique d'une manière plus générale à toutes les parties de graisse qu'on trouve dans l'*intérieur* du porc, en en exceptant le lard bien entendu. Néanmoins, on appelle *ratis*, la graisse qui adhère aux intestins, elle donne un saindoux de qualité moindre.

Dans la fabrication du saindoux, il faut séparer d'abord la panne du lard, ces deux substances ne doivent pas être mises au feu en même temps, car le point de fusion de la dernière est plus élevé que celui de la panne. En tout cas, il faut enlever toutes les membranes et les parties sanguinolentes du lard et de la panne qu'on veut convertir en saindoux. L'une et l'autre de ces deux graisses sont coupées en dés réguliers qu'on fait baigner pendant deux heures environ dans une eau fraîche additionnée de 15 grammes de cristaux de soude par litre.

Ceci fait, on lave à grande eau à plusieurs reprises, on égoutte avec soin et on procède à la fusion.

Pour cela, on place les morceaux dans un chaudron en cuivre non étamé, on ajoute un litre d'eau pour 10 kilogrammes de panne et on chauffe modérément, en agitant sans cesse, jusqu'à ce qu'une portion du saindoux soit liquéfiée. On peut alors, comme le conseille Mme Millet Robinet, laisser la fonte s'achever sans continuer à remuer le contenu du chaudron. Quand il ne s'échappe plus de vapeur et que les parties solides sont cuites, sans avoir trop changé de couleur, car il importe qu'elle ne roussisse pas, l'opération est terminée. On coule la graisse à travers une passoire à trous très fins dans des vases de grès ou des baquets de bois blanc.

Dans quelques départements on ajoute à la panne, pendant la fonte, divers aromates qui n'aident en rien à la conservation du saindoux. Cette graisse devant servir à préparer une foule de mets diversement assaisonnés, il vaut mieux qu'elle n'ait pas de saveur particulière.

Le saindoux se conserve très bien sans être salé, lorsqu'il a été fondu avec toutes les précautions nécessaires. S'il doit être salé, la dose de sel ne doit pas dépasser 15 grammes par kilogramme de saindoux, sans quoi il deviendrait impropre à la friture, l'un des emplois les plus importants.

Il est à remarquer qu'il ne faut pas toucher au dépôt qui couvre le fond du chaudron.

On voit que la fonte a été bien faite, lorsque les *cretons* ou *rillons* commencent à prendre une légère teinte jaune ambré ; c'est alors que la graisse est claire et transparente. Le saindoux de première qualité, lorsqu'il est refroidi et fondu à petit feu, est toujours d'un beau blanc.

Quelques charcutiers préparent le saindoux en fondant la graisse au bain-marie, on l'obtient alors plus blanc.

Les cretons ou rillons se mangent chauds ou froids dans les ménages. Dans les grandes charcuteries ils sont pressés pour en extraire le saindoux qu'ils renferment encore, et il reste des *tourteaux* employés dans l'alimentation des chiens ou même des porcs.

« En France, suivant la remarque de M. Heuzé, le saindoux bien épuré et de belle qualité, c'est-à-dire bien ferme et très blanc, sert à l'enfleurage du jasmin, du réséda et de la violette, opération qui consiste à mettre successivement un certain nombre de fleurs sur le saindoux qu'on a étendu sur des châssis qui se superposent les uns au-dessus des autres ; ces fleurs sont renouvelées chaque jour. »

Axonge. — L'axonge est un saindoux de toute première qualité obtenu par la fusion de la panne sans aucune addition d'autre graisse, ni lard.

Généralement, on prépare l'axonge au bain-marie, en pilant d'abord la panne après l'avoir découpée et avant de la mettre au feu. Pour tous les autres points, la préparation de l'axonge est la même que celle du saindoux. Cette graisse est plus fine, plus pure, plus délicate que le saindoux, les charcutiers ne l'emploient que rarement, mais la pharmacie en fait un usage courant. Comme le fait remarquer le Dr M. Camboulives, elle est quelquefois employée seule en onctions adoucissantes sur l'érysipèle, l'érythème, les surfaces gercées ou excoriées. Le plus souvent elle sert à la préparation des emplâtres, des onguents et des pommades. On peut même dire qu'elle forme l'excipient de presque toutes les pommades usitées en médecine, soit qu'on se serve de l'axonge pure, soit qu'on ait recours à l'axonge benzoïnée. Cette dernière se prépare en chauffant au bain-marie, pendant deux ou trois heures, un mélange d'une partie de benjoin concassé avec vingt-cinq parties d'axonge, passant à travers un linge et agitant jusqu'à refroidissement.

La pommade à l'axonge benzoïnée a une odeur très agréable, capable de neutraliser les médicaments de mauvaise odeur ; elle se conserve très longtemps sans rancir.

L'axonge, comme le saindoux exposé à l'air pendant quelque temps, s'altèrent, deviennent jaunes et s'acétifient en partie, c'est le *rancissement* qui atteint toutes les matières grasses ; pour éviter cette altération, on conserve l'un et l'autre dans des vases en grès, en faïence, ou dans de petits tonneaux bien bouchés.

Quelquefois le saindoux est coulé, après une seconde fusion, dans des vessies de porc.

En pharmacie on remplace maintenant assez communément l'axonge par de la *vaseline*, qui ne rancit pas à l'air.

CHAPITRE XXXIII

TERRINES ET PATÉS

Pâté de foie gras. — On se procure un kilogramme de lard frais, autant que possible mou, plus un kilogramme de foie gras, 500 grammes de filet de porc, et 250 grammes de jambon cru, légèrement salé; on fait une farce.

Cette farce est assaisonnée avec :

Sel	50	grammes.
Farine	50	—
Poivre	5	—
Muscade	3	—
6 œufs.		

On garnit le fond et les côtés d'un moule avec cette farce, dans le milieu on met 300 grammes de truffes entières et un foie gras ou une partie, suivant la grosseur; on couvre avec le reste de la farce additionnée de 200 grammes de truffes hachées, et on pose au-dessus un lit de beurre frais épais de deux centimètres. On couvre le moule et on cuit au four.

Pâté de veau et de jambon. — L'épaule de veau, suivant la juste remarque de M. Berthoud, donne un excellent pâté; le cuissot n'est peut-être pas meilleur, mais il est plus blanc et doit être préféré.

Laissez mortifier la viande pendant deux à quatre jours, suivant la saison.

Dépouillez-la de ses graisses, peaux et nerfs; coupez-la par morceaux carrés et allongés; assaisonnez chaque kilogramme avec :

Sel	20	grammes.
Poivre	2	—
Épices fines	2	—
Salpêtre	1	—

Maniez, mettez dans une terrine; mouillez avec de bon vinaigre de vin (1 litre pour 10 kilogrammes de viande), mélangez encore; laissez macérer pendant vingt-quatre heures.

Hachez et pliez très menu la graisse et les peaux de veau, mais sans nerfs (on utilise les nerfs dans la préparation de la gelée), incorporez cette farce avec le double de son poids de chair à saucisses.

Préparez de la pâte à pâté froid; laissez-la reprendre (voir plus loin); foncez-les moules dans lesquels vous voulez faire les pâtés.

Garnissez le fond d'un centimètre de la farce. Égouttez le veau, essuyez-le dans une serviette; placez-en un lit sur la viande hachée; posez une bonne tranche de jambon dépouillée de sa couenne; achevez d'emplir le moule avec du veau.

Couvrez celui-ci avec une barde; fermez le pâté avec un morceau de pâte qui prend le nom de couvercle.

Faites adhérer les bords du couvercle avec ceux du pâté; formez un rebord que vous festonnez avec la pince à pâté.

Pratiquez un trou dans le milieu du couvercle; pour empêcher ce trou de se fermer, introduisez-y un morceau de fort papier roulé (appelé cheminée).

Décorez le couvercle avec des découpures de pâte ordinaire ou feuilletée; dorez le tout avec du jaune d'œuf débattu.

Mettez le pâté dans un four bien corsé; la cuisson dure de deux à trois heures.

Au sortir du four, laissez reprendre le pâté pendant une heure; démoulez-le, laissez-le refroidir complètement.

Introduisez, par la cheminée, de bonne gelée clarifiée, liquide, mais pas chaude; dans ce dernier état, elle amollirait le pâté. Laissez prendre et servez.

La cuisson des pâtés demande à être très soignée; elle influe beaucoup sur leur qualité et sur leur apparence. Les personnes inexpérimentées doivent confier cette opération à un pâtissier; les gens du métier acquerront, par la pratique, l'expérience, guide plus sûr que toute les indications que je pourrais donner ici.

Pâte pour les pâtés. — L'auteur précédemment cité donne la recette suivante pour la préparation de la pâte à pâtés froids :

Placez cinq kilos de belle farine sur la table à pâtisserie; faites un trou dans le milieu, dans lequel vous mettez deux kilos de bon beurre frais que vous aurez préalablement pétri, afin d'en extraire l'eau et le lait qu'il pouvait contenir[1].

1. Dans quelques maisons, on remplace le beurre qui doit entrer dans la pâte, par du saindoux : on obtient ainsi une pâte assez bonne et moins coûteuse.

Faites dissoudre 100 grammes de sel dans un litre d'eau, froide en été et tiède en hiver.

Versez cette eau dans la farine; ajoutez dix œufs, dont vous prélevez deux jaunes pour dorer les pâtés, avant de les mettre au four.

Délayez d'abord le beurre avec de l'eau salée; incorporez peu à peu la farine; lorsque cette dernière est toute employée, continuez à travailler la pâte, jusqu'à ce qu'elle soit bien lisse; laissez-la reposer pendant trois heures avant de procéder à la confection des pâtés.

Les proportions d'eau et de farine indiquées plus haut demandent quelquefois à être modifiées, suivant la température ou la qualité de la farine. Dans tous les cas, il est important que la pâte ne soit ni trop molle, ni trop ferme; trop tendre elle s'affaisse et se déforme pendant la cuisson; trop dure elle est difficile à travailler et éclate au four. Avec un peu d'habitude, on arrive bientôt à connaître le degré de fermeté convenable.

Pâte feuilletée. — Pétrissez un kilo de farine avec deux blancs d'œuf et environ un décilitre d'eau froide, dans laquelle vous aurez fait dissoudre vingt grammes de sel.

Travaillez le tout, jusqu'à ce que vous obteniez une pâte bien liée, mais pas trop ferme, afin de pouvoir l'étendre facilement avec le rouleau.

Formez une boule avec la pâte; laissez-la reposer pendant une heure.

Aplatissez-la; étendez-la avec le rouleau, jusqu'à ce qu'elle n'ait plus qu'un demi-centimètre d'épaisseur.

Pliez-la en trois, en ramenant les bords au centre, de manière qu'ils soient bout à bout; pliez-la encore en trois, dans le sens opposé, de façon que les seconds plis coupent les premiers en travers; la pâte forme ainsi un carré.

Étendez-la avec le rouleau; ramenez-la à l'épaisseur d'un demi-centimètre, en lui conservant, autant que possible, sa forme carrée.

Couvrez les deux tiers de la surface de la pâte d'une couche régulière faite avec 500 grammes de beurre frais pétri ; ayez soin que ce dernier n'arrive pas tout à fait au bord, afin qu'il ne s'échappe pas sous la pression du rouleau.

Repliez le tiers qui n'a pas reçu de beurre, sur la moitié des deux tiers beurrés ; relevez le tiers restant, de manière à plier la pâte en trois : vous avez ainsi deux couches de beurre intercalées entre trois couches de pâte.

Pliez la pâte de nouveau en trois, dans le sens opposé, afin d'avoir un cube bien régulier ; abaissez-la de nouveau.

Repliez-la encore en six; étendez-la pour la dernière fois et mettez-la au frais jusqu'au moment de l'employer.

On doit préparer la pâte feuilletée dans un local frais; le beurre qu'on y fait entrer doit être préalablement raffermi à l'eau froide. Pour que cette pâte lève bien au four, on coupe les bords, bien nettement, avec un couteau ou un emporte-pièce tranchant.

Cette pâte sert à faire le couvercle de certains pâtés et à la confection des vol-au-vent.

Terrine de foie gras. — Ayant préparé une farce comme pour le pâté de foie gras en croûte indiqué page 329, on barde l'intérieur d'une terrine, puis sur la barde on étend une mince couche de cette farce, on y met ensuite la moitié d'un foie gras préalablement saupoudré sur toutes ses faces d'une légère couche de poivre et de sel.

L'autre moitié du foie, assaisonnée de la même façon, est recouverte de farce puis enveloppée d'une barde et on la place à coté ou au-dessus de la précédente dans la terrine. On couvre la terrine avec son couvercle et on cuit au four. Ceci fait, le jus et la graisse de la terrine sont versés dans un vase en faïence et on laisse reposer quelques heures. La graisse est ensuite versée sur la terrine d'où on l'avait préalablement extraite, en évitant de laisser couler le jus. On laisse refroidir. On achève de remplir la terrine avec du saindoux fondu au bain-marie auquel on a ajouté quelques fragments de truffes. On laisse de nouveau refroidir; on place sur la terrine un rond de papier, on fixe le couvercle au moyen d'une bande de papier d'étain.

Ainsi préparée, la terrine doit être conservée trois semaines ou un mois au moins avant d'être consommée, car elle gagne beaucoup en vieillissant.

Terrine de volaille. — Dans l'intéressant ouvrage de M. Cauderlier, nous trouvons la recette d'un pâté de volaille en terrine, d'une extrême délicatesse et d'une préparation très facile, c'est par elle que nous terminerons ce chapitre : Prenez un demi-kilogramme de viande de veau, auquel vous ajoutez autant de maigre de jeune porc haché très fin, mettez-y un demi-kilogramme de lard que vous continuez à hacher avec le maigre. Le lard étant bien réduit en pâte, mettez dans la farce un œuf entier ou deux jaunes, poivre, sel et quatre épices.

Ayez un poulet désossé ; assaisonnez le poulet avec la farce, mettez cette farce dans l'intérieur du poulet ; placez-le dans la terrine, recouvrez-le de farce, posez des tranches de lard par-dessus, et enfournez. Une heure et demie de cuisson suffit. Retirez la terrine du four, couvrez-la d'une platine qui s'avance dans le vase et posez un poids sur la platine pour faire monter la graisse à la partie supérieure du vase. Le pâté étant refroidi, ôtez le lard et couvrez entièrement la terrine avec du beurre ou de la bonne graisse fondue [1]. Le même pâté peut aussi se cuire dans une casserole et on le met dans la terrine après qu'il est cuit. Par ce moyen, les terrines ne s'abîment pas.

On peut remplacer une partie du lard par du beurre frais, mais on doit piler la farce dans un mortier et l'on ajoute deux ou trois jaunes d'œuf de plus.

Autres terrines. — La charcuterie de luxe livre au commerce d'autres terrines, dont la préparation se rapproche beaucoup des précédentes, mais dans le détail desquelles nous ne saurions entrer ici, ce sont principalement les terrines de lièvre, de chevreuil, de faisan, de perdreaux, d'alouettes, de bécasses, de truite saumonée, etc., dont on trouvera la préparation dans tous les livres de cuisine.

1. On peut aussi prendre un mélange à parties égales de beurre bien frais et de bon saindoux. *A. V.*

CHAPITRE XXXIV

GELÉE DE VIANDE

Son importance dans la charcuterie. — La gelée est un précieux auxiliaire de la charcuterie, on l'emploie dans une foule de circonstances que nous avons eu l'occasion de mentionner précédemment, et d'une manière générale, elle convient surtout pour servir toutes les viandes froides. Lorsqu'elle réunit la beauté et la bonté et qu'elle est disposée avec art, elle contribue puissamment à rehausser la valeur et même la saveur des mets qu'elle accompagne. Il est donc très important de la bien préparer, et pour cela faire, certains charcutiers ont un véritable talent.

M. Marc Berthoud, dans son livre intitulé *la Charcuterie pratique*, a donné sur la préparation de la gelée des renseignements très complets et très pratiques que nous ne saurions mieux faire que de reproduire ici intégralement, car il nous serait impossible de faire mieux.

« La gelée ne doit être ni trop assaisonnée ni trop froide, ni trop ferme, ni trop molle ; elle demande à être cuite plus longtemps en été qu'en hiver ; toutefois, on doit toujours tenir compte de l'emploi auquel on la destine. Comme condiment ou comme remplissage de pâtés, elle n'a pas besoin d'être très ferme ;

pour la décoration, au contraire, elle ne peut jamais être molle, lorsqu'elle doit servir à l'ornementation de pièces appelées à figurer dans une salle chauffée, elle doit être très consistante.

Pendant l'été, la gelée tourne facilement; aussi, pour éviter de la perdre, on doit, dans cette saison, la faire bouillir et la clarifier chaque jour, ou, ce qui est encore mieux, la préparer au fur et à mesure des besoins.

Préparation de la gelée. — Mettez dans une marmite :

20 litres d'eau froide;

12 pieds de porc (que vous pouvez ficeler pour les apprêter ensuite à la Sainte-Menehould);

2 kilos de couenne fraîche;

1 jarret de veau;

1 jarret de bœuf (ces deux jarrets étant ouverts avec le couperet);

Quelques os crus et brisés,

Et deux pochons de bouillon.

Faites bouillir à bon feu, pendant quatre heures. Sortez les couennes et les os; laissez les pieds jusqu'à ce qu'ils soient très cuits et les jarrets jusqu'à la fin. Assaisonnez de : deux litres de vin blanc, deux oignons piqués, quelques carottes coupées, deux poireaux, quelques racines de persil, un peu de thym, laurier et poivre.

Cuisez encore pendant deux heures.

Sortez les pieds s'ils sont très tendres.

Goûtez la gelée; ajoutez ce qui peut être nécessaire; assurez-vous qu'elle est assez consistante; mettez-en très peu dans un petit vase à parois très minces que vous déposez pendant quelques minutes sur glace; si la gelée a assez de corps, elle se prend bientôt; si vous ne la jugez pas assez cuite, plongez la cuisson jusqu'à ce qu'elle ait atteint le degré convenable.

Coulez la gelée dans une grande bassine, en la passant; laissez-la reposer pendant une heure ou deux; dégraissez-la parfaitement et à plusieurs reprises.

Transvasez-la, en la tirant au clair, dans deux ou trois petites bassines; dans une seule, le refroidissement étant long, la gelée risque de tourner; laissez-la refroidir jusqu'au lendemain.

Clarification de la gelée. — Autant que possible, on laisse refroidir complètement la gelée, avant de passer à sa clarification; l'opération a plus de chances de succès. Mais il arrive quelquefois qu'on est obligé d'y procéder sitôt après qu'elle est cuite; dans ce cas, sortez-la de la marmite, en la passant; dégraissez-la, transvasez-la deux fois, en la tirant au clair.

Lavez et rafraîchissez la marmite; renversez-y la gelée pour la clarifier.

Lorsqu'on attend le refroidissement complet de la gelée, lors même qu'elle a été bien dégraissée pendant qu'elle était chaude, elle se couvre d'une couche de graisse; on enlève cette dernière avec un racloir et on met la gelée dans la marmite.

Dans l'un et l'autre cas, procédez comme suit :

Chauffez la gelée; battez, dans une terrine, pour dix litres de gelée, un décilitre de sang de mouton avec un filet de vinaigre.

Lorsque toute la gelée est fondue, versez-y le sang; agitez vigoureusement à l'aide d'un pochon; laissez reposer.

Aussitôt que l'ébullition commence, retirez la marmite du feu; écumez la gelée, laissez-la refroidir pendant quelques instants. Battez trois blancs d'œuf avec un demi-verre d'eau fraîche; versez-les dans la gelée que vous brassez vivement pour bien mélanger le tout.

Remettez la marmite sur le feu; enlevez l'écume qui ne tarde pas à se former de nouveau; dès que la gelée recommence à boutonner, versez-la dans le filtre.

Reversez à deux ou trois reprises la première qui sort, elle n'est jamais bien transparente. Relevez la gelée dans des terrines et des moules que vous mettez de suite au frais.

Avant de couler la gelée dans le filtre, on s'assure qu'elle est bien clarifiée. On en prend un peu dans une cuiller étamée et l'on voit de suite si elle est séparée du sang et des œufs; ceux-ci doivent avoir entraîné toutes les impuretés et former avec elles de petits corps solides répandus dans toute la gelée qui est alors limpide. S'il en est ainsi, il ne reste qu'à opérer la séparation; c'est le filtre qui en est chargé. Si, au contraire, la gelée ne présente pas dans la cuiller l'aspect indiqué, l'opération n'a pas réussi, il faut la recommencer une fois et même deux au besoin. Cette éventualité se présente rarement, lorsqu'on suit exactement les indications données tant pour la préparation que pour la clarification.

Il arrive que la gelée, une fois dans le filtre, se refroidit trop vite et ne peut plus couler; on évite ce désagrément, en plaçant le filtre dans un local fermé, à l'abri de courants d'air froid, et en le couvrant de linges, sitôt qu'on y a versé la gelée.

Le sang de mouton est celui qui est le plus propre à la clarification des gelées; à défaut, on le remplace par celui de bœuf ou de porc; ce dernier est moins convenable. Le sang donne à la gelée une belle teinte jaune or; quand on veut qu'elle reste plutôt blanche, on n'y met pas de sang; on la colle à deux reprises avec des blancs d'œuf et on y ajoute quelques tranches de citron.

Démoulage de la gelée. — On entend par démoulage, lisons-nous dans l'ouvrage de MM. Berthoud l'opération qui consiste à extraire des moules dans lesquels on leur a fait prendre forme les différentes préparations de charcuterie.

On doit toujours attendre le refroidissement complet des pièces avant de les sortir de leurs moules.

Pour démouler les gelées et les viandes glacées, procédez comme suit :

Emplissez, aux deux tiers, avec de l'eau chaude, une terrine plus large et plus profonde que le moule renfermant la pièce à démouler; l'eau doit être plus que tiède.

Plongez le moule contenant la pièce à démouler jusqu'à un centimètre de son bord, la partie ouverte en haut; maintenez-le dans cette position durant deux ou trois secondes au plus.

Essuyez promptement l'extérieur du moule; renversez, sur son ouverture, un plat ou un fond de plat; retournez l'un et l'autre en les tenant serrés l'un contre l'autre et enlevez le moule.

Toute cette petite manœuvre doit être exécutée vivement; si on laisse séjourner la pièce dans son moule, après que ce dernier a été chauffé, une trop grande épaisseur de gelée se fond et, s'il s'agit d'une gelée, elle se déforme ou se casse; si c'est une préparation glacée, le glaçage s'en va complètement.

La gelée mise en forme dans un moule évasé sort facilement sans qu'il soit nécessaire de chauffer ce dernier, ce qui est encore préférable, car les contours de la gelée restent bien plus nets. Il en est de même des *jambons blancs glacés* qu'on doit toujours démouler à froid.

Détachez la gelée qui adhère ou moule; enfoncez une fourchette dans la pièce et faites effort, en renversant cette dernière sur son plat.

Pour démouler les jambons désossés, enlevez la rondelle de bois qui sert de fond et appuyez la main du côté opposé.

Les fromages de cochon sortent facilement en enlevant la clavette qui retient fermées les deux parties du moule.

Pour sortir de leurs moules les jambons de Bayonne et les fromages d'Italie, posez la lame d'un couteau entre les parois du moule et la préparation; plongez le fond du moule pendant quelques secondes dans l'eau bouillante; renversez le moule sur une table, de manière à faire détacher la pièce; aidez, au besoin, à la sortie, en la tirant avec une fourchette.

CHAPITRE XXXV

RECETTES CULINAIRES CONCERNANT LE PORC FRAIS

Considérations générales. — Sous ce titre, nous réunissons dans ce chapitre quelques recettes choisies parmi les plus simples pour apprêter les différentes parties du porc qui ne sont pas utilisées dans la charcuterie proprement dite, et qui rentrent plutôt dans le domaine de l'art culinaire.

Filet de porc frais. — Le *filet* ou longe est la partie musculeuse et charnue dépourvue d'os, située entre les côtes et le jambon; c'est un morceau très délicat qu'on prépare de diverses manières.

Quant au *filet mignon*, c'est la pièce charnue et étroite placée sous le rognon, le long de l'épine dorsale, il est encore plus succulent que le filet proprement dit.

Filet rôti. — Prendre de préférence un filet de jeune porc, dans lequel vous ferez, dans la partie grasse, de petites entailles de distance en distance, entailles qui devront s'enfoncer jusqu'au maigre. Dans celles-ci mettez du poivre et du sel, puis faites rôtir au four. Lorsque le filet est presque cuit, remettez du sel et du poivre et éloignez un peu du feu. Complétez ensuite la cuisson, et servez le filet avec son jus ou avec une sauce quelconque.

Filet de porc aux marrons. — Dans une casserole ou mieux dans une lèchefrite, lisons-nous dans *le Livre de la ferme*, on met un filet de porc ou à son défaut un autre morceau de choix à demi-gras; on y ajoute un peu de beurre, sel, poivre et bouquet garni. On fait cuire au four ou sur un feu doux et, dans ce dernier cas, on prévient l'évaporation avec une feuille de papier blanc placée entre le couvercle et la casserole. D'un autre côté, on fait cuire à l'eau salée ou rôtir dans la poêle des marrons qu'on épluche ensuite pour les ranger dans la sauce autour du rôti quand la cuisson est en bonne voie. Le porc frais pourra être servi après deux heures de cuisson; s'il y a lieu on dégraisse un peu la sauce. On fait également avec les marrons cuits à l'eau salée, une purée que l'on arrose avec le jus du rôti et que l'on sert en même temps.

Filet de porc frais rôti sauce piquante. — Désossez un morceau de filet de porc frais, dégraissez-le un peu, bridez-le, poussez-le au four, faites-le cuire de belle couleur en l'arrosant souvent.

D'autre part :

Marquez une sauce piquante, coupez votre porc en tranches, dressez-le en long, arrosez-le avec la sauce, en ayant soin d'y ajouter quelques tranches de cornichons.

Pour préparer la sauce piquante, on hache quelques échalotes, puis on les fait réduire dans un demi-verre de vinaigre. Quand le vinaigre est réduit, mouillez avec un demi-litre de sauce liée ou espagnole [1], laissez cuire dix minutes et au dernier moment ajoutez quelques câpres.

Filet de porc sauce Robert. — Le filet étant cuit, dégraissez-le bien et servez avec une sauce préparée comme suit :

Faites revenir deux ou trois oignons, passez-les au tamis et quand ils sont très cuits, remettez-les dans une casserole avec autant d'espagnole (voir ci-dessous la note). Faites mijoter sur le coin du feu, assaisonnez, puis, au dernier moment, ajoutez une ou deux cuillerées de moutarde.

Filet de porc à la Russe. — Nous empruntons cette recette au livre de M. Cauderlier :

Coupez un filet de porc en côtelettes. Parez-le et découpez-le de manière qu'il ne reste que la noix de la côtelette attachée à l'os. Mettez-y poivre et sel, ayez de la mie de pain sèche ou du biscuit pilé. Râpez du fromage parmesan et mêlez-le au biscuit (le fromage et le biscuit doivent être mêlés à quantités égales). Battez un ou deux œufs entiers, suivant la quantité de côtelettes que vous avez. Trempez les côtelettes dans l'œuf et ensuite dans le biscuit et le fromage mêlés.

1. La sauce liée ou espagnole se prépare ainsi : Mettez dans une casserole, 100 gr. de beurre et 2 cuillerées de farine. Placez-la sur un feu léger, mouillez avec du bon bouillon et laissez ensuite bouillir pendant 15 à 20 minutes en tournant toujours. On passe la sauce au tamis si c'est nécessaire et on tourne de temps à autre avec la cuiller, jusqu'à ce qu'elle soit à peu près refroidie.

Cette sauce, encore quelquefois appelée sauce-mère, est la base de toutes les sauces brunes ; elle doit avoir la consistance d'une bouillie claire.

Filets mignons de porc frais à la maréchale. — Coupez deux filets mignons en deux sur leur longueur, panez-les, passez-les à l'œuf battu et repassez-les à la panure, salez et poivrez. Faites-les cuire sur le gril à feu doux, et dressez-les sur un plat long, en servant en même temps une sauce poivrade dans une saucière.

Pour préparer la sauce poivrade, hachez deux oignons, faites-les légèrement roussir dans le beurre, mouillez avec un verre de bon vinaigre, mettez une forte pincée de poivre, feuille de laurier, thym, persil, girofle et trois ou quatre cuillerées d'espagnole. Laissez bouillir le tout pendant trois quarts d'heure et passez au tamis. Au moment de servir ajoutez quelques cornichons et câpres hachés.

Côtelettes de porc frais. — Le plus généralement les côtelettes de porc sont séparées une par une; si on ne les sépare pas elles constituent les carrés de côtelettes.

Côtelettes sautées au naturel. — Taillez des côtelettes de manière à ce qu'elles ne soient ni trop épaisses ni trop minces; si les côtelettes sont fortes, vous les partagez; ainsi vous divisez deux côtelettes en trois, dont l'une sera l'entre-côte. Retirez les parties nerveuses et les os de l'échine et faites une petite manchette à l'os de la côte. Saupoudrez les côtelettes de sel fin et de poivre. Mettez du beurre dans une casserole peu profonde; le beurre étant chaud, vous y mettez les côtelettes les unes après les autres, en ayant soin de les faire changer de place immédiatement en les remuant, pour empêcher la viande de s'attacher au fond de la casserole. Quand les côtelettes auront pris couleur d'un côté, faites-leur prendre couleur de l'autre. Ce feu doit être modéré, il faut de plus avoir soin de ne laisser brûler ni le beurre, ni le jus des côtelettes, car cet accident donnerait à la sauce un goût amer. La côtelette est cuite quand elle est ferme au toucher.

Prenez un peu de sauce liée, ajoutez-y un peu de persil haché et le jus d'un citron. Dressez les côtelettes et versez cette sauce dessus. Quand on n'a pas de sauce liée, on retire la casserole du feu lorsque les côtelettes sont cuites. On les ôte, on égoutte une grande partie du beurre ou de la graisse, et on met dans la même casserole, une pincée de farine que l'on délaye avec le beurre de la cuisson. On mouille avec un peu d'eau ou de bouillon, on ajoute du jus de citron et on sert. Quand les côtelettes sont retournées, on peut les mettre au four pour achever leur cuisson.

Côtelettes de porc panées. — Taillez les côtelettes comme il vient d'être indiqué dans la recette qui précède, et assaisonnez-les de même. Faites fondre du beurre ; trempez-y les côtelettes sur lesquelles vous semez de la mie de pain. Faites griller à feu doux afin que le pain ne brûle pas. Servez avec un jus clair ou une sauce aux échalotes.

Côtelettes de porc en papillotes. — Les côtelettes étant sautées, dit encore M. Cauderlier, vous les retirez de la casserole et vous mettez dans le beurre qui a servi à les sauter une cuillerée de sauce liée. Hachez un peu de persil, une petite échalote et autant de champignons que vous avez de sauce liée ; ajoutez un demi-jus de citron, le poivre et le sel nécessaires. Laissez bouillir un moment et laissez refroidir.

Prenez une feuille de papier blanc ordinaire, et coupez-en les coins de manière à former une espèce d'enveloppe pour la côtelette. Étendez de l'huile sur le papier; coupez très mince une tranche de lard et posez-la sur le papier à la place où doit se trouver la côtelette. Couvrez le lard de sauce (de la sauce indiquée). Dans cette sauce placez la côtelette que vous recouvrez d'une nouvelle couche de sauce, recouverte d'une tranche de lard. Repliez votre papier par-dessus en ayant soin de recouvrir le tout pour que la sauce ne puisse s'écouler. Plissez le plus près de la viande et arrêtez les plis sur l'os de la côtelette. Au moyen d'un fil vous liez le papier sur l'os. Vingt minutes avant de servir, mettez les côtelettes sur le gril à feu doux. Faites-leur prendre couleur des deux côtés et servez.

Côtelettes de porc frais sauce Robert. — Les côtelettes de porc frais à la sauce Robert sont très communément servies sur toutes les tables; et malgré le caractère commun qu'on leur attribue, elles n'en restent pas moins très recherchées des gourmets; il est vrai qu'elles méritent l'attention. Elles se préparent absolument comme le filet de porc frais à la sauce Robert, dont il a été parlé précédemment; seulement, au lieu de les faire rôtir, on les fait tout simplement griller.

Foie de porc. — Le foie de porc est un morceau très délicat, qui peut être apprêté de différentes manières; nous mentionnerons les plus faciles en même temps que les plus appréciées.

tez un morceau de beurre frais; versez cette sauce sur le foie et servez.

Gâteau de foie de porc. — Prenez 500 grammes de foie de porc et 750 grammes de panne, hachez le tout, assaisonnez-le bien; entourez l'intérieur d'un moule avec de la crépine de porc frais, ou tout simplement avec du lard frais. Délayez un peu de bon bouillon avec de l'extrait de viande; mêlez ce mélange à votre hachis, puis garnissez le moule; cuisez à feu doux pendant une heure et demie environ; laissez refroidir dans le moule, puis dressez le gâteau sur une serviette en l'entourant d'une bonne gelée.

Rognons de porc sautés. — Ayez des rognons dont vous aurez retranché la graisse, coupez-les en morceaux minces de la grandeur et de l'épaisseur d'une pièce de cinq centimes.

Mettez les rognons découpés sur une assiette et saupoudrez-les de poivre et de sel. Prenez une casserole assez grande et peu profonde. Faites-y chauffer un bon morceau de beurre jusqu'à ce qu'il commence à brunir. Jetez-y les rognons, que vous remuez immédiatement. Le rognon étant saisi dans le beurre, ajoutez-y de la sauce liée ou un peu de farine, du persil haché et très peu de bouillon ou de jus. Au moment de servir, ajoutez du jus de citron (ne laissez plus bouillir).

L'opération doit se faire rapidement et sur un feu vif. On peut remplacer le bouillon par n'importe quel vin.

On peut encore sauter les rognons comme précédemment, puis on y ajoute des champignons coupés en petites tranches, en raison de la proportion des rognons.

Foie sauté. — Le foie est coupé par tranches minces, puis, ayant fait chauffer du beurre frais dans une casserole ou une poêle, jusqu'à ce qu'il soit légèrement brunâtre, on y met les tranches de foie. On ajoute ensuite du sel, du poivre, du persil haché, on active tant soit peu le feu, on met un peu de farine, et on remue les tranches de foie pour les empêcher d'adhérer au fond de la casserole.

Lorsque le foie commence à devenir ferme, on y ajoute un verre de bon vin rouge et lorsque celui-ci commence à bouillir on peut servir. Il faut éviter une cuisson trop prolongée, autrement le foie deviendrait sec et insipide.

Émincé de foie de porc à la ménagère. — Émincez un kilogramme de foie de cochon, et faites-le sauter à feu vif ; en même temps, et cela dans une autre casserole, faite sauter quelques oignons émincés; quand le foie est cuit mélangez-le aux oignons ; sautez le tout ensemble, et au dernier moment ajoutez du persil hâché et un peu de jus de citron.

Foie de porc braisé. — Piquez un foie avec des lardons fins et assaisonnés de sel et poivre.

Placez-le, dit M. Berthout, dans une casserole, sur des bardes de lard frais ; faites-le baigner dans moitié bouillon et moitié vin blanc ; ajoutez carottes, oignon piqué, laurier, thym, persil et poivre en grains.

Couvrez d'une barde ; fermez la casserole ; mettez du feu dessous et dessus.

Mijotez pendant une demi-heure ; sortez le foie ; passez la sauce ; dégraissez-la ; réduisez-la à moitié ; ajoutez un morceau de beurre frais; versez cette sauce sur le foie et servez.

Gâteau de foie de porc. — Prenez 500 grammes de foie de porc et 750 grammes de panne, hachez le tout, assaisonnez-le bien; entourez l'intérieur d'un moule avec de la crépine de porc frais, ou tout simplement avec du lard frais. Délayez un peu de bon bouillon avec de l'extrait de viande; mêlez ce mélange à votre hachis, puis garnissez le moule; cuisez à feu doux pendant une heure et demie environ; laissez refroidir dans le moule, puis dressez le gâteau sur une serviette en l'entourant d'une bonne gelée.

Rognons de porc sautés. — Ayez des rognons dont vous aurez retranché la graisse, coupez-les en morceaux minces de la grandeur et de l'épaisseur d'une pièce de cinq centimes.

Mettez les rognons découpés sur une assiette et saupoudrez-les de poivre et de sel. Prenez une casserole assez grande et peu profonde. Faites-y chauffer un bon morceau de beurre jusqu'à ce qu'il commence à brunir. Jetez-y les rognons, que vous remuez immédiatement. Le rognon étant saisi dans le beurre, ajoutez-y de la sauce liée ou un peu de farine, du persil haché et très peu de bouillon ou de jus. Au moment de servir, ajoutez du jus de citron (ne laissez plus bouillir).

L'opération doit se faire rapidement et sur un feu vif. On peut remplacer le bouillon par n'importe quel vin.

On peut encore sauter les rognons comme précédemment, puis on y ajoute des champignons coupés en petites tranches, en raison de la proportion des rognons.

Cochon de lait. — Les très jeunes cochons ou cochons de lait sont tués comme les cochons adultes, mais on ne les grille pas; ils sont échaudés en les plaçant dans de l'eau assez chaude, puis à plusieurs reprises dans de l'eau très chaude pour que les soies se détachent facilement.

Les sabots sont ensuite enlevés et, le jeune cochon vidé, on garnit l'intérieur avec un mélange de fines herbes, on ajoute de l'ail, du sel, des champignons, le tout haché séparément, puis intimement mélangé. Le cochonnet étant ainsi rempli, on coud la peau du ventre, on attache les pattes de devant sous la hure, celles de derrière sont rapprochées sous les cuisses et on met au four dans une lèchefrite avec un peu d'eau et de sel ou plutôt de vin blanc léger. Lorsque la couenne commence à se colorer, on arrose à deux ou trois reprises avec de l'eau salée, puis on retire du feu et on arrose avec de la bonne huile d'olive. On pratique quelques entailles dans la peau et on sert aussitôt avec une sauce piquante bien relevée, ou une sauce duchesse, car la chair du cochon de lait est naturellement assez fade.

CHAPITRE ADDITIONNEL

RÈGLEMENT DE POLICE SANITAIRE CONCERNANT LA CHARCUTERIE

Les prescriptions imposées aux charcutiers de Paris par l'ordonnance de police et l'instruction de 1835 sont actuellement encore en vigueur, c'est pourquoi nous croyons utile de les reproduire :

Article premier. — Aucun établissement de charcutiers ne sera autorisé, dans la ville de Paris, qu'après qu'il aura été constaté... que les diverses localités, où l'on se propose de le former, réunissent toutes les conditions de sûreté publique et de salubrité prescrites.

Art. 2. — Les cuisines et laboratoires auront au moins trois mètres d'élévation, ils seront plafonnés. Le sol et les parois seront convenablement revêtus de matériaux imperméables pour faciliter les lavages et prévenir toute adhérence ou infiltration de matières animales. Les pentes du sol seront réglées de manière que les eaux de lavage puissent s'écouler rapidement jusqu'à l'égout le plus voisin. Un courant d'air sera établi dans les cuisines et les laboratoires, les uns et les autres devront être suffisamment éclairés par la lumière du jour.

Art. 3. — Les fourneaux et chaudières devront être toujours disposés de telle sorte qu'aucune émanation ne puisse se répandre dans l'établissement ou au dehors. Les chaudières destinées à la cuisson des grosses pièces de charcuterie et à la fonte des graisses, devront être engagées dans des fourneaux en maçonnerie.

Art. 4. — A défaut de puits ou d'une concession d'eau pour le service de l'établissement, il y sera suppléé par un réservoir d'un demi-mètre cube, qui devra être rempli tous les jours.

Art. 5. — Les caves destinées aux salaisons devront être d'une dimension proportionnée aux besoins de l'établissement ; elles devront être saines et bien aérées, ne point renfermer de pierres d'extraction pour la vidange des fosses d'aisance, ni être traversées par des tuyaux aboutissant à ces mêmes fosses. Les caves doivent avoir au moins 2 mètres 67 d'élévation sous clef; il y sera pratiqué, s'il n'en existe pas, des ouvertures de capacité suffisante pour y entretenir une ventilation continuelle. Le sol des caves sera convenablement revêtu pour faciliter les lavages et prévenir toute adhérence ou infiltration de matières animales. Les pentes du sol des caves seront disposées de manière à faciliter l'écoulement des eaux de lavage dans des cuvettes destinées à les recevoir. Si, à défaut des caves, le local destiné aux salaisons est situé au rez-de-chaussée, le local sera disposé de manière que les eaux de lavage puissent être dirigées sur l'égout le plus voisin.

Art. 6. — Il est défendu de faire usage, dans les établissements de charcuterie, de saloirs, pressoirs et autres ustensiles qui seraient revêtus de feuilles de plomb ou de tout autre métal. Les saloirs ou pressoirs seront établis en pierre, en bois ou en grès.

Art. 7. — L'usage des ustensiles de cuivre, même étamé, est expressément défendu. Ces vases et ustensiles seront remplacés par des vases en fonte ou en fer battu.

Art. 8. — Il est défendu aux charcutiers de se servir de vases en poterie vernissée. Ces vases seront remplacés par des vases en grès ou par toute autre poterie dont la couverte ne contient pas de substances métalliques.

Art. 9. — Il est défendu aux charcutiers d'employer, dans leurs salaisons et préparations de viande, des sels de morue, de varech ou des salpêtriers.

Art. 10. — Les charcutiers ne pourront laisser séjourner les eaux de lavage dans les cuvettes destinées à les recevoir. Ces cuvettes devront être lavées et vidées tous les jours.

Art. 11. — Il est défendu aux charcutiers de verser avec les eaux de lavage, qu'ils devront diriger sur l'égout le plus voisin, les débris de viande ou de toute autre nature. Ces débris seront réunis et jetés chaque jour dans les tombereaux de nettoiement, au moment de leur passage.

APPENDICE

TRUFFES ET TRUFFIÈRES

Considérations générales. — Une étude spéciale sur les truffes trouve tout naturellement sa place dans un livre comme celui-ci, et cela pour deux raisons : d'abord, ce champignon est recherché et mis au jour par le porc, dont on met à profit les instincts fouisseurs, ensuite la truffe est constamment employée dans les charcuteries des grandes villes, pour aromatiser et relever les préparations culinaires ayant pour base la chair du porc.

Tout d'abord, qu'est-ce au juste que la truffe? Bien des opinions ont été émises sur ce sujet. Pendant de nombreuses années, on a cru et même enseigné que la truffe était un produit de la fermentation de la terre. M. G. Grimblot la considère comme le produit de l'excrétion radiculaire du chêne. Quant à M. J. Valserres, il n'hésite pas à considérer la truffe comme une sorte de galle produite sur les racines des arbres à la suite de la piqûre d'un diptère qu'il appelle mouche truffigène.

Des études approfondies, faites dans ces dernières années, par bon nombre de naturalistes et notamment par MM. R. Tulasne, Chatin, Bonnet, Condamy, sont venues démontrer que la truffe est un véritable champignon hypogé de la famille des tubéracées, famille qui compte parmi ses caractères, un réceptable sphéroïde, charnu, indéhiscent, lisse ou verruqueux, un parenchyme parsemé de sporanges renfermant de une à huit spores. La truffe constitue, dans cette famille, le type du genre *tuber*.

Principales espèces de truffes. — Le genre *truffe* ou *tuber* comprend de nombreuses espèces qui vivent dans les bois, mais qui ne sont pas toutes comestibles.

Les principales espèces sont les suivantes :

1° La truffe violette ou truffe du Périgord (*tuber melanosporum*) est d'un brun roussâtre, de forme irrégulière et mamelonnée; son poids varie entre 60 et 150 grammes, quelquefois même 300 grammes. La chair de cette espèce est d'un noir violacé avec de fines veines blanches.

Cette truffe, dit M. P. Mouillefert, a une odeur et une saveur des plus agréables; c'est de beaucoup la plus recherchée. C'est cette espèce qui constitue les bonnes truffières du Périgord et du Sud-Est. Elle vient le plus souvent sous le chêne pubescent et le chêne vert. Sa maturité arrive dans le courant de l'automne et de l'hiver. Quand elle n'est pas mûre sa chair est blanchâtre.

2° La truffe noire ou truffe puante (*tuber pudens*) est de la grosseur d'une noix ou d'un œuf; sa couleur est noirâtre. Cette truffe se rencontre souvent en mélange avec la précédente et est vendue avec elle. Sa profondeur dans le sol est de 8 à 10 centimètres.

Elle est comestible, mais son odeur musquée alliacée lui enlève de sa valeur.

3° La truffe de Saint-Jean ou truffe d'été (*tuber æstivum*). Cette espèce est arrondie, de la grosseur d'une noix ou d'un œuf, d'un noir brun; à la maturité, sa chair est jaunâtre tirant sur le brun, avec des veines blanches nombreuses et ramifiées. Elle est abondante dans les forêts de la France centrale et méridionale ; on la trouve aussi en Angleterre. La truffe de la Saint-Jean est à peu près insipide et inodore. Si elle n'est pas bonne, fait observer M. Chatin, on ne saurait la dire mauvaise; coupée en tranches minces, elle est soumise à la dessiccation pour être conservée.

Il existe aussi une truffe blanche d'hiver (*tuber hiemale*), que j'ai observée pour la première fois en Périgord et qui est vendue mêlée à la truffe noire, à laquelle elle ressemble extérieurement par la pellicule noire diamantée qui recouvre sa chair blanche.

Les autres espèces de truffes ont beaucoup moins d'importance : ce sont la truffe fouine (*T. mesentericum*), la truffe magnate (*T. magnatum*), la truffe à grosses spores (*T. macrosporum*), etc.

Enfin, comme le fait remarquer M. Chatin, les Italiens font cas de leur grosse truffe blanche (*T. magnum*) que je trouve en effet fort bonne, mais sans qu'elle puisse être mise en comparaison avec la truffe noire ; les Bourguignons et les Champenois consomment avec plaisir la truffe grise (*T. brumale*) et la truffe rouge ou rousse (*T. rufum*) qui croissent en assez grande abondance dans leurs bois pour que de notables quantités soient exportées à Paris et dans l'Est, surtout à Strasbourg et à Nancy. Ces deux truffes, que produisent d'ailleurs aussi les contrées à truffe noire, sont assez souvent laissées en mélange avec celle-ci, non sans préjudice pour la qualité du mélange ; ce n'est en effet le plus souvent qu'à la présence de ces truffes, d'une saveur spéciale qui les fait désigner sous le nom de truffes *musquées*, qu'il faut attribuer la mauvaise réputation de certains crus de truffes du Périgord ou de la Provence. La truffe rousse est toutefois préférée à la truffe grise ; elle se vend toujours plus cher que celle-ci au marché de Dijon.

Conditions de production de la truffe. — La présence de certains arbres semble favoriser d'une sensible manière la production de la truffe, notamment les chênes, les tilleuls, le charme, le noisetier, le hêtre, le pin, le bouleau; toutefois, c'est le chêne pubescent et le chêne vert qui, dans le Périgord, le Quercy, l'Angoumois et le Vaucluse, semblent le plus favorable au développement de ce champignon.

Il n'en est pas moins vrai, que M. Tassy, inspecteur des forêts, rapporte que bien des fois, dans le cours de ses tournées, il a pu en recueillir loin de toute végétation arborescente. De son côté, M. Chatin cite le cas de truffières observées par M. Delamotte, secrétaire de la Société d'agriculture de Périgueux, à plus de vingt-cinq mètres de tout arbre, ou sur la pente de collines à plusieurs mètres au-dessus de chênes dont les racines ne pouvaient remonter, chênes qui d'ailleurs étaient quelquefois séparés de la truffière par des rochers aussi en amont, et rendant absolument impossible la remontée des racines.

Quelle est en réalité l'action de ces arbres? Tout porte

1. A. Chatin, *la Truffe, sa culture, sa naturalisation.*

à croire, dans l'état actuel de nos connaissances, que la truffe se nourrit du terreau fourni par les débris de certains arbres en général, et du chêne en particulier. M. A. Bonnet a signalé dans le *Journal de Mycologie* qu'on a trouvé des truffes dans le terreau contenu dans le creux d'un saule, dans le creux d'un pied de vigne, et à plus de $0^m,25$ cent. au-dessus du sol ; dans un tonneau de marc de raisin destiné à la fumure des truffières et oublié auprès d'un chêne.

Sols qui conviennent aux truffes. — Indépendamment de la présence des arbres et notamment des chênes, dits *truffiers*, la nature du sol a encore une certaine influence sur la production des truffes. Ce sont les terrains meubles, graveleux et frais qui leur conviennent le mieux.

Les sols calcaires, dit M. Chatin, sont les seuls qui produisent la truffe noire. Celle-ci, qui vient surtout où la roche calcaire, fissile et perméable, forme le fond du sol au point de masquer, après les pluies, la terre arable interposée (comme on le voit dans les *galuches* du Poitou et les *garrigues* du midi de la France), peut cependant se développer dans des terres qui, ainsi que je l'ai constaté par leur analyse, ne contiennent que 2 0/0 ou 3 0/0 de chaux. Mais cette proportion de chaux peut être regardée comme la proportion limite ; c'est dans de tels terrains que la truffe noire croît sous le châtaignier ; plus de calcaire, et le châtaignier dépérit ; moins de calcaire, et la truffe n'accompagne pas ce dernier. Cette possibilité d'avoir des truffes dans des sols ne contenant que quelques centièmes de chaux permet de les récolter sur des terres essentiellement siliceuses, à la seule condition d'ajouter à celles-ci, par le marnage, la proportion de chaux jugée indispensable. C'est dans de telles conditions que M. Chatin a tenté une petite culture sur les coteaux à meulières et à grès de Fontainebleau, des Essarts-le-Roi, canton de Rambouillet. Il semble d'ailleurs que la truffe préfère certaines formations calcaires aux autres. Au premier rang des calcaires truffiers, se placeraient les terrains jurassiques ; au deuxième rang, les formations crétacées ; enfin, au troisième rang, les dépôts tertiaires. Peut-être la production, dans le sol, de l'acide phosphorique, élément qui représente environ 30 0/0 des cendres de la truffe, n'est-elle pas indifférente à la qualité truffière de ce sol. Mes analyses des terres, sans être absolument concluantes, ne sont pas défavorables à cette hypothèse.

La proportion de magnésie que contiennent les terres ne saurait être indifférente aux truffes, qui fixent dans leurs cendres presque autant de cette base que de chaux. Or on sait que les sols jurassiques, surtout ceux des formations les plus anciennes, sont parfois très magnésiens.

Enfin, se guidant encore sur la composition des cendres, on peut dire que la proportion de la potasse dans les terres est d'autant moins à négliger que cet alcali entre en moyenne pour 25 0/0 dans les cendres de la truffe. C'est sans doute là une des causes des bons effets de la feuillée, et, en général, des résidus végétaux, sur la production truffière.

A ces considérations nous ajouterons que la perméabilité du sol a également une grande importance car il n'y a pas de truffières dans les terrains à sous-sol imperméable.

Enfin, les meilleures truffes sont celles qu'on récolte

dans les terrains colorés par le peroxyde ou le sesquioxyde de fer.

Voici d'ailleurs l'analyse chimique du sol d'une bonne truffière du Vaucluse, donnée par M. G. Grimblot, inspecteur des forêts :

1° Analyse mécanique :

Petits cailloux calcaires	30	0/0

2° Analyse physico-chimique :

Eau	8.53
Sable siliceux	31.75
Sable calcaire et calcaire pulvérulent	17.87
Argile	37.15
Humus ou matière noire	4.70

3° Analyse chimique :

Oxyde de fer et alumine	9.800
Acide phosphorique	».069
Chaux	».507
Potasse et soude	».636
Magnésie	».123
Nitrates, déduits de la matière noire	».169

Signes extérieurs de la présence des truffes. — C'est de préférence dans les clairières, sur les plateaux et sur les versants des collines qu'on rencontre les truffières, surtout aux expositions chaudes. Quant aux moyens de reconnaître la présence des truffes, on en a signalé plusieurs. Quelques botanistes signalent la présence du *cistus tuberaria*, comme un indice certain ; mais on rencontre parfaitement bien des truffes dans des pays où le cistus ne croît pas.

On assure aussi que dans tous les endroits où végète la truffe, la terre est crevassée ; on prétend également que la présence de ce champignon est signalée par le vol d'une nuée de moucherons ou tipules, dont la larve se nourrit de la truffe. Tous ces indices sont loin d'être vérifiés ; un autre signalé par M. P. Mouillefert, c'est la disparition successive de la végétation herbacée sur toutes les places en préparation, son absence presque absolue sur toutes celles productives, et sa réapparition sur les truffières épuisées ou stériles. Enfin, un autre moyen consiste à mener un porc à l'endroit soupçonné; s'il y a des truffes à cet endroit, il les découvrira sûrement.

Truffières artificielles. — Peut-on faire croître des truffes aux endroits où ces champignons ne viennent pas naturellement ; en un mot, peut-on créer des truffières artificielles ? Aujourd'hui la chose est parfaitement réalisable. Il suffit pour cela de disposer d'un climat tempéré et d'un sol suffisamment calcaire, dans lequel on fait un semis de glands truffiers, c'est-à-dire tombés d'un chêne ayant une truffière à ses pieds. Dans cette manière de faire, le gland est le véritable véhicule de la semence du champignon.

Par surcroît de précaution, en répandant au pied des espèces de chêne un peu de sable ou de terre (un ou deux litres) dans laquelle on aurait fait pourrir des truffes de peu de valeur, mais bien mûres et réduites en fragments, on contribuerait ainsi, d'après M. Mouillefert, à ensemencer très facilement le terrain. Cette manière de faire serait surtout excellente à employer dans les contrées où il n'y a pas habituellement de truffières ou lorsqu'elles sont rares ; elle ne serait pas très coûteuse, et dans tous les cas, bien moins que l'achat de glands dits truffiers, qui valent jusqu'à 20 francs l'hectolitre.

M. Ch. Kieffer, inspecteur-adjoint des forêts dans le Gard, dit avoir réussi à créer ainsi des truffières par le transport de terre des truffières existantes en production ou non, sous des semis de chênes verts de dix à douze ans.

M. le comte de Noë recommande aussi pour créer des truffières de répandre au pied des arbres des épluchures de truffes.

Enfin M. Fabre d'une part et M. Bonnet d'autre part conseillent la culture de la truffe par semis direct des spores ou du mycelium pris dans des truffières naturelles.

La plantation des chênes n'est pas indifférente pour la bonne réussite de la truffière. On mettra les glands en lignes dirigées du nord au sud et espacées de 2 mètres. Sur chaque ligne on espacera à 1 mètre. Tous les ans on donnera un labour entre les lignes. Quelques années après, on éclaircit le semis, de manière à enlever une ligne sur deux au moins, en sorte que l'espacement soit d'environ 3 à 4 mètres entre les pieds, distance qui pourra être conservée pendant toute la durée de la truffière.

M. de Bosredon, ancien sénateur, trufficulteur expérimenté du Périgord, a parfaitement résumé les règles relatives à l'établissement, à la création et à l'entretien des truffières. Voici les principes qu'il formule à ce sujet :

1° Ne chercher sérieusement à établir des truffières que dans les contrées où celles déjà existantes donnent des produits de bonne qualité. Partout ailleurs, ne faire l'expérience que sur une étendue fort restreinte et à titre d'essai.

2° Établir les truffières nouvelles sur les plateaux peu inclinés, ne dépassant pas 450 mètres d'altitude. Dans les combes où le soleil pénètre, et sur les flancs méridionaux des montagnes, de préférence, sans cependant exclure absolument l'exposition du nord ou de l'ouest, qui parfois a son avantage.

3° Ne jamais chercher à établir des truffières dans les parties de vallées ou de coteaux où le soleil ne pénètre pas et dans les terrains situés au-dessus de 600 mètres d'altitude.

4° Choisir un terrain calcaire à sous-sol très perméable, ou dont les assises soient assez inclinées pour permettre l'écoulement des eaux.

5° Donner la préférence à ceux de ces terrains dont la couche arable n'a que dix à vingt centimètres de profondeur.

6° Dans les terrains calcaires crétacés, crayeux, sablonneux-calcaires, donner la préférence aux chênes verts; tandis que dans les terrains jurassiques tels que les oolitiques, il faut donner la préférence aux chênes sessiles et pédonculés à feuilles caduques, acclimatés dans la contrée et y produisant déjà des truffières.

7° Comme espèce de noisetiers, prendre la noisette ronde ordinaire et les avelines rouges et blanches.

8° Choisir pour les semis, du gland bien nourri, bien mûr, ayant un peu germé et provenant sûrement des variétés pouvant devenir truffigènes.

9° Choisir, pour les plantations, du plant de deux à trois ans provenant d'une pépinière faite en terrain calcaire et ensemencée avec des glands de bonne variété. Proscrire les sujets rabougris et non producteurs que l'on trouve sur les coteaux à côté des truffières.

10° Comme plant de noisetiers, prendre des drageons de noisetiers déjà producteurs.

11° Donner au sol un labour léger et uniforme avant de faire les semis sur place, ou les plantations à demeure, et, pour la création des pépinières, choisir un terrain calcaire de qualité moyenne et le défoncer de 20 à 25 centimètres de profondeur.

12° Faire les semis et les plantations à demeure par lignes écartées de trois mètres les unes des autres si l'on ne doit faire aucune culture entre les rangées d'arbres, et jeter le gland très serré dans la ligne.

Si l'on fait une plantation, prendre des chênes de deux à trois ans, leur couper le pivot et les placer à 1 mètre de distance les uns des autres dans le rang.

13° Tous les ans, jusqu'à la sixième année, donner au terrain un labour uniforme pendant l'hiver entre les rangées, et pendant l'été un simple sarclage dans les lignes.

14° Éclaircir les plants pour qu'ils ne soient pas gênés dans leur croissance.

15° Receper, après la quatrième année, les sujets rabougris, tortueux et de mauvaise venue.

16° Favoriser le développement des branches horizontales et supprimer les verticales.

17° Éclaircir les branches de façon à ce que l'air puisse circuler facilement entre les rameaux et que le soleil puisse réchauffer le sol au pied même de l'arbre.

18° Contrarier la végétation de l'arbre s'il ne devient pas producteur au bout de dix ans.

19° Pratiquer les élagages avec beaucoup de circonspection ; car il vaut mieux ne pas en faire assez que d'en faire trop.

20° Donner un léger labour en avril.

21° Renforcer par un léger transport de terre les couches végétales des truffières reconnues trop minces.

22° Tenir la truffière débarrassée des arbustes et plantes parasites qui voudraient l'envahir, et placer de distance en distance sur son sol quelques pierres plates et larges et quelques mottes de gazon.

23° Autant que possible cultiver, entre les lignes de chênes, des rangées de vigne ou des plates-bandes de sainfoin.

24° Ne jamais récolter les truffes avant leur parfaite maturité.

La durée des truffières naturelles ou artificielles est excessivement variable; on en connaît qui, âgées de cinquante ans, sont encore en pleine production. D'ailleurs, cette durée peut être pour ainsi dire indéfinie, si on a soin de remplacer en temps voulu les arbres improductifs par de nouvelles plantations.

L'activité maxima de production se présente vers l'âge de vingt-cinq à trente ans.

Récolte de la truffe. — On récolte la truffe de deux manières principales : 1° directement à l'aide d'instruments; 2° à l'aide d'animaux, dont l'odorat subtil découvre la truffe.

La récolte directe se fait généralement avec la pioche, c'est un moyen peu employé, si ce n'est par les maraudeurs. D'ailleurs, comme le fait remarquer M. Chatin, c'est une méthode pénible, peu rémunératrice et qui ne donne que des produits inférieurs. Voici pourquoi : dans la fouille à la pioche, celle-ci, dirigée au hasard, fait trouver indifféremment les truffes mûres et celles qui, ne devant mûrir qu'à une époque plus ou moins éloignée, ont peu ou pas de parfum et sont plus ou moins blanches encore à l'intérieur. L'écorce elle-même, déjà noire, donne à celle-ci l'apparence trompeuse de la maturité, de sorte que le public ne les reconnaît que lorsqu'il les émonde ou même quand il les mange.

Les animaux employés pour récolter les truffes sont le chien et le porc.

Dans la Bresse, la Bourgogne, la Champagne, le Dauphiné et quelques localités de la Provence et du Périgord, on emploie le chien. Cet animal convient surtout aux pays où les truffières sont rares et espacées, parce qu'il se meut facilement sans cesser d'obéir à son maître.

Les chiens dressés à la chasse de la truffe, dit M. Mouillefert, sont des roquets de petite taille à poil ras ou des barbets. On les dresse en les habituant d'abord à découvrir une petite truffe accompagnée d'un morceau de lard et cachée sous un peu de terre, puis on supprime le lard et on lui donne un morceau de pain après la découverte de la truffe ; plus tard, le morceau de pain continuera à être donné à titre de récompense après chaque truffe signalée.

D'ailleurs, on élève autant que possible des petits provenant de parents bons chasseurs de truffes.

Le chien, dit M. Chatin, évente les truffières, s'en approche en aspirant l'arome et s'arrête sur les truffes mûres qu'il cherche à déterrer en grattant vivement le sol droit au-dessus d'elles ; si la truffe est superficielle il l'extrait et la rejette derrière lui. Mais pour peu qu'elle soit profondément placée, le rabassier complète la fouille avec l'extrémité d'une houlette ou avec une sorte de long couteau à forte lame.

Très souvent, on préfère dresser le chien à marquer l'emplacement des truffes seulement, ce qui évite qu'elles ne soient projetées quequefois très loin de la truffière ou même perdues, comme cela arriverait dans les terrains très accidentés ou en pente.

Le porc est de beaucoup l'animal le plus communément employé pour la recherche des truffes. Ce sont surtout les porcs du Périgord et du Limousin qui sont employés à cet effet. On choisit de préférence les truies, non seulement parce qu'elles fournissent des porcelets, mais encore parce que, plus affamées, elles cherchent mieux. Il va sans dire que ces truies ne sont que médiocrement nourries. Le porc sent la truffe d'assez loin et se dirige droit sur elle au-dessus, avec son groin il la met à jour, après quoi le chercheur de truffes ou rabassier récompense la bête en lui donnant une châtaigne ou un gland. Pour l'élève et le choix d'un porc *truffier*, dit M. Chatin, on a égard aux qualités des parents. On essaye d'ailleurs la sensibilité olfactive de l'animal en cachant de petites truffes et observant la facilité avec laquelle il les découvre. Le porc peut chasser depuis l'âge de deux ans jusqu'à quinze, vingt, et même vingt-cinq ans; comme le chien de chasse, il n'a toutes ses qualités qu'à l'âge de trois à quatre ans. S'il est fort et jeune, il peut chasser tous les jours; mais le plus souvent, on lui donne quelque repos, soit à certains jours, soit vers le milieu de la journée.

Un bon porc trouve de 3 à 6 kilogrammes de truffes par jour suivant l'abondance de ce champignon. Dans les truffières artificielles, cette quantité est souvent dépassée. C'est ainsi qu'en 1858, on a vu récolter chez M. Rousseau, à Carpentras, avec quatre porcs, 23 kilogrammes de truffes en l'espace de cinq heures.

La récolte des truffes se faisant depuis la fin de novembre jusqu'en mars et le chien ainsi que le porc ne trouvant que celles qui sont parfaitement mûres, ce qui établit leur supériorité sur la récolte directe par l'homme, on ramène périodiquement les animaux tous les huit ou dix jours sur le même terrain.

Production et commerce des truffes. — En France, la truffe est produite de deux manières, naturellement, c'est-à-dire dans les truffières spontanées, comme dans le Périgord, et artificiellement dans les truffières artificielles, comme cela se fait dans les Basses-Alpes, Vaucluse, Drôme et Quercy, où la proportion de truffes produites est beaucoup plus considérable.

On peut admettre que la France produit tous les ans environ 1.600.000 kilogrammes, ce qui à 10 francs seulement le kilogramme forme une production de 16 millions de francs, et c'est là un minimum. D'ailleurs, cette production varie avec les années, car les influences météorologiques se font également sentir sur la truffe ; ainsi avec les mois de juillet et d'août très secs il y a disette de truffes ; si ces mêmes mois donnent beaucoup de pluie, les truffes sont abondantes.

Quoique ce soit à peu près exclusivement en France qu'on produise ce tubercule, l'Italie n'en produisant que fort peu, toutes les truffes récoltées dans notre pays n'y sont pas consommées ; les pays étrangers nous en demandent d'assez fortes quantités. C'est ainsi qu'en 1885, nous en avons expédié 46.926 kilogrammes à l'Angleterre, 25.526 kilogrammes en Allemagne et 17.264 kilogrammes en Belgique.

L'importation des truffes en France est d'environ 15.000 kilogrammes.

En France, la truffe est produite dans une quarantaine de départements, c'est le Vaucluse qui en produit le plus, le Tarn et la Nièvre ferment la marche.

Qualité et valeur nutritive des truffes. — La truffe est un produit d'un prix élevé ; aussi la culture des truffières artificielles donne-t-elle des rendements très rémunérateurs. Maintenant, les qualités hygiéniques de la truffe sont-elles réellement dignes du renom qu'on lui a fait ?

Brillat-Savarin a appelé la truffe « le diamant de la cuisine » et c'est à juste titre, car, consommée en quantité raisonnable, la truffe n'est ni lourde, ni indigeste, comme on l'a prétendu ; la plupart du temps, elle est parfaitement innocente des affections goutteuses dont la bonne chère est la cause déterminante.

J'estime, fait remarquer le Dr Fonssagrives, 1° que les truffes en petite quantité facilitent, à titre de condiment aromatique, la digestion des viandes ; 2° qu'en grande quantité, elles sont indigestes par elles-mêmes ; 3° qu'on impute trop souvent aux truffes, dans un dîner, les méfaits du régime animalisé et surabondant dont elles ont été l'accompagnement luxueux.

Ce n'est pas d'hier que la truffe est appréciée des gourmets ; chez les Romains, on en faisait grand cas et Juvénal parle de ce champignon comme d'un mets recherché.

En France, son usage ne semble guère remonter au delà du XIVe siècle, et ce n'est que depuis 1819 que les truffes du Périgord ont acquis la renommée qu'on leur connaît aujourd'hui.

La truffe n'est nullement un mets malsain et indigeste, bien loin de là, elle facilite la digestion et constitue un aliment très nutritif ; ainsi, d'après l'analyse faite par M. Payen, la truffe présente la composition suivante :

Eau	76.60 0/0
Produits combustibles	20.30
Azote	1.68
Acide phosphorique	».39
Acide sulfurique	».04
Potasse	».40
Soude	».09
Magnésie	».10
Chaux	».17
Acide carbonique et produits non dosés	».78
	100.00

D'après ces chiffres, on voit que la truffe constitue un aliment complet et essentiellement réparateur ; l'essentiel, comme en toute chose d'ailleurs, est de ne pas en abuser.

TABLE DES MATIÈRES

PREMIÈRE PARTIE

DEUXIÈME PARTIE

PARIS. — IMPRIMERIE P. MOUILLOT, 13, QUAI VOLTAIRE — 43084

GRAMMAIRES EN DEUX LANGUES

GRAMMAIRE DE LA LANGUE ANGLAISE : 1° Traité de la prononciation avec un *syllabaire*, exercices de lecture; — 2° Cours de thèmes complet sur les règles, difficultés de la langue; — 3° Idiotismes; — 4° Dialogues familiers, par CLIFTON et MERVOYER. 1 vol. in-18 .... 2 fr.

GRAMMAIRE PRATIQUE ET RAISONNÉE DE LA LANGUE ALLEMANDE, par E. GRÉGOIRE. 1 vol. grand in-18 .... 3 fr.

NEW ETYMOLOGICAL FRENCH GRAMMAR Giving for the first time the history of the French syntax, by A. CHASSANG. With introductory remarks for the use of English schools and colleges, by L. PAUL BLOUET, B. A. French Master, St-Paul's School, Examiner at Christ's Hospital, London. 1 vol. in-18 .... 5 fr.

GRAMMAIRE ALLEMANDE Pratique et raisonnée à l'usage des classes de grammaire, par H.-A. BIRMANN. 1 v. in-18 .... 1 fr. 50

RECUEIL DE LECTURES ALLEMANDES en prose et en vers, notes historiques, littéraires et grammaticales, notice biographique sur les auteurs allemands, par H.-A. BIRMANN et M. DREYFUS. 1 vol. in-18 ... 1 fr. 50

GRAMMAIRE ESPAGNOLE FRANÇAISE DE SOBRINO. Très complète et très détaillée, contenant toutes les notions nécessaires pour apprendre à parler et à écrire correctement l'espagnol. Nouvelle édition, refondue par A. GALBAN. 1 volume in-8, cartonné .... 4 fr.

NOUVELLE GRAMMAIRE ESPAGNOLE-FRANÇAISE Avec des thèmes, grand nombre d'exemples dans chaque leçon, par A. GALBAN. 1 vol. in-18 .... 2 fr.

GRAMATICA DE LA LENGUA FRANCESA Para los Españoles, por CHANTREAU, corrigée avec le plus grand soin par A. GALBAN. 1 v. in-8. 4 fr.

GRAMMAIRE ITALIENNE en 25 leçons, d'après VERGANI, corrigée et complétée par O. FERRARI. 1 v. in-18. 2 fr.

NUOVA GRAMMATICA FRANCESE-ITALIANA di LUDOVICO GOUDAR, con nuove regole alla moderna pronunzia, ricavate dalle opere de' migliori grammatici. Nuova edizione, corretta e arrichita da OACCIA. 1 vol. in-18 .... 2 fr.

GRAMMAIRE PORTUGAISE, raisonnée et simplifiée, par M. Paulino DE SOUZA. 1 fort vol. grand in-18 .. 6 fr.

ABRÉGÉ DE LA GRAMMAIRE PORTUGAISE de M. P. DE SOUZA, avec un cours gradué de thèmes, par L.-S. DE FONSECA. 1 vol. in-18 .. 3 fr.

GRAMMAIRE DE LA LANGUE D'OIL, Français des XIIe et XIIIe siècles, par A. BOURGUIGNON, 1 v. in-18 2 fr.

GRAMMAIRE FRANÇAISE, de M. CHASSANG (1er degré), contenant des questionnaires et de nombreux exercices, à la fin de chaque chapitre, 6e édition. In-18 cartonné ... » fr. 75

GRAMMAIRE FRANÇAISE, de M. CHASSANG (2e degré), contenant des questionnaires et de nombreux exercices, 3e édit. In-18, cart. 1 fr. 50

GRAMMAIRE FRANÇAISE (3e degré), avec des notions de grammaire historique, distinctes du texte, par M. A. CHASSANG, 2e édition revue et corrigée. In-18 jésus cart.. 1 fr. 50

DICTIONNAIRE DES SYNONYMES DE LA LANGUE FRANÇAISE. Tous les travaux faits jusqu'à ce jour sur les synonymes français, notamment ceux de GIRARD, d'ALEMBERT, DIDEROT, BEAUZÉE, ROUBAUD, CONDILLAC, GUIZOT, LAVEAUX, LAFAYE, etc., par A. BOURGUIGNON et E. BERGEROL. 1 vol. in-32 relié. 5 fr.

PETIT DICTIONNAIRE NATIONAL. Contenant tous les mots de la langue usuelle, les principaux termes scientifiques et techniques; la prononciation figurée dans tous les cas douteux, etc., par BESCHERELLE AINÉ. 1 fort vol. in-32 jésus de 640 pages, Prix, 2 fr., élégamment relié. 2 fr. 50

NOUVEAU DICTIONNAIRE DES RIMES. Précédé d'un traité complet de versification, par le même auteur. 1 vol. in-32. 2 fr.; relié . . . 2 fr. 50

DICTIONNAIRE DES TERMES DE MARINE, par POUSSARD, officier de marine. Grav., Cartes. 1 vol. in-32 relié .... 3 fr. 50

PETIT DICTIONNAIRE D'HISTOIRE, DE GÉOGRAPHIE ET DE MYTHOLOGIE. Par QUITARD, faisant suite au *Petit Dictionnaire national* de M. BESCHERELLE. 1 vol. in-32 broché. 1 fr. 50; relié, 2 fr.

LEXIQUE LATIN-FRANÇAIS, Rédigé conformément au décret du 19 juin 1880, d'après les dictionnaires les meilleurs et les plus récents, à l'usage des examens du baccalauréat ès lettres, par E. BENOIST et J. FAVRE. 1 vol. in-18, toile .... 6 fr.

LEXIQUE FRANÇAIS-ANGLAIS, rédigé conformément au décret du 19 juin 1880, à l'usage des candidats au baccalauréat ès lettres, par A. BARET. 1 vol. in-18, toile .... 5 fr.

LEXIQUE FRANÇAIS-ALLEMAND, rédigé conformément au décret du 19 juin 1880, à l'usage des candidats au baccalauréat ès lettres, par L. SCHMITT. 1 vol. in-18, toile 5 fr.

NUOVO VOCABULARIO UNIVERSALE Della lengua italiana storico, scientifico, etc. Compilato da B. MELZI. 1 vol. in-18 jésus, relié ...... 6 fr.

DICTIONNAIRES EN DEUX LANGUES

Avec la prononciation figurée, très complets et exécutés avec le plus grand soin, contenant chacun la matière d'un fort vol. in-8, à l'usage des voyageurs, des lycées, des collèges, de la jeunesse des deux sexes, et de toutes les personnes qui étudient les langues étrangères.

NOUVEAU DICTIONNAIRE ANGLAIS-FRANÇAIS ET FRANÇAIS-ANGLAIS, par CLIFTON. 1 vol. rel. . . . . 5 fr.

NOUVEAU DICTIONNAIRE ALLEMAND-FRANÇAIS ET FRANÇAIS-ALLEMAND, par K. ROTTECK. 1 vol. relié. . . . . 5 fr.

NOUVEAU DICTIONNAIRE ITALIEN-FRANÇAIS ET FRANÇAIS-ITALIEN, par C. FERRARI. 1 vol. relié. . . . 5 fr.

NOUVEAU DICTIONNAIRE FRANÇAIS-ESPAGNOL ET ESPAGNOL-FRANÇAIS, par VICENTE SALVA. 1 vol. relié. . 6 fr.

NOUVEAU DICTIONNAIRE PORTUGAIS-FRANÇAIS ET FRANÇAIS-PORTUGAIS, par SOUZA PINTO. 1 fort vol. relié. . . . 6 fr.

NOUVEAU DICTIONNAIRE FRANÇAIS-RUSSE ET RUSSE-FRANÇAIS, par SOKOLOFF. 2 vol. reliés. . . . . 10 fr.

NOUVEAU DICTIONNAIRE LATIN-FRANÇAIS, par DE SUCKAU. 1 vol. rel. . . . . 5 fr.

NOUVEAU DICTIONNAIRE FRANÇAIS-LATIN, par BENOIST, professeur à la Sorbonne. 1 vol. rel. 5 fr.

NOUVEAU DICTIONNAIRE GREC-FRANÇAIS. Rédigé sur un plan nouveau, par A. CHASSANG, inspecteur général. 1 vol. relié. . 6 fr.

NOUVEAU DICTIONNAIRE GREC MODERNE-FRANÇAIS ET FRANÇAIS-GREC MODERNE, par ÉMILE LEGRAND. 2 vol. rel. à. . . . . 6 fr.

DICCIONARIO ESPAÑOL-INGLÉS É INGLÉS-ESPAÑOL PORTATIL, por D. F. COLONA BUSTAMANTE. 2 vol. reliés. . . 6 fr.

NOUVEAU DICTIONNAIRE ESPANOL-ALEMAN Y ALEMAN-ESPANOL, por ARTURO ENENKEL. 1 vol. relié. . . . . . . 6 fr.

DICCIONARIO ESPANOL-ITALIANO E ITALIANO-ESPANOL por D.-J. CACCIA. 1 vol. rel. . 5 fr.

NEW DICTIONARY OF THE ENGLISH and ITALIAN LANGUAGES, by ALFR. DE BIRMINGHAM. 1 vol. rel. . . . . 6 fr.

GUIDES POLYGLOTTES

Manuels de la conversation et du style épistolaire, à l'usage des voyageurs et des écoles. Grand in-32, format dit Cazin, reliure élégante. . . . . 2 fr.

Français-anglais, par M. CLIFTON. 1 vol.

Francais-italien, par M. VITALI. 1 vol.

Français-allemand, par M. EBELING. 1 vol.

Français-espagnol, par BUSTAMANTE. 1 vol.

Espanol-francés, par BUSTAMANTE. 1 vol.

English-french, par CLIFTON. 1 vol.

Hollands-fransch, van A. DUFRICHE. 1 vol.

Espanol-inglès, por BUSTAMANTE y CLIFTON. 1 vol.

English-italian, par CLIFTON. 1 vol.

Espanol-aleman, por BUSTAMANTE y EBELING. 1 vol.

Deutsch-english, von EBELING, 1 vol.

Espanol-italiano, por BUSTAMANTE. 1 vol.

Italiano-tedesco, da GIOVANNI VITALI. 1 vol.

Portuguez-francese, por M. CAROLINO DUARTE. 1 vol.

English-portugueso, par CLIFTON et DUARTE. 1 vol.

Espanol-portugués, par BUSTAMANTE y DUARTE. 1 vol.

Par exception. Relié souple, 3 fr.

Grec-moderne français, par M. E. LEGRAND. 1 vol.

Russe-français, par le comte DE MONTEVERDE. 1 vol.

Anglais-russe, par le même. 1 vol.

Russe-allemand, par le même. 1 vol.

Russe-italien, par le même. 1 vol.

Guide en six langues Français-anglais-allemand-italien-espagnol-portugais. 1 vol. de 550 pages. Relié souple . . . . 5 fr.

Guide Français-anglais, avec la prononciation figurée des mots anglais. 1 vol.

Polyglot guides manual of conversation. English and French with the figured pronunciation of the French, by M. CLIFTON. 1 vol.

Guide Français-allemand, avec la prononciation figurée des mots allemands, par M. BIRMANN. 1 vol.

Guide en quatre langues Français-anglais-allemand-italien. 1 vol.

DICTIONNAIRE anglais-français et français-anglais. Composé sur un nouveau plan d'après d'Ogilvie, de Worcester, de Webster, de Johnson, de Cooley, de Bescherelle, de l'Académie française, etc., et les ouvrages spéciaux les plus récents, par CLIFTON et ADRIEN GRIMAUX. 2 vol. grand in-8, 3,200 pages à 3 colonnes, 20 fr. — Reliés, 2 volumes en un, 25 fr., en 2 vol. . . . . 28 fr.

GRAND DICTIONNAIRE français-allemand et allemand-français. Composé sur un plan nouveau, d'après les dictionnaires de l'Académie et de Bescherelle, avec la prononciation figurée, un abrégé de la grammaire allemande, un tableau des substantifs et des verbes irréguliers, par H.-A. BIRMANN, 2 forts vol. grand in-18, 20 fr.; reliés . . . . 28 fr.

GRAND DICTIONNAIRE espagnol-français et français-espagnol. Avec la prononciation dans les deux langues, rédigé par D. VINCENTE SALVA et d'après les meilleurs dictionnaires anciens et modernes, par NORIÉGA ET GUIM. 1 fort vol. gr. in-8, 1,600 pages à 3 colonnes, 18 fr. ; relié . . . . 23 fr.

GRAND DICTIONNAIRE italien-français et français-italien. Rédigé d'après les ouvrages et les travaux les plus récents, avec la prononciation dans les deux langues, par MM. CACCIA et FERRARI. 2 forts vol. grand in-8 à 3 colonnes, réunis en 1 vol., 20 fr. ; reliés . . . . 25 fr.

DICTIONARY spanish-english et inglès-espanol. Le plus complet de ceux publiés jusqu'à ce jour, rédigé d'après les meilleurs dictionnaires anglais et espagnols ; *de l'Académie espagnole, Salva, Scouse, Clifton, Worcester, Webster*, etc., par LOPEZ et BENSLEY. 1 vol. gr. in-8, relié . . . . 20 fr.

NOUVEAU DICTIONNAIRE grec-français. Par M. CHASSANG, inspecteur général de l'instruction publique, docteur ès lettres. Rédigé d'après les travaux de la philologie grecque. 1 vol. grand in-8, 1.300 p., relié . . . . 15 fr.

CODES ET LOIS USUELLES

Classés par ordre alphabétique. Nouvelle édition entièrement refondue, contenant la législation jusqu'aujourd'hui collationnée sur les textes officiels, représentant en notes sous chaque article des Codes, ses différentes modifications, la corrélation des articles entre eux, la concordance avec le droit romain, l'ancienne législation française et les lois nouvelles. Précédée de la Constitution de la République française et accompagnée d'une table chronologique et d'une table générale des matières ; par AUGUSTIN ROGER et ALEXANDRE SOREL, président du tribunal civil de Compiègne. 1 beau vol. grand in-8, 1,460 pages, broché, 20 fr. Bien relié . . . . 25 fr.

Le même ouvrage, édition portative, grand in-32, divisé en deux parties.

1re PARTIE. Les *Codes*, broché, 4 fr. relié . . . . 5 fr. 75

2e PARTIE. Les *Lois usuelles*, broché, 4 fr., relié . . . . 5 fr. 25

CODES SÉPARÉS (Édition in-32) à 1 fr. 50. Relié . . . . 2 fr.

Code civil. 1 vol.

Code de commerce et Sociétés. 1 vol.

Code de procédure civile. 1 vol.

Code d'Instruction criminelle, pénal et forestier. 1 vol.

RÉPÉTITIONS ÉCRITES SUR LE CODE CIVIL

Contenant l'exposé des principes généraux, leurs motifs et la solution des questions théoriques par MOURLON, Docteur en droit, avocat à la Cour d'Appel.

12e Édition, revue et mise au courant, par CH. DEMANGEAT, conseiller à la Cour de cassation, professeur honoraire à la faculté de droit de Paris. 3 vol. in-8. 37 fr. 50

Chaque examen, formant un vol., Se vend séparément . . . . 12 fr. 50

RÉPÉTITIONS ÉCRITES sur l'organisation judiciaire, suivie d'un formulaire, par LE MÊME. 1 vol. in-18. . . . .

FORMULAIRE GÉNÉRAL à l'usage des Notaires, Juges de paix, Avoués, Huissiers, par M. MOURLON, édition refondue. 1 vol. in-8. 12 fr. 50

DICTIONNAIRE DE DROIT COMMERCIAL, INDUSTRIEL & MARITIME

Par M. J. RUBEN DE COUDER, docteur en droit, président du tribunal civil de la Seine, 3e édition dans laquelle a été entièrement refondu et remis au courant l'ancien ouvrage de MM. GOUJET et MERGER. 6 forts vol. in-8, 60 fr. Bien reliés.

ŒUVRES DE CUVIER. Suivies de celles du Comte DE LACÉPÈDE, complément aux Œuvres complètes de BUFFON, annotées par M. FLOURENS. 4 forts vol. grand in-8, 150 sujets coloriés. 50 fr.

ŒUVRES COMPLÈTES DE BUFFON. Avec la nomenclature linnéenne et la classification de Cuvier; édition nouvelle, revue sur l'édition in-4e de l'Imprimerie Royale ; annotée par M. FLOURENS, membre de l'Académie française, nouvelle édition. 12 vol. grand in-8, illustré de 150 planches, 400 sujets coloriés, dessins originaux de MM. TRAVIÈS et GOBIN . . . . 150 fr.

CHEFS-D'ŒUVRE DE LA LITTÉRATURE FRANÇAISE

Format in-8 cavalier, papier vélin, satiné du Marais. — Imprimés avec luxe, ornés de gravures sur acier; dessins par les meilleurs artistes. — 60 volumes sont en vente à 7 fr. 50. — On tire de chaque volume de la collection, *150 exemplaires numérotés* sur papier de Hollande avec fig. sur Chine avant la lettre; le vol. 15 fr.

ŒUVRES COMPLÈTES DE MOLIÈRE

2e édition, très soigneusement revue sur les textes originaux, avec un nouveau travail de critique et d'érudition, aperçus d'histoire littéraire, examen de chaque pièce, commentaire, vocabulaire par L. MOLAND. 12 vol.

ŒUVRES COMPLÈTES DE J. RACINE

Avec une Vie de l'auteur et un examen de chacun de ses ouvrages, par M. SAINT-MARC-GIRARDIN, de l'Académie française. 8 vol.

ŒUVRES COMPLÈTES DE LA FONTAINE

Nouvelle édition avec un nouveau travail de critique et d'érudition, par M. LOUIS MOLAND. 7 vol. avec gravures.

ESSAIS DE MICHEL DE MONTAIGNE

Nouvelle édition, avec les notes de tous les commentateurs, complétée par M. J.-V.-L. CLERC, étude sur Montaigne, par PRÉVOST-PARADOL. 4 vol. avec portrait.

ŒUVRES COMPLÈTES DE LA BRUYÈRE

Publiée d'après les éditions données par l'auteur, notice sur La Bruyère, variantes, notes et un lexique, par A. CHASSANG, lauréat de l'Académie française, inspecteur général de l'Instruction publique. 2 vol.

ŒUVRES COMPLÈTES DE LA ROCHEFOUCAULD

Nouvelle édition, avec des notices sur la vie de La Rochefoucauld et sur ses divers ouvrages, variantes, notes, table analytique, un lexique, par A. CHASSANG. 2 vol.

ŒUVRES COMPLÈTES DE BOILEAU

Avec des commentaires et un travail de M. GIDEL. Gravures de STAAL. 4 vol.

ANDRÉ CHÉNIER

Œuvres poétiques. Nouvelle édition, vignettes de STAAL. 2 vol.

ŒUVRES COMPLÈTES DE MONTESQUIEU

Textes revus, collationnés et annotés, par ÉDOUARD LABOULAYE, membre de l'Institut. 7 vol.

ŒUVRES DE PASCAL

LETTRES ÉCRITES A UN PROVINCIAL

Nouvelle édition, introduction, notice, variantes des éditions originales, commentaire, bibliographie, par L. DEROME. Portraits des personnages importants de Port-Royal, gravés sur acier. 2 vol.

ŒUVRES CHOISIES DE PIERRE DE RONSARD

Avec notice, notes et commentaires, par SAINTE-BEUVE; nouvelle édition, revue et augmentée par MOLAND. 1 vol. avec portrait.

ŒUVRES DE CLÉMENT MAROT

Annotées, revues sur les éditions originales; Vie de Clément Marot, par CHARLES D'HÉRICAULT. 1 volume avec portrait.

ŒUVRES DE JEAN-BAPTISTE ROUSSEAU

Avec un nouveau travail de ANT. DE LATOUR. 1 vol. orné du portrait de l'auteur.

HISTOIRE DE GIL BLAS DE SANTILLANE

Par LE SAGE, avec les remarques des divers annotateurs; notice par SAINTE-BEUVE, les jugements et témoignages sur LE SAGE et sur *Gil Blas*. 2 vol.

CHEFS-D'ŒUVRE LITTÉRAIRES DE BUFFON

Introduction par M. FLOURENS, de l'Académie française. 2 vol. avec portrait.

L'IMITATION DE JÉSUS-CHRIST

Traduction nouvelle avec des réflexions, par M. DE LAMENNAIS. 1 vol.

ŒUVRES CHOISIES DE MASSILLON

Accompagnées de notes, notice par M. GODEFROY. 2 vol. avec portrait.

Nous avions promis, dans le prospectus de *Molière*, de chercher à remettre en honneur les belles éditions de nos auteurs classiques. Les volumes qui ont paru permettent de juger si nous avons tenu parole.

Notre collection contiendra la fleur de la littérature française. Elle se composera de quatre-vingts volumes environ, imprimés avec le plus grand luxe, et dignes de tenir une place d'honneur dans les meilleures bibliothèques.

MOLIÈRE

SA VIE ET SES OUVRAGES, par M. LOUIS MOLAND. 1 vol. grand in-8°, orné de gravures dans le texte et hors texte, dessins de M. F.-A. POIRSON. 1 volume grand in-8°, 15 fr.; relié doré. . . . . 21 fr.

ŒUVRES COMPLÈTES DE VOLTAIRE

Nouvelle édition avec Notices, Préfaces, Variantes, Table analytique
LES NOTES DE TOUS LES COMMENTATEURS, ET DES NOTES NOUVELLES
Conforme pour le texte à l'édition de Beuchot.

Enrichie des découvertes les plus récentes et mise au courant des travaux qui ont paru jusqu'à nos jours.

Cette nouvelle édition des *Œuvres complètes de Voltaire,* publiée sous la direction de M. Louis Moland, a supplanté celle de Beuchot : c'est un travail remarquable et digne de l'érudition de notre temps. 52 vol. in-8, y compris 2 v. de table, le vol. 7 fr.

SUITES DE 90 GRAVURES MODERNES

Dessins de STAAL, PHILIPPOTEAUX, etc.

Ces quatre-vingt-dix gravures modernes qui viennent s'ajouter aux gravures de l'édition de Kehl, sont des œuvres excellentes, pour lesquelles aucun soin n'a été épargné, et qui représentent dignement l'art actuel à côté de l'art ancien. . . . . . 30 fr

Il a été tiré 150 épreuves sur papier de Chine, 60 fr.

Suite de 109 gravures, d'après les dessins de MOREAU jeune.

Nouvelle édition tirée sur les planches originales.

Les gravures exécutées d'après les dessins de Moreau jeune, pour la célèbre édition des Œuvres de Voltaire imprimée a Kehl à la fin du siècle dernier, jouissent d'une réputation qui en faisait désirer vivement la réimpression par les amateurs. Tirée sur les planches originales. Le travail de cette édition a été confié à un de nos meilleurs imprimeurs en taille-douce. . . . . 30 fr.

Il a été tiré 150 épreuves sur papier de Chine et 150 sur papier Wathman, 60 fr.

ŒUVRES COMPLÈTES DE DENIS DIDEROT

COMPRENANT :

Tout ce qui a été publié à diverses époques et tous les manuscrits inédits conservés à la Bibliothèque de l'Ermitage. Revues avec soin sur les éditions originales. Notices, Notes, Table analytique. Par J. ASSÉZAT

Cette édition véritablement complète des Œuvres de Diderot forme 20 volumes in-8 cavalier, imprimés par M. Claye sur beau papier du Marais, à 7 fr. le volume.

Le mérite de cette édition a été proclamé par toute la critique. Les parties nouvelles qu'elle a introduites dans l'œuvre du grand philosophe ont produit une vive sensation dans le monde littéraire.

CORRESPONDANCE LITTÉRAIRE, PHILOSOPHIQUE ET CRITIQUE

Par GRIMM, DIDEROT, RAYNAL & MEISTER

Nouvelle édition collationnée sur les textes originaux, comprenant, outre ce qui a été publié à diverses époques et les fragments supprimés en 1813 par la censure, les parties inédites conservées àla Bibliothèque ducale de Gotha et à l'Arsenal de Paris.

Notice, Notes, Table générale, par Maurice TOURNEUX

16 vol. in-8 cavalier ; le caractère et le papier sont semblables à ceux des *Œuvres complètes* de Diderot, le volume . . . . 7 fr.

Il a été tiré 100 exemplaires numérotés sur papier de Hollande, le volume : 15 *fr.*

RABELAIS

Illustré par GUSTAVE DORÉ

60 GRANDES COMPOSITIONS, 250 EN-TÊTES DE CHAPITRES, ENVIRON 240 CULS-DE-LAMPE ET NOMBREUSES VIGNETTES DANS LE TEXTE

Deux volumes in-4.	70 fr.	Demi-chagrin, fers spéciaux. .	90 fr.
Reliés toile, tranch. ébarb. . .	80 fr.	— avec coins, tête dorée.	100 fr.

Il a été tiré 50 *exemplaires numérotés sur chine ;* 200 *fr.*

Même ouvrage. *Première* édition. — Texte revu et collationné sur les éditions originales, accompagné d'une Vie de l'auteur et de notes. 2 v. in-folio colomb. 200 fr. 200 exemplaires numérotés sur papier de Hollande (50 ont été détruits). 800 fr.

ŒUVRES COMPLÈTES DE BÉRANGER

9 vol. in-8, format caval., magnifiquement imprimés, papier vélin satiné, contenant :

Les Œuvres anciennes, illustrées de 53 gravures sur acier, d'après Charlet, Johannot, Raffet, etc. 2 vol. .... 28 fr.
Les Œuvres posthumes. Dernières chansons (1834 à 1851), illustrées de 14 gravures sur acier, de A. de Lemud. 1 vol. .... 12 fr.
Ma Biographie, illustrée de 8 gravures. 1 vol. .... 12 fr.
Musique des chansons, airs notés anciens et modernes. Edition revue par F. Bérat, ill. de 80 gravures d'après Grandville et Raffet. 1 vol. .... 10 fr.
Même ouvrage, sans gravures .... 6 fr
Correspondance de Béranger. Un magnifique portrait gravé sur acier. 4 forts vol. 1.200 lettres et le catalogue analytique de 150 autres .... 24 fr.
Outre le portrait inédit qui orne cette édition, les éditeurs offrent aux souscripteurs qui prendront l'ouvrage entier un exemplaire du GRAND PORTRAIT DE BÉRANGER, gravé sur acier par Lévy, et haut de 36 cent. sur 28 cent. de large. Ce portrait se vend séparément .... 10 fr.

CHANSONS DE BÉRANGER anciennes et posthumes. Nouvelle édition populaire, illustrée de 161 dessins inédits de Bayard, Darjou, Godefroy Durand, Pauquet, etc., gravés par les meilleurs artistes, vignettes par M. Giacomelli. 1 vol. gr. in-8. 10 fr.
COLLECTIONS DE GRAVURES POUR LES ŒUVRES DE BÉRANGER. Pour les anciennes chansons, 53 gravures .... 18 fr.
Pour les œuvres posthumes, 23 gravures .... 12 fr.

MUSIQUE DES CHANSONS DE BÉRANGER, airs notés anciens et modernes. Nouvelle édition revue par Frédéric Bérat, augmentée de la musique des chansons posthumes d'airs composés par Béranger, Halevy, Gounod, Laurent de Rillé, 120 gravures d'après Grandville et Raffet.. 1 v. g. in-8. .... 10 fr.
ALBUM BÉRANGER, pr GRANDVILLE. 80 dessins, 1 v. in-8 cav. 10 fr.
Ces gravures ne font pas double emploi avec les aciers.

CHANTS ET CHANSONS POPULAIRES DE LA FRANCE. Nouvelle édition, *avec musique*, illustrée de 339 belles gravures sur acier, d'après Daubigny, E. Giraud, Meissonier, Staal, Steinheil, Trimolhet, gravées par les meilleurs artistes. Notice par A. de Lamartine. 3 vol. gr. in-8 .... 48 fr.
CHANTS ET CHANSONS POPULAIRES DES PROVINCES DE FRANCE. Notice par Champfleury. Accompagnement de piano par J.-B. Weckerlin. Illustrés par Bida, Courbet, Jacque, etc. 1 vol. gr. in-8 .... 12 fr.
CHANSONS NATIONALES ET POPULAIRES DE LA FRANCE. Notes historiques et littéraires par Dumersan et Noel Ségur, vignettes dans le texte, et gravures sur acier. 2 vol. gr. in-8 .... 20 fr.

BIBLIOTHÈQUE D'UN DÉSŒUVRÉ

Série d'ouvrages in-32, format elzévirien.

ŒUVRES COMPLÈTES DE BÉRANGER, avec les 10 chansons publiées en 1847. 1 vol. ...... 3 fr. 50
ŒUVRES POSTHUMES DE BÉRANGER, Dernières Chansons et Ma Biographie, Appendice, notes inédites de Béranger sur ses chansons. 1 vol. .... 3 fr. 50
PIERRE DUPONT. Muse populaire, chants et poésies, 1 vol. 3 fr.
DESAUGIERS. Chansons et poésies. Notice sur Désaugiers, par Merle, avec portrait et vig. 1 vol. 2 fr.
Chansons populaires de la France, anciennes et modernes, classées par ordre chronologique et par nom d'auteurs, biographies et notices par Louis Montjoie. 1 vol. .... 2 fr.
La Gaudriole. Chansonnier joyeux, facétieux et grivois, par Béranger, Désaugiers, etc. 1 vol. .... 2 fr.

Lettres d'amour, avec portraits et vignettes, 1 vol. .... 2 fr.
Drôleries poétiques, avec portraits et vignettes. 1 vol. .... 2 fr.
Académie des jeux, l'historique, la marche, les règles, conventions et maximes des jeux. 1 vol. .... 2 fr.
La Goguette ancienne et moderne, choix de chansons guerrières, bachiques, philosophiques, joyeuses et populaires. 1 vol., portr. et vign. .... 2 fr.
Les Poëtes de l'Amour. Recueil de vers des XVe, XVIe, XVIIe, XVIIIe et XIXe siècles. Introduction sur l'amour et la poésie amoureuse. 1 vol. .... 2 fr.
Un million de Rimes gauloises, fleurs de la poésie drôlatique et badine depuis le quinzième siècle. 1 vol. .. 2 fr.
Reliure. fers spéciaux, dorés ou 1/2 veau, à peigne, 1 fr. 25 par volume.

Œuvrages grand in-8° jésus, magnifiquement illustrés

GALERIES DE PORTRAITS

GRAVURES SUR ACIER

20 fr. le volume. — 1/2 reliure soignée, tr. dorées, 26 fr.

Galerie de Portraits historiques

Tirée des *Causeries du Lundi*, par SAINTE-BEUVE, de l'Académie française. Portraits gravés sur acier. 1 vol.

Galerie des grands Ecrivains français

Par LE MÊME, semblable au précédent pour l'exécution et les illustrations. 1 vol.

Nouvelle Galerie des grands Ecrivains français

Tirée des *Portraits littéraires* et des *Causeries du Lundi*, par LE MÊME. 1 vol.

Galerie de Femmes célèbres

Tirée des *Causeries du Lundi*, des *Portraits littéraires*, des *Portraits de Femmes*, par LE MÊME. 1 vol.

Nouvelle Galerie de Femmes célèbres

Par LE MÊME, semblable pour l'exécution à ceux ci-dessus. 1 vol.

Ces 4 volumes se complètent l'un par l'autre. Ils contiennent la fleur des *Causeries du Lundi*, des *Portraits littéraires* et des *Portraits de femmes*.

Poésies d'André Chénier

Avec notice et notes par M. L. MOLAND, grav. sur acier. Dessins de STAAL. 1 vol.

Lettres choisies de Madame de Sévigné

Avec une magnifique galerie de portraits sur acier. 1 volume.

Histoire de France

Depuis la fondation de la monarchie, par MENNECHET, ill. 20 grav. sur acier, gravées par F. DELANNOY, OUTHWAITE, etc. 1 volume.

La France guerrière

Récits historiques d'après les chroniques et les mémoires de chaque siècle, par CH. D'HÉRICAULT et L. MOLAND, gravures sur acier. 1 vol.

Dante Alighieri

La Divine Comédie, traduite en français par le chevalier ARTAUD DE MONTOR, préface de M. LOUIS MOLAND. Illustrée, dessins de YAN' DARGENT. 1 vol.

Galerie illustrée d'histoire naturelle

Tirée de Buffon, édition annotée par FLOURENS. 32 gravures sur acier, coloriées, dessins nouveaux de ED. TRAVIÈS et H. GOBIN. 1 vol.

Nouvelle Galerie d'Histoire naturelle

Tirée des œuvres complètes de Buffon et de Lacépède, vie de Buffon par FLOURENS, illustrée, dans le texte, coloriés et hors texte. 30 planches sur acier de MM. TRAVIÈS et Henry GOBIN. 1 fort volume.

Contes et Nouvelles de La Fontaine

Edition illustrée; 110 vignettes et 40 grandes hors texte, par TONY JOHANNOT, C. BOULANGER, ROQUEPLAN, STAAL, FRAGONARD, introduction de L. MOLAND. 1 vol.

La Femme jugée par les grands Ecrivains des deux sexes

La Femme devant *Dieu*, devant la *Nature*, devant la *Loi* et devant la *Société*. Riche et précieuse mosaïque de toutes les opinions émises sur la femme depuis les siècles les plus reculés jusqu'à nos jours, par D.-J. LARCHER, introduction de BESCHERELLE AÎNÉ, 20 superbes gravures sur acier, dessins de STAAL. 1 volume.

Les Femmes d'après les Auteurs français

Par E. MULLER. Illustré des portraits des femmes les plus illustres, gravés au burin, dessins de STAAL. 1 vol.

Lettres choisies de Voltaire

Notice et notes explicatives, par M. L. MOLAND, ornées de portraits historiques. Dessins de PHILIPPOTEAUX et STAAL, gravés sur acier. 1 vol.

Galeries historiques de Versailles

(Edition unique)

Ce grand et important ouvrage a été entrepris aux frais de la liste civile du roi Louis-Philippe, et rédigé d'après ses instructions. Il renferme la description de 1,200 tableaux; des notices historiques sur 676 écussons armoriés. 10 vol. in-8, accompagnés d'un atlas de 100 grav. in-folio ..... **100 fr.**

ALBUM (formant un tout complet) de 400 grav., avec notice. Relié doré. **60 f.**

CHEFS-D'ŒUVRE DU ROMAN FRANÇAIS

Beaux volumes in-8 cavalier, illust. de charmantes grav. sur acier, dessins de STAAL

Chaque volume sans tomaison se vend séparément **7 fr. 50**

Œuvres de Mme de La Fayette 1 vol.
Œuvres de Mmes de Fontaines et de Tencin. . . . . 1 vol.
Histoire de Gil-Blas de Santillane, par LE SAGE. . . . 2 vol.
Le Diable boiteux, suivi de *Estévanille Gonzalès*, par LE SAGE 1 vol.
Histoire de Guzman d'Alfarache, par LE SAGE. . . . . 1 vol.
La Vie de Marianne, suivie du *Paysan parvenu*, par MARIVAUX, 2 vol.
Œuvres de Mme Riccoboni. 1 vol.
Œuvres de Mme Élie de Beaumont, de Mme de Genlis, de Fiévée, de Mme de Duras . . . . . . 1 vol.
Œuvres de Mme de Souza. . 1 vol.
Corinne ou l'Italie, par Mme DE STAEL. . . . . 1 vol.

ŒUVRES DE WALTER SCOTT

Traduction de M. DEFAUCONPRET, édition de luxe revue et corrigée avec le plus grand soin, illustrée de 59 magnifiques vignettes et portraits sur acier d'après RAFFET. 30 volumes in-8 cavalier, papier glacé et satiné . . . . 150 fr.
Chaque volume. . . . . 5 fr.

TOMES.
1. Waverley.
2. Guy Mannering.
3. L'Antiquaire.
4. Rob-Roy.
5. Le Nain noir.
6. Les puritains d'Ecosse.
7. La prison d'Edimbourg.
8. La fiancée de Lamermoor.
8. L'officier de fortune.
9. Ivanhoë.
9. Le Monastère.

TOMES.
10. L'abbé.
11. Kenilworth.
12. Le Pirate.
13. Les aventures de Nigel.
14. Peveril du Pic.
15. Quentin Durward.
16. Eaux de Saint-Ronan.
17. Redgauntlet.
18. Connétable de Chester.
19. Richard en Palestine.
20. Woodstock.

TOMES.
21. Chronique de la Canongate.
22. La jolie Fille de Perth.
23. Charles le Téméraire.
24. Robert de Paris.
25. Le Château périlleux. La Démonologie.
26. 27. 28. Histoire d'Ecosse.
29. 30. Romans poétiques.

LE MÊME OUVRAGE. 30 volumes in-8 carré, avec gravures sur acier. Chaque volume contient au moins un roman complet. . . . . 3 fr. 50

ŒUVRES DE J. FENIMORE COOPER

Traduction de DEFAUCONPRET, avec 90 vignettes, d'après les dessins de MM. Alfred et Tony JOHANNOT. 30 volumes in-8 . . . . 150 fr.
On vend séparément chaque volume . . . . 5 fr.

TOMES.
1. Précaution.
2. L'Espion.
3. Le Pilote.
4. Lionel Lincoln.
5. Les Mohicans.
6. Les Pionniers.
7. La Prairie.
8. Le Corsaire rouge.
9. Les Puritains.
10. L'Ecumeur de mer.

TOMES.
11. Le Bravo.
12. L'Heidenmauer.
13. Le Bourreau de Berne.
14. Les Monikins.
15. Le Paquebot.
16. Eve Effingham.
17. Le lac Ontario.
18. Mercédès de Castille.
19. Le Tueur de daims.
20. Les deux Amiraux.

TOMES.
21. Le Feu-Follet.
22. A Bord et à Terre.
23. Lucie Hardinge.
24. Wyandotté.
25. Satanstoë.
26. Le Porte-Chaîne.
27. Ravensnest.
28. Les Lions de mer.
29. Le Cratère.
30. Les Mœurs du jour.

LE MÊME OUVRAGE. 30 vol. in-8 carré avec gravures sur acier. Chaque volume contient au moins un roman complet . . . . 3 fr. 50

HISTOIRE DES DEUX RESTAURATIONS

Jusqu'à l'avènement de Louis-Philippe (janvier 1813 à octobre 1830); par ACHILLE DE VAULABELLE. Nouvelle édition illustrée de vignettes et portraits sur acier, gravés par les premiers artistes, dessins de PHILIPPOTEAUX. 10 volumes in-8. . . 60 fr.

ŒUVRES COMPLÈTES D'AUGUSTE THIERRY

5 volumes in-8 cavalier, papier vélin glacé, le volume. . . . 6 fr.

Histoire de la Conquête de l'Angleterre . . . . 2 vol.
Lettres sur l'Histoire de France.— Dix ans d'Études historiques, 1 v.
Récits des temps mérovingiens . . . . 1 vol.
Essai sur l'Histoire du Tiers-État . . . . 1 vol.

GÉOGRAPHIE GÉNÉRALE, PHYSIQUE, POLITIQUE & ÉCONOMIQUE

Par Louis GRÉGOIRE, docteur ès lettres, professeur d'histoire et de géographie au lycée Condorcet et au collège Chaptal, avec 109 cartes, 500 gravures, 16 types de races avec costumes, en chromo, 20 gravures sur acier. 1 fort volume grand in-8 de 1,200 pages . . . . 30 fr.
Relié demi-chagrin, tranches dorées, 33 fr. — avec plaques spéciales . . . 40 fr.

DICTIONNAIRE ENCYCLOPÉDIQUE
D'HISTOIRE, DE BIOGRAPHIE, DE MYTHOLOGIE ET DE GÉOGRAPHIE

1° HISTOIRE : l'Histoire des peuples, la Chronologie des dynasties, l'Archéologie, l'Étude des institutions. — 2° BIOGRAPHIE : la Biographie des hommes célèbres avec notes bibliographiques. — 3° MYTHOLOGIE : Biographie des dieux et des personnages fabuleux, fêtes et mystères. — 4° GÉOGRAPHIE : la Géographie physique, politique, industrielle et commerciale, la Géographie ancienne et moderne, comparée, par le Même. Nouvelle édition mise au courant des modifications amenées par les événements politiques. 1 fort volume grand in-8 à 2 colonnes de 2,132 pages, la matière d'environ 60 vol. in-8. — Broché, 20 fr. — Relié. . . . . . . 25 fr.
M. le Ministre de l'Instruction publique a souscrit pour les bibliothèques à cette excellente publication.

DICTIONNAIRE ENCYCLOPÉDIQUE DES LETTRES ET DES ARTS

AVEC DES GRAVURES INTERCALÉES DANS LE TEXTE

Par le Même

1 volume grand in-8 illustré, 15 fr. — Relié . . . . 20 fr.

DICTIONNAIRE ENCYCLOPÉDIQUE DES SCIENCES

AVEC DES GRAVURES INTERCALÉES DANS LE TEXTE

Par M. Victor DESPLATS

Docteur en médecine, Professeur agrégé à la Faculté de médecine de Paris
Professeur des sciences physiques et naturelles au lycée Condorcet et au collège Chaptal

1 volume grand in-8 illustré, 15 fr. — Relié . . . . 20 fr.

Le Dictionnaire encyclopédique des Sciences, des Lettres et des Arts, que nous venons de publier, composé dans le même esprit, avec la même méthode et dans le même format que le *Dictionnaire d'Histoire, de Géographie et de Mythologie* de Louis GRÉGOIRE, forme, avec ce dernier ouvrage, dont il est le complément obligé, un répertoire complet des connaissances humaines, une véritable encyclopédie pouvant tenir la place d'une vaste bibliothèque, qu'il ne serait pas toujours facile de se procurer ni même de consulter.

DICTIONNAIRE classique d'Histoire, de Géographie, de Biographie et de Mythologie, rédigé d'après le *Dictionnaire encyclopédique d'Histoire et de Géographie*, par L. GRÉGOIRE. 1 fort volume de 1200 pages grand in-18, relié . . . . . . 8 fr.

Nouveau DICTIONNAIRE de Géographie ancienne et moderne, par le même. 1 vol. grand in-32, relié. 5 fr.

ŒUVRES COMPLÈTES DE CHATEAUBRIAND

Nouvelle édition, précédée d'une Étude littéraire sur Chateaubriand, par SAINTE-BEUVE, de l'Académie française. 12 très forts volumes in-8, sur papier cavalier vélin, ornés d'un beau portrait de Chateaubriand et de 42 gravures par STAAL, le vol. 6 fr.
Les notes manuscrites de Chateaubriand, recueillies par SAINTE-BEUVE, sur les marges d'un exemplaire de la 1re édition de l'*Essai sur les Révolutions*, donnent à notre édition de cet ouvrage une valeur exceptionnelle. On sait que l'exemplaire qui portait ces notes confidentielles a été acheté un prix considérable à la vente du célèbre critique. Quelle que soit la destinée de cet exemplaire, les notes si importantes qu'il contient ne sont point perdues pour le public, puisqu'elles se trouvent relevées avec le plus grand soin dans notre texte. Elles sont là, en effet, et ne sont que là. Avis aux curieux.

ON VEND SÉPARÉMENT AVEC TITRE SPÉCIAL

Le Génie du Christianisme . . 1 vol.
Les Martyrs . . . . 1 vol.
L'Itinéraire de Paris à Jérusalem . . . . 1 vol.
Atala. René. Le dernier Abencerage. Les Natchez. Poésies . . . . 1 vol.
Voyage en Amérique, en Italie, en Suisse . . . . . 1 vol.
Le Paradis perdu, littérature anglaise . . . . 1 vol.
Histoire de France . . . . . 1 vol.
Études historiques . . . . . 1 vol.

Chaque vol., avec 3, 4 ou 5 grav. : 6 fr. — Relié, demi-chagrin, tranches dorées, 9 fr.

COLLECTION DES COMPACTES

Grand in-8 jésus à 2 colonnes

Gravures sur acier, à 12 fr. 50 le volume.

Reliés demi-chagrin, tranches dorées, 16 fr.

ŒUVRES COMPLÈTES DE MOLIÈRE. Gravures sur acier, dessins de G. STAAL, notes philologiques et littéraires, par LEMAISTRE. 1 vol.

ŒUVRES DE P. ET TH. CORNEILLE. Vie de P. Corneille, par FONTENELLE. Discours sur la poésie dramatique. Grav. sur acier. 1 v. 12 grav.

ŒUVRES DE J. RACINE. Avec essai sur la vie et les ouvrages de J. Racine, par LOUIS RACINE; 13 vignettes, d'après STAAL. 1 vol.

ŒUVRES COMPLÈTES DE BOILEAU. Notice par M. SAINTE-BEUVE. Notes de tous les commentateurs; grav. sur acier, d'après STAAL. 1 vol.

ŒUVRES COMPLÈTES DE BEAUMARCHAIS. Notice par M. LOUIS MOLAND, enrichie à l'aide des travaux les plus récents, gravures, dessins de STAAL. 1 vol.

ŒUVRES COMPLÈTES DE CASIMIR DELAVIGNE. — Théâtres. — Messéniennes. — Œuvres posthumes. Illustrées. 1 vol.

MORALISTES FRANÇAIS. — PASCAL, LAROCHEFOUCAULD, LA BRUYÈRE, VAUVENARGUES, avec portraits. 1 vol.

ŒUVRES COMPLÈTES DE LA FONTAINE. Étude sur La Fontaine, par MOLAND. 11 gr. sur acier. d'ap. STAAL. 1 v.

ŒUVRES DE LE SAGE. *Gil Blas*, *Guzman d'Alfarache*, *Théâtre*. Introduction par C.-A. SAINTE-BEUVE. Vignettes, dessins de G. STAAL. 1 vol.

PLUTARQUE. VIES DES HOMMES ILLUSTRES, trad. p[r] RICARD. 14 gr. 1 v.

ŒUVRES COMPLÈTES D'ALFRED DE MUSSET. 28 gravures, dessins de M. BIDA, avec lettres inédites, notice biographique par son frère. 10 v. in-8 cavalier.............. **80** fr.

Biographie d'Alfred de Musset, par son frère. 1 vol. in-8 cavalier..... **8** fr.

Édition en 1 vol. grand in-8, ornée de 8 gravures.............. **20** fr.

ŒUVRES COMPLÈTES DE FRANÇOIS COPPÉE. Portrait, 12 grav. dessins de F. FLAMENG et TOFANI. 7 vol. in-8 cavalier....... **56** fr.

LE PLUTARQUE FRANÇAIS. Vie des hommes et des femmes illustres de la France. Édition revue, corrigée et augmentée, sous la direction de M. T. HADOT. 180 biographies, autant de portraits s[r] acier, dessins de INGRES, MEISSONIER, etc. 6 vol. gr. in-8.. **36** fr.

EUGÈNE SUE. — Le Juif-Errant. Édition illustrée par GAVARNI. 4 volum. gr. in-8.................. **40** fr.

LES CONTES DE BOCCACE. — Le Décaméron. Édition illustrée par MM. JOHANNOT, CÉLESTIN NANTEUIL, GRANDVILLE, E. GIRARDET, etc., de 22 grandes grav., dessins dans le texte. 1 vol. gr. in-8 jésus....... **15** fr.

LES CONTES DROLATIQUES. Colligez es abbayes de Touraine et mis en lumière par le sieur DE BALZAC, pour l'esbattement des pantagruélistes et non autres. Edit. illust. de 425 dessins par GUST. DORÉ. 1 vol. in-8. **12** fr.

Relié toile, tranche ébarbée, plaque spéciale.............. **13** fr.

MÉMOIRES DE JACQUES CASANOVA. Écrits par lui-même, suivi de fragments des mémoires du PRINCE DE LIGNE. Nouvelle édition collationnée sur l'édition originale de Leipzig; table analytique. 8 vol. in-8, le vol. **7** fr. **50**

LES AMOURS DU CHEVALIER DE FAUBLAS. Édition collationnée sur celle de COLLIN et TARDIEU, par LOUVET DE COUVRAY. 2 vol. Le même, format in-8, 2 vol. . . . . . **15** fr.

Il a été tiré 50 exemplaires numérotés sur papier de Hollande. . . . **30** fr.

— 10 exempl. numérotés sur papier de Chine. . . . . **40** fr.

HISTOIRE ANCIENNE. 1 v. **12** fr. **50**

HISTOIRE ROMAINE. Histoire de l'Empire romain, depuis la fondation de Rome jusqu'à Constantin. 1 v. **12** f. **50**

HISTOIRE DU BAS-EMPIRE, depuis Constantin à la fin du second Empire grec. 1 vol. . . . . **12** fr. **50**

ŒUVRES CHOISIES DE GAVARNI. — La Vie de jeune homme. — Les Débardeurs, notices par MM. DE BALZAC, TH. GAUTIER. 1 vol. gr. in-8, 80 grav. **10** fr.

JULIE OU LA NOUVELLE HÉLOÏSE, par JEAN-JACQUES ROUSSEAU, 38 grav. hors texte, vign. dans le texte par MM. TONY JOHANNOT, KARL GIRARDET. 1 vol. gr in-8. . **15** fr.

LES CONFESSIONS, de JEAN-JACQUES ROUSSEAU, suivies des *Rêveries du promeneur solitaire*. Vignettes par TONY JOHANNOT, etc. 1 volume grand in-8 . . . . **15** fr.

TABLEAU DE PARIS, par EDMOND TEXIER : illustré, 1500 grav., dessins de BLANCHARD, CHAM, CHAMPIN, GAVARNI, etc. 2 volumes in-folio . . . **20** fr.

Relié en toile, tranches dorées, fers spéciaux 2 vol., **30** fr.; rel. en 1 v. **25** fr.

ŒUVRES DE GRANDVILLE

9 volumes grand in-8 jés., brochés, 90 fr. — Reliure 1/2 chag. tranches dorées, 6 fr. par vol.

FABLES DE LA FONTAINE. Illustrées de 240 gravures. Un sujet pour chaque fable. 1 vol. gr. in-8. **18 fr.**

LES FLEURS ANIMÉES. Texte par Alphonse Karr, Taxile Delord et le comte Fœlix. Planches très soigneusement retouchées pour la gravure et le coloris. 2 volumes gr. in-8, 50 gravures coloriées............ **25 fr.**

LES MÉTAMORPHOSES DU JOUR. 70 gravures coloriées. Texte par MM. Albéric Second, Taxile Delord, Louis Huart, Monselet. Notice sur Grandville, par Charles Blanc. 1 magnifique grand in-8. **18 fr.**

LES PETITES MISÈRES DE LA VIE HUMAINE. Illustrées, texte par Old-Nick, portrait de Grandville. 1 fort vol. gr. in-8 jésus....... **15 fr.**

CENT PROVERBES. Illustrés, gravures coloriées, texte par Trois Têtes dans un Bonnet. Nouvelle édition, revue et augmentée pour le texte, par M. Quittard. 1 fort volume grand in-8 .... **15 fr.**

HISTOIRE DE FRANCE. Depuis les temps les plus reculés jusqu'à la révolution de 1789, par Anquetil, suivie de l'*Histoire de la Révolution française*, du *Directoire*, du *Consulat*, de l'*Empire* et de la *Restauration*, par Léonard Gallois, illustrée de vignettes sur acier. 10 volumes in-8 cavalier, le volume..................... **7 fr. 50**

HISTOIRE DE FRANCE (1830 à 1875). ÉPOQUE CONTEMPORAINE. Par Louis Grégoire, professeur d'histoire et de géographie. 4 volumes in-8 cavalier, gravures sur acier, à................ **7 fr. 50**

HISTOIRE DE LA GUERRE Franco-Allemande (1870-1871) Par M. Amédée Le Faure, édit. illust. de portraits hist., combats et batailles. Cartes avec les positions stratégiques. 2 magnifiques volumes grand in-8 colombier 15 fr. ; relié doré. 2 volumes en un........................... **20 fr.**

Atlas de la Guerre (1870-1871). Cartes des batailles et sièges, par le Même. 1 v. in-4°, 50 cart....... **5 fr.**

HISTOIRE DE LA GUERRE D'ORIENT, par M. A. Le Faure, cartes, plans, d'après l'état-major russe et autrichien, portraits grav., etc. 2 vol. in-8 colombier. . . . . **15 fr.**
— Relié, doré, 2 vol. en un. . **20 fr.**

LE VOYAGE EN TUNISIE, de M. A. Le Faure, préface de M. L. Jézierski, carte. 1 vol. gr. in-8, 70 pages.. **1 fr.**

HISTOIRE DE LA RÉVOLUTION FRANÇAISE, par Louis Blanc. 12 vol. in-8. . . . . **60 fr.**

HISTOIRE UNIVERSELLE. Par M. le comte de Ségur. Histoire de tous les peuples de l'antiquité, histoire romaine et histoire du Bas-Empire. 9e édition, 30 gravures sur acier. 3 volumes grand in-8 . . **37 fr. 50**
On peut acheter séparément chaque volume, qui forme un tout complet.

ENCYCLOPÉDIE THÉORIQUE-PRATIQUE DES CONNAISSANCES UTILES. Composée de traités sur les connaissances les plus indispensables, avec 1,500 gravures intercalées dans le texte. 2 volumes gr. in-8.................. **25 fr.**

UN MILLION DE FAITS. Aide-mémoire universel des sciences, des arts et des lettres, par J. Aicard, L. Lalanne, Lud. Lalanne, etc. 1 fort vol. in-18, 1,720 col., avec grav. **9 fr.**

BIOGRAPHIE PORTATIVE UNIVERSELLE. 29,000 noms, suivie d'une table chronologique et alphabétique, par Lalanne, A. Delloye, etc. 1 vol. de 2,000 col.......... **8 fr.**

MYTHOLOGIE DE LA GRÈCE ANTIQUE. Par Paul Decharme, professeur de littérature grecque à la Faculté des lettres de Nancy, ancien membre de l'Ecole française d'Athènes. 180 gravures et 4 chromolithographies, d'après l'antique. 1 vol. grand in-8 raisin..................... **16 fr.**

GÉOGRAPHIE UNIVERSELLE. Par Malte-Brun. 6e édit. 6 vol. grand in-8, orné de grav. et cartes. **60 fr.**

ATLAS DE LA GÉOGRAPHIE UNIVERSELLE. Ou description de toutes les parties du monde sur un plan nouveau, d'après les grandes divisions naturelles du globe, par Malte-Brun. 1 vol. gr. in-folio, de 72 cartes, dont 14 doubles, coloriées, 1 vol. in-folio.......................... **20 fr.**

LORD MACAULAY. — Histoire d'Angleterre sous le règne de Jacques II. Traduit de l'anglais par le comte Jules de Peyronnet, 2e édit., 3 vol. in-8.................. **15 fr.**
— **Histoire du règne de Guillaume III.** Pour faire suite à l'Histoire du règne de Jacques II, traduit de l'anglais par Amédée Pichot. 2e édition. 4 volumes in-8... **20 fr.**

HISTOIRE DES GIRONDINS. — Par A. de Lamartine. Édition illustrée, 300 gravures, avec des portraits dessinés et gravés d'après l'époque. 3 vol. grand in-8 jésus...... **21 fr.**

OUVRAGES RELIGIEUX

ŒUVRES COMPLÈTES DE BOSSUET

Classées pour la première fois selon l'ordre logique et analogique, publiées par l'abbé MIGNE, éditeur de la *Bibliothèque universelle du clergé.* 11 vol. gr. in-8 jésus . . . . 60 fr.

Discours sur l'Histoire universelle. Edition revue d'après les meilleurs textes, illustrée de gravures en taille-douce. 1 vol. gr. in-8. . 18 fr.

Oraisons funèbres et panégyriques. Edition illustrée 12 gravures sur acier, d'après REMBRANDT, MIGNARD, RIBERA, POUSSIN, CARRACHE, etc. 1 v. grand in-8 . . . . 18 fr.

Méditations sur l'Evangile Revues sur les éditions les plus correctes, 12 magnifiques gravures de RAPHAEL, RUBENS, POUSSINS, REMBRANDT. 1 v. grand in-8. . . . . 18 fr.

Élévations à Dieu sur tous les mystères de la religion chrétienne. 1 vol. grand in-8. 10 magnifiques gravures de LE GUIDE, POUSSIN, VANDERWERF, MARATTE, etc. 18 fr.

Œuvres oratoires complètes, oraisons funèbres, panégyriques, sermons. Edition suivant texte de l'édition de Versailles, amélioré et enrichi à l'aide des travaux les plus récents. 4 vol. in-8, 30 fr. — Bien relié. . 38 fr.

Les Vies des Saints. POUR TOUS LES JOURS DE L'ANNÉE, nouvellement écrites par une réunion d'ecclésiastiques et d'écrivains catholiques, classées pour chaque jour de l'année par ordre de dates, d'après les Martyrologes et Godescard; illustrées 1800 gravures. 4 beaux vol. gr. in-8. . . . 40 fr. Reliure chagrin, tranche dorée, 4 t. en 2 volumes. . . . . 52 fr.

LES VIES DES SAINTS ont obtenu l'approbation des archevêques et des évêques.

Les Saints Évangiles. Traduction de LEMAISTRE DE SACY, selon saint Marc, saint Mathieu, saint Luc et saint Jean, encadrements en couleur, gravures sur acier, frontispice or. 1 vol. grand in-8 . . . . 20 fr.

Manuel ecclésiastique. Ou répertoire offrant alphabétiquement, 640 p. blanches, autant de titres avec divisions et sous-divisions sur le dogme, etc. Ouvrage à l'aide duquel il est impossible de perdre une seule pensée, soit qu'elle survienne à l'église, etc. 1 vol. in-4 relié . . . . 6 fr.

L'Imitation de Jésus-Christ. Traduction, avec des réflexions à la fin de chaque chapitre, par M. l'abbé F. DE LAMENNAIS. Nouv. édit., avec encadrements couleur, 10 gravures sur acier, frontispice or. 1 v. gr. in-8 j. 20 fr.

L'Imitation de Jésus-Christ. Traduite par l'abbé DASSANCE, avec encadrements variés, frontispice or et couleur et 10 gravures sur acier. 1 vol. gr. in-8 . . . . 20 fr.

Les Femmes de la Bible. Principaux fragments d'une histoire du peuple de Dieu, par Mgr DARBOY, archevêque de Paris, avec une collection de portraits des femmes célèbres de l'Ancien et du Nouveau Testament, dessins de G. STAAL. 2 vol. gr. in-8. Chaque vol., formant un tout complet, se vend séparément. . . . . 20 fr.

Les Saintes Femmes. Texte par le même. Collection de portraits, gravés sur acier, des femmes remarquables de l'histoire de l'Eglise. 1 vol. grand in-8 jésus. . . . . 20 fr.

Œuvres pastorales de Mgr Darboy. Ses mandements et ses allocutions, depuis son élévation jusqu'à sa mort. 2 vol. in-8. . . . . . 10 fr.

LA SAINTE BIBLE. Traduite en français par LEMAISTRE DE SACY, accompagnée du texte latin de la Vulgate, 80 gravures sur acier de RAPHAEL, LE TITIEN, LE GUIDE, PAUL VÉRONÈSE, SALVATOR ROSA, POUSSIN, etc., 6 volumes grand in 8, carte de la Terre Sainte et plan de Jérusalem. . . . . 100 fr.

La Sainte Bible. Traduite en français par LEMAISTRE DE SACY, avec magnifiques gravures d'après RAPHAEL, LE TITIEN, LE GUIDE, PAUL VÉRONÈSE, SALVATOR ROSA, POUSSIN. 1 fort vol. grand in-8 jésus. Carte de la Terre-Sainte et plan de Jerusalem. 25 fr. Relié, tr. dor. . . . . . . 32 fr.

Biblia Sacra (Approuvée). *Vulgatæ editionis* SIXTI V PONTIFICIS MAXIMI *jussu recognita et* CLEMENTIS VIII, *autoritate edita.* — 1 beau vol. in-18, caractères très lisibles . . . 6 fr.

Reliure, tr. dor. 6 fr. par vol.

NOUVEAU MANUEL DE DROIT ECCLÉSIASTIQUE

Par EMILE OLLIVIER. 1 volume in-18 de 700 pages. 7 fr. 50

COLLECTION D'OUVRAGES ILLUSTRÉS POUR LES ENFANTS

89 jolis volumes grand in-18 à 2 fr. 50; reliés dorés, 3 fr. 50

ANDERSEN. La Vierge des Glaciers, etc. 1 vol.
— Histoire de Valdemar Daæ. — Petite-Poucette, etc. 1 vol.
— Le Camarade de voyage. — Sous le saule. — Les aventures, etc. 1 vol.
— Le Coffre volant, les Galoches du bonheur, etc. 1 vol.
— L'Homme de neige, le Jardin du Paradis, les deux Coqs. 1 vol.
BAYARD (Histoire du bon chevalier sans peur et sans reproches), par LE LOYAL SERVITEUR. 2 vol.
BELLOC (LOUISE SW.). 7 vol.
— La Tirelire aux histoires, 2 vol.
— Histoires et contes. 1 vol.
— Contes familiers, par MARIA EDGEWORTH. 1 vol.
— Grave et gai. Rose et Gris. 1 v.
— Lectures enfantines. 1 vol.
— Contes pour le 1ᵉʳ âge. 1 vol.
BERNARDIN DE SAINT-PIERRE Paul et Virginie. Chaumière indienne. 1 vol.
BERQUIN. Ami des enfants. 1 v.
— Sandford et Merton. 1 vol.
— Le petit Grandisson. 1 vol.
— Théâtre choisi. 1 vol.
BOCHET. Le premier livre des enfants. Alphabet illustré. 1 vol.
BOISSONTIER. Choix de nouvelles, DE GENLIS, BERQUIN. 1 vol.
BOUILLY (Œuvres de J.-N.). 7 v.
— Contes à ma fille. 1 vol.
— Conseils à ma fille. 1 vol.
— Les Encouragements de la jeunesse. 1 vol.
— Contes populaires. 1 vol.
— Contes aux enfants de France. 1 vol.
— Causeries et nouvelles causeries. 1 vol.
— Contes à mes petites amies. 1 v.
BUFFON (Le petit) illustré. Histoire et description des animaux. 1 fort v.
— Morceaux extraits. 1 vol.
CAMPE. Histoire de la découverte de l'Amérique. 1 vol.
COZZENS (S. W.). Voyage dans l'Arizona, traduction. 1 vol.
— Voyage au nouveau Mexique. Traduction de W. BATTIER. 1 vol.
DESBORDES-VALMORE. Contes et scènes de la vie de famille. 2 vol.
— Les poésies de l'enfance. 1 vol.
DU GUESCLIN (La Vie de). D'après la chanson et la chronique. Texte rajeuni, notes par MOLAND. 2 vol.
FÉNELON. Aventures de Télémaque. 1 vol.
FLORIAN. Fables. 1 vol.
— Don Quichotte de la jeunesse. 1 vol.
FOÉ (de). Aventures de Robinson Crusoé. 1 vol.
FOURNIER. Animaux historiques. 1 vol.
GENLIS. Veillées du Château. 2 v.
GRÉGOIRE. Histoire de France. 1 vol.
GRIMM. Contes. 1 vol. illustré.
HÉRICAULT et L. MOLAND. La France guerrière. 4 vol.
— Vercingétorix à Duguesclin. 1 vol.
— Jeanne d'Arc à Henri IV. 1 v.
— Louis XIV à la République. 1 v.
— Rivoli à Solférino. 1 vol.
HÉRODOTE. Récits historiques extraits par M. L. HUMBERT. 1 vol.
HERVEY. Petites histoires. 1 v.
JACQUET (l'abbé). L'Année chrétienne, la vie d'un saint pour chaque jour, approuvée de NN. SS. les Archevêques et Evêques. 2 vol.
LA FONTAINE. Fables. 1 vol.
LAMBERT. Lectures de l'enfance. 1 vol.
LE PRINCE DE BEAUMONT. Le Magasin des enfants. 2 vol.
LOIZEAU DU BIZOT. Cent petits contes pour les enfants. 1 vol.
MAISTRE (de). Œuvres complètes. Voyage autour de ma chambre. Cité d'Aoste. La Jeune Sibérienne, etc. 1 vol.
MANZONI. Les Fiancés. Hist. milanaise. 2 vol.
MONTGOLFIER. Mélodies du Printemps. 1 vol.
MONTIGNY (Mlle DE). Grand'mère chérie. 1 vol.
Mille et une Nuits des Familles (Les). 2 vol.
— Les Mille et une Nuits de la jeunesse. 1 vol.
NODIER. Neuvaine de la Chandeleur, génie Bonhomme. 1 vol.
PELLICO (Silvio). Mes prisons, suivi des Devoirs des hommes. 1 vol.
PERRAULT, Mme D'AULNOY. Contes des fées. 1 vol.
PLUTARQUE. Vies des Grecs célèbres, par M. L. HUMBERT. 1 vol.
SACHOT. Inventeurs et Inventions. 1 vol.
SCHMID. Contes, 4 vol. se vendant séparément.
SÉVIGNÉ. Lettres choisies. 1 vol.
SWIFT. Voyages de Gulliver. 1 v.
THÉATRE DE L'ENFANCE ET DE LA JEUNESSE. 1 vol.
UN PAPA. Contes et historiettes, *gros caractères*. 1 vol.
VAULABELLE. Ligny, Waterloo. 1 vol.
WISEMAN. Fabiola. Trad. 1 vol.
WYSS. Robinson Suisse. 2 vol.

COLLECTION DE

43 BEAUX VOLUMES ILLUSTRÉS

GRAND IN-8 RAISIN, 7 FR. 50

Demi-reliure en maroquin, plats toile, doré sur tranche, le volume, **11 fr.**
Toile dorée, fers spéciaux, **10 fr.**

Cette charmante collection se distingue non seulement par l'excellent choix des auteurs et l'élégance du style, mais encore par un grand nombre de gravures dans le texte et hors texte, exécutées par les premiers artistes. Jamais livres édités à ce prix n'ont offert autant de belles illustrations.

ANDERSEN. Contes Danois. Traduits pour la première fois du danois par M. L. MOLAND et E. GRÉGOIRE. 1 vol.

— Nouveaux Contes Danois, traduits par les mêmes. 1 vol.

— Les Souliers rouges et autres contes, trad. par les mêmes. 1 vol.

BAYARD. La très joyeuse, plaisante et récréative histoire du Gentil (seigneur de), composée par Le Loyal Serviteur. Introduct. par L. MOLAND. 1 vol.

BELLOC. Le fond du sac de la grand'mère, contes et histoires. 1 vol.

— La tirelire aux histoires. Lectures choisies. 1 vol.

J.-R. BELLOT. Journal d'un voyage aux mers polaires à la recherche de SIR JOHN FRANKLIN. 1 vol.

Bernardin DE SAINT-PIERRE. Paul et Virginie suivi de la Chaumière indienne. 1 vol.

BERQUIN. L'Ami des Enfants. 1 v.

BERQUIN. Sandford et Morton. — Le Petit Grandisson. — Le Retour de Croisière. — Les Sœurs de Lait. L'honnête Fermier. 1 vol.

BERTHOUD (Œuvres de S. Henry). La Cassette des sept amis. 1 vol.

Les Hôtes du Logis. 1 vol.

Soirées du docteur Sam. 1 vol.

Le Monde des Insectes. 1 vol.

L'homme depuis cinq mille ans. 1 vol.

Contes du docteur Sam. 1 vol.

BUFFON des familles. Histoire et description des animaux, extraites des *Œuvres de Buffon* et de *Lacépède*. 1 vol.

CAMPE. Découverte de l'Amérique. 1 vol.

COZZENS (S.-W.). La Contrée merveilleuse, voyage dans l'Arizona et le Nouveau Mexique, trad. de W. BATTIER. 1 vol.

DESNOYERS. Aventures de Robert-Robert et de son fidèle compagnon Toussaint Lavenette. 1 vol.

DU GUESCLIN (Histoire). Introduction par L. MOLAND. 1 vol.

FABRE. Histoire de la bûche, récits sur la vie des plantes. 1 vol.

FÉNELON. Aventures de Télémaque. 1 vol.

FLORIAN. Don Quichotte de la Jeunesse. 1 vol.

— Fables. 1 vol.

FOË. Aventures de Robinson Crusoé. 1 vol.

GALLAND. Les Mille et une Nuits des familles. Contes arabes. 1 vol.

GENLIS. Les Veillées du château. 1 vol.

JACQUET (l'abbé). Vies des Saints les plus populaires et les plus intéressants, avec l'approbation de plusieurs archevêques et évêques. 1 vol.

LEPRINCE DE BEAUMONT. Le Magasin des enfants. 1 vol.

LEVAILLANT. Voyages dans l'intérieur de l'Afrique. 1 vol.

LONLAY (DICK DE). Au Tonkin, récits anecdotiques. 1 vol.

MAISTRE (DE). Œuvres complètes du comte Xavier. Voyage autour de ma chambre; le Lépreux de la cité d'Aoste; les Prisonniers du Caucase; la Jeune Sibérienne; préface par SAINTE-BEUVE. 1 vol.

NODIER. Le Génie Bonhomme. — Séraphine. — François les bas bleus. — La Neuvaine de la Chandeleur. — Trilby. — Trésors des Fèves. 1 vol.

PELLICO. Mes prisons, suivi des *Devoirs des hommes*. 1 vol.

PERRAULT, D'AULNOY, LEPRINCE DE BEAUMONT et HAMILTON. Contes des fées. 1 vol.

SCHMID. Contes. Traduction de l'abbé MACKER, la seule approuvée par l'auteur. 2 beaux vol. Chaque volume complet se vend séparément.

SWIFT. Voyages de Gulliver. 1 vol.

WISEMAN. Fabiola ou l'Eglise des Catacombes. Trad. par Mlle Nettement. 1 vol.

WYSS. Robinson suisse, avec la suite. Notice de Nodier. 1 vol.

ALBUMS POUR LES ENFANTS

In-4, impr. en *chromo*, cartonné, dos toile, couv. chromo. . . . . 6 fr.
Relié toile, tranche dorée, plaque spéciale. . . . . 8 fr.

NOUVEAU VOYAGE EN FRANCE. — Conversations familières, instructives et amusantes par un PAPA, illustré gravures en couleur. 1 volume.

JE SAURAI LIRE. — Nouvel alphabet méthodique et amusant, illustré par LIX, grav. chromo. 1 vol.

JE SAIS LIRE — Contes et historiettes, gravures chromo, par LIX. 1 vol.

PETIT VOYAGE EN FRANCE. — Conversations familières, grav. chromo. 1 volume.

CONTES DE MADAME D'AULNOY. — Gracieuse et Percinet. La Belle aux cheveux d'or. — L'Oiseau Bleu. — Chromolithographies. 1 volume.

CHOIX DE FABLES DE LAFONTAINE. — Illustrations, gravures chromo, par DAVID. 1 volume.

CONTES DE PERRAULT. — Gravures chromolithographie de LIX. Illustrations par STAAL. 1 volume.

ANIMAUX SAUVAGES ET DOMESTIQUES. — 1 volume.

ROBINSON CRUSOÉ. — Gravures chromolithographie, vignettes dans le texte, par GRANDVILLE. 1 volume.

CHANSONS ET RONDES ENFANTINES

Album illustré, format in-8 colombier, notices et accompagnement de piano, par J.-B. WECKERLIN. Chromotypographies, par Henri PILLE. Dessins de J. Blass, Trimole, gravés par Lefman, élégamment relié étoffe, tr. dorée. . . . . 10 fr.

NOUVELLES CHANSONS & RONDES ENFANTINES

Musique de WECKERLIN, dessin de SANDOZ, POIRSON, etc.

Album in-8 colombier, illustrations. Élégamment relié étoffe, tr. d . . . . 10 fr.

L'ESPACE CÉLESTE ET LA NATURE TROPICALE

Description physique de l'univers, par L. LIAIS, ancien astronome de l'Observatoire de Paris, préface de BABINET. Illustré, dessin de YAN'DARGENT. 1 magn. volume grand in-8, 15 fr. — Toile, fers spéciaux, 20.

MANZONI. — LES FIANCÉS
Histoire milanaise du XVIe siècle, traduction du marquis de MONTGRAND, notes historique. Illustrés, dessins de G. STAAL. 1 fort vol. in-8 jés . . . . . 15 fr.

GALLAND
LES MILLE ET UNE NUITS
Contes arabes. Édition illustrée par les meilleurs artistes français. 26 vignettes et frontispice. 1 vol. gr. in-8. 15 fr. — Demi rel. doré. . . . . . 21 fr.

HENRI JOUSSELIN
NOS PETITS ROIS
Fables et poésies enfantines. Illustrées par GUSTAVE DORÉ et YAN'DARGENT. 1 vol. in-8. 6 fr. — Relié doré 8 fr.

GERVAIS (PAUL)
HISTOIRE NATURELLE DES MAMMIFÈRES
Illustrations de MM. WERNER, FREEMANN, DE BAR. 1 vol. gr. in-8. . . 15 fr.

JANIN (JULES)
LA BRETAGNE HISTORIQUE
Pittoresque et monumentale, illustrée par H. BELLANGE, GIROUX, RAFFET, GUDIN, ISABEY. 1 vol. gr. in-8. 15 fr.

LAVALLÉE (TH.)
HISTOIRE DE L'EMPIRE OTTOMAN
1 vol. grand in-8, 18 belles gravures anglaises, scènes historiques, vues et portraits. 1 vol. . . . . 15 fr.

SOLTIKOFF (LE PRINCE A.)
VOYAGES DANS L'INDE
Illustrés de magnifiques lith. à deux teintes, par DERUDDER, dessins de l'auteur. 1 vol. gr. in-8 jés. . . 15 fr.

HISTOIRE DE LA CARICATURE ET DU GROTESQUE dans la littérature et dans l'art, par THOMAS WRIGHT. Notice par AMÉDÉE PICHOT. Illust. 238 grav. 1 fort volume in-8 6 fr.

BIBLIOTHÈQUE INSTRUCTIVE & AMUSANTE

In-8 carré, richement illustré. Le volume broché, 3 fr. 50. — Relié toile, doré, 6 fr.
9 VOLUMES SONT EN VENTE

ORIGINAUX ET BEAUX ESPRITS
Par SAINTE-BEUVE.
Agrippa d'Aubigné. — Bussy-Rabutin. — Santeul. — De Chaulieu.—Nodier. 1 vol.

LETTRES DE MADAME DE SÉVIGNÉ
1 volume

A TRAVERS LA BULGARIE
Souvenirs de Guerre et de Voyage
Par DICK DE LONLAY
Illustré 20 dessins par l'auteur. — 1 vol.

LES LEÇONS D'UNE JEUNE MÈRE
Contes et Récits
Par Mme BELLOC. — 1 volume.

LA CASE DE L'ONCLE TOM
Par Mistress BEECHER-STOVE, traduit par MICHIELS, illustré par DAVID. — 1 vol.

FRANÇAIS ET ALLEMANDS
Histoire anecdotique de la guerre franco-allemande, par DICK DE LONLAY, illustrée. 1 vol.

DERNIERS RÉCITS
Mathurin. — Une Nuit terrible. — Orléans en 1829. — Malemort. — Le père Keiern. — Par Mme BELLOC. — 1 vol.

GALERIE DES ENFANTS CÉLÈBRES
Du Guesclin. — Jeanne d'Arc. — Jane Gray. — Turenne. — Pascal. — Lulli. — Watteau. — Franklin. — Mozart. Béranger. — Lamartine etc. Par F. TULOU. — 1 volume.

LES MARINS FRANÇAIS
Depuis les Gaulois jusqu'à nos jours
Par DICK DE LONLAY. — Combats. — Batailles. — 1 vol. illust. 110 dessins

ŒUVRES DE TOPFFER

PREMIERS VOYAGES EN ZIGZAG

Ou Excursions d'un pensionnat en vacances dans les cantons suisses et sur le revers italien des Alpes. Magnifiquement illustrés, d'après les dessins de l'auteur, de 34 grands dessins par CALAME et d'un grand nombre dans le texte. 1 vol. grand in-8. 12 fr. — Relié, doré. . . . . 18 fr.

NOUVEAUX VOYAGES EN ZIGZAG

A la Grande Chartreuse, au Mont Blanc, dans les vallées d'Herenz, de Zermatt, au Grimsel et dans les Etats Sardes. Spendidement illustrés de 42 gravures tirées à part et 320 sujets dans le texte, dessins originaux de Topffer, par MM. CALAME, GIRARDET, DAUBIGNY. 1 vol. gr. in-8, 12 fr. Relié, doré. . . . . 18 fr.

LES NOUVELLES GENEVOISES

Illustrées, dessins de l'auteur dans le texte, 40 gravures hors texte gravées par BEST, LELOIR, HOTELIN. 1 vol. grand in-8, 10 fr. Relié doré. . . . . 16 fr.

ALBUMS TOPFFER

Formant chacun un grand volume in-8 jésus oblong, à . . . . 7 fr. 50
Relié toile, plaque spéciale, dorés sur tranche, le volume. . . . . 10 fr. 50

MONSIEUR JABOT. . . . . 1 vol.
MONSIEUR VIEUX-BOIS. 1 vol.
MONSIEUR CRÉPIN. . . . 1 vol.
MONSIEUR PENCIL. . . . 1 vol
LE DOCTEUR FESTUS. . 1 vol
ALBERT. . . . . 1 vol
HISTOIRE DE M. CRYPTOGAME. . . . . . 1 vol.

ALBUMS DES PETITS ENFANTS

Richement illustrés et imprimés en couleur. Grand in-8, cart. 3 fr.; relié doré. 5 fr.

JEUX DE L'ENFANCE
Par un PAPA ; dessins de LE NATUR. 1 vol.

ALPHABET DES ANIMAUX
Dessins de TRAVIÈS et GOBIN. 1 vol.

ALPHABET DES OISEAUX
Dessins de TRAVIÈS et GOBIN. 1 vol.

LE SAVOIR-VIVRE. Dans la Vie ordinaire et dans les Cérémonies civiles et religieuses, par Ermance DUFAUX. 1 vol. . . . . 3 fr.
Outre que ce « Savoir-vivre » est un excellent guide pour mille situations délicates, c'est encore un livre d'une lecture agréable; il fourmille d'appréciations spirituelles et est écrit dans une langue excellente.

L'ENFANT—HYGIÈNE ET SOINS MÉDICAUX pour le premier âge, à l'usage des jeunes mères et des nourrices, par LE MÊME. Introduction, par le docteur BLACHEZ, gravures. 1 vol. in-18. . . . . 4 fr.

BIBLIOTHEQUE CHOISIE

Collection des meilleurs ouvrages français et étrangers, anciens et modernes, grand in-18 (dit anglais). Cette collection est divisée par séries. La première série contient des volumes à **3** *fr.* **50**. *La deuxième à* **3** *fr. le vol.*

PREMIÈRE SÉRIE, volumes grand in-18 jésus à 3 fr. 50

BELLOT. Journal d'un voyage aux mers polaires, portrait et carte. 1 vol.
BERANGER (Œuvres complètes), avec gravures. 4 vol.
— Chansons anciennes 2 vol.
— Œuvres posthumes. Dernières chansons (1834 à 1851), 1 vol.
— Ma Biographie. Ouvrages posthumes de Béranger. 1 vol.
CHARPENTIER. La Littérature française au dix-neuvième siècle. 1 vol.
— Etude sur Cicéron. 1 vol.
DARBOY (Mgr). Les Femmes de la Bible. 1 fort vol. Gravures.
DUFAUX. Ce que les maîtres et domestiques doivent savoir. 1 v.
DUPONT (Pierre). Chansons et Poésies. 4e édition. 1 vol.
ELGET. Guide pratique des ménages. 2000 recettes. 1 vol.
FAVRE. Conférences littéraires. 1 vol.
FLOURENS (Œuvres de). 10 vol.
— De l'unité de composition et du Débat entre Cuvier et Saint-Hilaire. 1 vol.
Examens du livre de M. Darwin sur l'origine des espèces. 1 vol.
Ontologie naturelle, 3e édit. 1 vol.
Psychologie comparée. Raison, Génie, Folie. 2e édition. 1 vol.
De la Phrénologie et des études vraies sur le cerveau. 1 vol.
De la longévité humaine. 1 vol.
De l'instinct et de l'intelligence des animaux. 4e édition. 1 vol.
Histoire des travaux et des idées de Buffon. 1 vol.
Cuvier. Histoire de ses travaux. 3e édition. 1 vol.
Des manuscrits de Buffon. 1 vol.
FRANÇOIS DE SALES (Saint). Nouveau choix de Lettres. 1 v.
GARNIER (Le Dr P.). 6 volumes.
— Le Mariage. 1 vol. fig. 9e édition.
— La Génération universelle. Lois, secrets et mystères. 1 vol.
— Impuissance physique et morale chez les deux sexes. 1 vol. fig.
— La Stérilité humaine et l'Hermaphrodisie. 1 vol. avec figures.
— Onanisme. Seul ou à deux. 1 vol.
— Le Célibat et célibataires. 1 vol.
GERUZEZ. Essai de littérature française. 2 vol.
JAMES. Toilette d'une Romaine. 1 vol.
JOUVENCEL (Paul de). La Vie. 1 vol.
JOUVENCEL (Paul de). Les Déluges (*Développements du globe*). 1 vol.
LAMARTINE. Histoire de la Révolution de **1848**. 4e édit. 2 vol.
LAMENNAIS. L'Imitation de J.-C.; belle édition, gravures sur acier. 1 vol.
MARTIN. Education des mères de famille. Ouvrage couronné par l'Académie française. 1 vol.
MENNECHET (Œuvres). 8 vol.
Matinées littéraires Cours complet de littérature moderne. 5e édition. 4 vol.
Nouveau Cours de littérature grecque, revu et complété par M. Charpentier. 1 vol.
Nouveau Cours de littérature romaine, revu par le même. 1 vol.
Histoire de France, depuis la fondation de la monarchie. 2 vol. Ouvrage couronné par l'Académie Française.
NECKER DE SAUSSURE. Education progressive, ou Etude du cours de la vie. 2 vol.
OLLIVIER de l'Académie française.
Lamartine. 1 vol. 3 50
Principes et conduite. 1 vol. gr. in-18. .... 3 50
Le ministère du 2 janvier. Discours. 1 vol. 3 50
L'Eglise et l'Etat au concile du Vatican. 2 vol. .... 8 fr.
PARDIEU (M. le comte Ch. de). Excursion en Orient, l'Egypte. 1 vol.
PREVOST. Manon Lescaut. Notice par J. Janin. 150 gravures par Tony Johannot. 1 vol.
RICARD (Adolphe). L'Amour, les Femmes et le Mariage. 1 vol.
SAINTE-BEUVE (Œuvres de), 20 volumes.
Causeries du lundi. 15 volumes.
Ce charmant recueil contient une foule d'articles non moins variés qu'intéressants.
Chaque volume se vend séparément.
Portraits littéraires et derniers portraits, suivis des *Portraits de Femmes*. Nouvelle édition. 4 vol.
Table générale et analytique des *Causeries du lundi*, des *Portraits littéraires* et des *Portraits de Femmes*. 1 v.
Discours prononcé au Collège de France, cours de poésie latine. 1 vol. . 75 c.
SAINTE BIBLE, traduite par Le Maistre de Sacy. 2 forts volumes.
TALLEMANT DES REAUX. Historiettes. 2e édit., par M. Monmerqué. 5 vol. avec portraits

DEUXIÈME SÉRIE, vol. in-18 à 3 f. — Relié veau, genre antique, 5 fr.

ARIOSTE. Roland furieux. Trad. par HIPPEAU. 2 vol.
ARISTOPHANE. Théâtre. Trad. de BROTIER, revue par HUMBERT. 2 vol.
ARISTOTE. La politique. Traduc. de THUROT, revue par BASTIEN. 1 vol.
— Poétique et Rhétorique. Trad. nouvelle, par Ch. RUELLE. 1 vol.
AURIAC (d'). Théâtre de la Foire. 1 vol.
BACHAUMONT. Mémoires secrets, revus, avec notes. 1 vol.
BARTHELEMY. Némésis. 1 vol.
BEAUMARCHAIS. Mémoires. 1 vol.
— Théâtre. 1 vol.
BEECHER-STOWE. La Case de l'Oncle Tom. Trad. par MICHIELS. 1 vol.
BERANGER des familles, vignettes sur acier. 1 vol.
BERNARDIN DE SAINT-PIERRE. Paul et Virginie; LA CHAUMIÈRE INDIENNE, vign. 1 vol.
BEROALDE DE VERVILLE. Le moyen de parvenir, contenant la raison de ce qui a été, est, et sera, notes, notice, table analytique. 1 vol.
BERTHOUD. Les petites Chroniques de la Science, années 1861 à 1872. 10 vol.
— Légendes et traditions surnaturelles des Flandres. 1 vol.
— Les Femmes des Pays-Bas et des Flandres. 1 vol.
BOCCACE. Contes, traduits par SABATIER DE CASTRES. 1 vol.
BOILEAU (Œuvres de), notice de SAINTE-BEUVE, notes de GIDEL. 1 vol.
BONAVENTURE DES PERIERS. Le Cymbalum mundi. Nouvelles récréations et Joyeux devis. 1 vol.
BOSSUET (Œuvres de). 11 vol.
— Discours sur l'histoire universelle. 1 vol.
— Elévations à Dieu. Sur les mystères de la Religion. 1 vol.
— Méditations sur l'Evangile. 1 v.
— Oraisons funèbres, panégyriques. 1 vol.
— Sermons (Edition complète), revus avec soin. 4 vol.
— Sermons choisis. Nouv. édit. 1 vol.
— Traité de la connaissance de Dieu et de soi-même. 1 vol.
— Traité de la Concupiscence. Maximes et réflexions sur la comédie. La logique. Libre arbitre. 1 vol.
BOURDALOUE. Chefs-d'œuvre oratoires. 1 vol.
BRANTOME. Vie des Dames galantes. Notes historiques. 1 vol.
— Vie des Dames illustres françaises et étrangères. Notes. 1 vol.
BRILLAT-SAVARIN. Physiologie du goût, *Gastronomie*, par BERCHOUX. 1 vol.
BUSSY-RABUTIN. Histoire amoureuse des Gaules, suivie de la France galante. 2 vol.
BYRON (Œuvres complètes de lord). Trad. de AMÉDÉE PICHOT. 15e édition. 4 vol.
CANTU. Abrégé de l'Histoire universelle. Traduit par L. XAVIER DE RICARD, portrait de l'auteur. 2 vol.
CASANOVA (Mémoires de J.). Ecrits par lui-même. 8 vol.
CENT NOUVELLES NOUVELLES, texte revu. 1 vol.
CERVANTES. Don Quichotte. Trad. par DELAUNAY. 2 vol.
CHASLES (Philarète). 4 vol.
— Etudes sur l'Allemagne. 1 vol.
— Voyages, Philosophie et Beaux-Arts. 1 vol.
— Portraits contemporains. 1 vol.
— Encore sur les contemporains. 1 vol.
CHATEAUBRIAND. (10 vol.)
— Génie du Christianisme, suivi de la *Défense du Génie du Christianisme*. Avec notes. 2 vol.
— Les Martyrs ou le Triomphe de la Religion chrétienne. 1 vol.
— Itinéraire de Paris à Jérusalem. 1 vol.
— Atala. — René. — Le dernier Abencerrage, Natchez. 1 vol.
— Voyages en Amérique, en Italie et au Mont-Blanc. 1 vol.
— Paradis perdu. Littér. anglaise. 1 v.
— Etudes historiques. 1 vol.
— Histoire de France. — Les Quatre Stuarts. 1 vol.
— Mélanges historiques et politiques. Vie de Rancé. 1 vol.
CHENIER (ANDRÉ). Œuvres poétiques. Nouvelle édition. 2 vol.
— Œuvres en prose. 1 volume.
COLIN D'HARLEVILLE. Théâtre. Introduction par L. MOLAND. 1 vol.
CORNEILLE. Edition collationnée sur la dernière publiée du vivant de l'auteur, notes. 2 vol.
CORNEILLE. Théâtre. 1 vol.
COURIER. Œuvres. Essai sur sa vie et ses écrits, par ARMAND CARREL. 1 vol.
COUSIN. Instruction publique en France. 2 vol.
— Enseignement de la médecine. 1 vol.
— Jacqueline Pascal. 1 vol.
CREQUY (La marquise de). Souvenirs (1718-1803). Edition, 5 vol., 10 portraits.
CYRANO DE BERGERAC. Histoire de la Lune et du Soleil. 1 vol.
DANTE. La divine Comédie. Trad. par ARTAUD DE MONTOR. 1 vol.
DASSOUCY. Aventures burlesques, avec préface et notes. 1 vol.
DELILLE (Œuvres), avec notes. 2 vol.

DEMOUSTIER. Lettres à Emilie sur la mythologie. Notice. 1 vol.

DESAUGIERS (Théâtre choisi). Introduction par MOLAND. 1 vol.

DESCARTES. Œuvres choisies. Discours de la méthode. Méditations métaphysiques. 1 vol.

DESTOUCHES. Théâtre. Notes de MOLAND. 1 vol.

DIDEROT. Œuvres choisies, sa vie, par Mme de VANDEUL. — *1er vol. La Religieuse.*

— *IIe vol.* Le neveu de Rameau *Salons. Correspondance avec Mlle Voland.* 2 vol.

— Jacques le fataliste et son Maître. Notes par J. ASSÉZAT. 1 vol.

— Les Bijoux indiscrets. Notice et notes, par J. ASSÉZAT. 1 vol.

DIODORE DE SICILE. Traduction avec notes. 4 vol.

DONVILLE. Mille et un calembours et bons mots, *histoire du Calembour.* 1 vol.

DUPORT. Muse juvénile, vers et prose. 1 vol.

DUPUIS. Origine de tous les Cultes. 1 vol.

DU PUGET. Romans de famille, traduits du suédois, sur les textes originaux.

— Les Voisins, par Mlle BREMER, 4e édit., 1 vol.

— Le Foyer domestique, par Mlle BREMER, ou *Chagrins et Joies de la famille,* 2e édit. 1 vol.

Les filles du Président, par Mlle BREMER, 3e édit., 1 vol.

La Famille H., par Mlle BREMER, 2e édit., 1 vol.

— Un journal, par Mlle BREMER. 1 vol.

— Guerre et Paix. Le voyage de la Saint-Jean, par Mlle BREMER. 1 vol.

— Abrégé des voyages de Mademoiselle Bremer dans l'Ancien et le Nouveau-Monde. 1 vol.

— La Vie de la famille dans le Nouveau-Monde. Lettres écrites pendant un séjour dans l'Amérique du Nord et à Cuba. 3 vol.

— Les Cousins, par Mme la baronne de KNORRING, 2e édit. 1 vol.

— Une femme capricieuse, par Mme CARLEN. 2 vol.

— L'Argent et le Travail, tableau de genre, par l'ONCLE ADAM. 1 vol.

— La Veuve et ses Enfants, par Mme SCHWARTZ.

— Histoire de Gustaff II Adolphe, par A. FRYXELL. 1 vol.

— Fleurs scandinaves, poésies. 1 vol.

— La Suède depuis son origine jusqu'à nos jours. 1 vol.

— Chroniques du temps d'Erick de Poméranie, par BERNHARD. 1 vol.

ESCHYLE. Théâtre. Trad. revue par HUMBERT. 1 vol.

FENELON, Œuvres choisies. — De l'existence de Dieu.— Lettres sur la religion, etc. 1 vol.

FENELON. Dialogue sur l'Eloquence. — De l'éducation des Filles, Fables. Dialogues des morts. 1 vol.

— Aventures de Télémaque, notes géographiques, littéraires. Grav. 1 v.

FLECHIER. (*Voy.* Massillon.)

FLEURY. Discours sur l'histoire ecclésiastique. Mœurs des Israélites, etc. 2 v.

FLORIAN. Fables, suivies de son Théâtre, notice par SAINTE-BEUVE. Illustrées par Grandville, 1 vol.

— Don Quichotte de la jeunesse, vignettes, dessins de Staal. 1 vol.

FONTENELLE. Eloges, introduction et notes par P. BOUILLIER. 1 vol.

FOURNEL. Curiosités théâtrales. 1 vol.

FURETIÈRE. Le Roman bourgeois. Ouvrage comique. Notice et notes, par F. TULOU. 1 vol.

GENTIL-BERNARD. L'art d'aimer. — Les Amours, par BERTIN. — Le Temple de Gnide, par LÉONARD. — Les Baisers, par DORAT. — Zélie au bain, par PEZAY. — Pièces des poètes. Notices et notes, par F. de DONVILLE. 1 vol.

GILBERT (Œuvres de). Notice historique, par Ch. NODIER. 1 vol.

GŒTHE. Faust et le second Faust, choix de poésies de Gœthe, Schiller, etc., trad. par GÉRARD DE NERVAL. 1 vol.

— Werther suivi de Hermann et Dorothée. 1 vol.

GOLDSMITH. Le Vicaire de Wakefield. Texte et traduction. 1 vol.

GRESSET. Œuvres choisies. 1 v.

GUERIN et ROBINET. L'Europe, histoire d'*Allemagne, Hongrie.* 1 vol.

— Histoire de la Russie, Pologne, Suède et Norvège. 1 vol.

HAMILTON. Mémoires de Gramont. Préface par SAINTE-BEUVE. 1 vol.

HELOISE et ABELARD. Lettres. Traduit par M. GRÉARD. 1 vol.

HEPTAMERON (L'). Contes de la reine de Navarre. 1 vol.

HERICAULT. Maximilien et le Mexique. L'Empire Mexicain. 1 vol.

HERODOTE. Histoire. Trad. de LARCHER, notes, commentaires, index, par L. HUMBERT. 2 vol.

HOMERE. Iliade. Trad. DACIER. Nouvelle édition, revue. 1 vol.

— Odyssée. Trad. par la même, revue, petits poèmes attribués à Homère. 1 v.

JACOB (P. L.) bibliophile. Curiosités infernales. Diables, bons Anges, Follets et Lutins, possédés. 1 vol.

—Curiosités des sciences occultes. Alchimie, Talisman, Amulettes, Astrologie, Chiromancie, Secrets d'amour. 1 vol.

—Curiosités théologiques. Légendes, Miracles, Superstitions bizarres, Brahmanes, Mahométans, Diables. 1 vol.

— Paris ridicule et burlesque. Au XVIIe siècle, par Claude Scarron. 1 vol.

JACOB (P.-L.). Recueil de Farces, soties et moralités du xve siècle. Maître Pathelin, Moralité de l'Aveugle, etc. 1 vol.

LA BRUYERE. Les caractères de Théophraste. Notice de SAINTE-BEUVE. 1 vol.

LA FAYETTE. Romans et nouvelles. — Zaïde. — Princesse de Clèves. — Princesse de Montpensier. 1 vol.

LA FONTAINE. Fables, avec notes, illustrées. 1 vol.

— Contes et nouvelles. Edition revue, notes explicatives. 1 vol.

LAMENNAIS. 9 vol.

— Essai sur l'indifférence en matière de religion. 4 vol. Le 1er vol. se vend séparément.

— Paroles d'un Croyant. — *Le Livre du Peuple.* — Une voix de prison. — Du passé et de l'avenir du peuple. — De l'esclavage moderne. 1 vol.

— Affaires de Rome. 1 vol.

— Les Evangiles, trad., notes et réflexions. 1 vol.

— De l'Art et du Beau, tiré de l'*Esquisse d'une Philosophie.* 1 vol.

— De la Société première et de ses lois. 1 vol.

LAROCHEFOUCAULD. Réflexions, sentences et maximes morales, *Œuvres choisies de Vauvenargue*, notes de Voltaire. 1 vol.

— **LAVATER et GALL.** Physiognomonie et Phrénologie, par A. YSABEAU, 150 figures. 1 vol.

LE SAGE. Hist de Gil Blas de Santillane. 1 vol.

— Le Diable boiteux. 1 vol.

— Guzman d'Alfarache. 1 vol.

LOUVET DE COUVRAY. Les Amours du Chevalier de Faublas. Nouvelle édition, 2 vol.

MACHIAVEL. Le Prince. Traduction GUIBAUDET, maximes extraites des Œuvres de MACHIAVEL. Notes. 1 vol.

MAISTRE (XAVIER DE). Œuvres complètes, nouv. édit. *Voyage autour de ma chambre, La jeune Sibérienne.* Préface par SAINTE-BEUVE. 1 vol. illustré.

MALEBRANCHE. De la recherche de la vérité, notes et études de François BOUTILLIER. 2 vol.

MALHERBE. Œuvres poétiques, vie de MALHERBE, par RACAN. 1 vol

MANZONI. Les Fiancés. Histoire milanaise. 2 vol. illustrés.

MARCELLUS. Souvenirs de l'Orient. 3e édit. 1 vol.

MARIVAUX. Théâtre choisi. Introduction par MOLAND. 1 vol.

MARMIER. Lettres sur la Russie. 2e édit. 1 vol.

— Les Voyageurs nouveaux. 3 vol.

— Lettres sur l'Adriatique, Montenegro. 2 vol.

MAROT. Œuvres complètes. 2 vol.

MARTEL. Recueil de proverbes français. 1 vol.

MARTIN. Le Langage des Fleurs gravures coloriées. 1 vol.

MASSILLON. Petit Carême. Sermons divers. 1 vol.

MASSILLON, FLECHIER, MASCARON. Oraisons. 1 vol.

MAURY. Essai sur l'éloquence de la Chaire. 1 vol.

MENIPPEE (La Satire). Par PICHOU, RAPPIN, PASSERAT, GILLOT, FLORENT CHRÉTIEN. 1 vol.

MERLIN COCCAIE. Histoire macaronique, prototype de Rabelais plus l'horrible bataille advenue entre les mouches et les fourmis. 1 vol.

MICHEL. Tunis. L'Orient africain. Arabes, Maures, Intérieurs, Sérails, Harems. 1 vol.

MILLE ET UNE NUITS. Contes arabes. Trad. par GALLAND. 3 vol.

MILLE ET UN JOURS. Contes arabes. 1 vol.

MILLEVOYE. Œuvres. Notice par M. Sainte-Beuve. 1 vol.

MIRABEAU. Lettres d'amour Etude sur Mirabeau, par Mario Proth 1 vol.

MOLIERE (Œuvres complètes) avec des remarques nouvelles, par LEMAISTRE; vie de Molière, par Voltaire 3 vol.

MONNIER. Paris et la Province Introduction, par TH. GAUTIER. 1 vol.

MONTAIGNE (Essais de), notes de tous les commentateurs. 2 vol.

MONTESQUIEU. L'Esprit des lois notes de Voltaire, de La Harpe. 1 vol.

— Lettres Persanes suivies de ARSACE et ISMÉNIE et du *Temple de Gnide.* 1 v

— Considérations sur les causes de la grandeur des Romains et de leur décadence. 1 vol.

MOREAU. Œuvres, *le Myosotis.* 1 vol.

NINON DE LENCLOS (Lettres de. Mémoires sur sa vie. 1 vol.

OVIDE. Les Amours. — L'Art d'aimer. études par JULES JANIN. 1 vol

PARNY. Œuvres, élégies et poésies. Préface de M. SAINTE-BEUVE. 1 vol.

PASCAL. Pensées sur la Religion. Edition conforme au véritable texte de l'auteur, additions de Port-Royal. 1 vol.

— Lettres écrites à un Provincial. Essai sur les *Provinciales.* 1 vol.

PELLICO. Mes Prisons, suivies des Devoirs des hommes, 6 grav. 1 vol.

PETRARQUE. Œuvres amoureuses. Sonnets, triomphes, traduits en français, texte en regard. 1 vol.

PICARD. Théâtre. Note, notices par L. MOLAND. 2 vol.

PINDARE et les lyriques grecs traduction par M. C. POYARD. 1 vol.

PIRON. Œuvres choisies, par TROUBAT, notice de SAINTE-BEUVE. 1 v

PLATON. l'Etat ou la République. Trad. de BASTIEN. 1 vol.

PLATON. Apologie de Socrate. — Criton-Phédon-Gorgias. 1 vol.

PLUTARQUE. Les Vies des Hommes illustres. Traduites par RICARD. Vie de Plutarque, etc. 4 vol.

POETES moralistes de la Grèce, Hésiode, Théognis, etc. 1 vol.

QUINZE Joyes de mariage, notices et notes. 1 vol.

QUITARD. L'Anthologie de l'Amour, choix de pièces érotiques. 1 vol.

— Proverbes sur les femmes, l'amitié, l'amour, le mariage. 1 vol.

RABELAIS. Œuvres complètes. Vie de l'auteur, bibliographie, glossaire, par L. MOLAND. 1 vol.

RACINE. Théâtre complet, remarques littér., notes class. par LEMAISTRE. 1 vol.

REGNARD. Théâtre. Notes et notices. 1 vol.

REGNIER. Œuvres complètes. 1 v.

ROMANS GRECS. Les Pastorales de Longus. — Les Ethiopiennes d'Héliodore. Etude sur le roman grec, par A. CHASSANG. 1 vol.

RONSARD. Œuvres choisies. Notices, notes, par SAINTE-BEUVE. Edition revue par MOLAND. 1 vol.

ROUSSEAU. Les Confessions. Nouv. édit. 1 vol.

— Emile. Nouvelle édit. revue. 1 vol.

— La nouvelle Héloïse. 1 fort vol.

— Contrat social, ou Principes de droit politique, lettres à d'Alembert sur les spectacles. 1 vol.

RUNEBERG. Le roi Fialar. Le Porte-Enseigne Stole. — La Nuit de Noël. Traduit par VALMORE. 1 vol.

SAINT AUGUSTIN (Confessions), traduction française d'ARNAUD d'ANDILLY, revue par CHARPENTIER. 1 vol.

SAINT-EVREMONT. Œuvres choisies. Vie et ouvrages de l'auteur, par A.-Ch. GIDEL. 1 vol.

SCARRON. Le Roman comique. 1 v.

— Virgile travesti en vers burlesques, avec la suite de Moreau de Brazy. Edit. revue, introd. par VICTOR FOURNEL. 1 vol.

SEDAINE. Théâtre, introduction par L. MOLAND. 1 vol.

SÉVIGNÉ. Lettres choisies. Notes explicatives sur les faits et les personnages du temps et observations littéraires, par SAINTE-BEUVE. 1 vol.

SOPHOCLE. Tragédies. Traduction par E. HUMBERT. 1 vol.

SOREL. La vraie Histoire comique de Francion. 1 vol.

STAËL. Corinne ou l'Italie, observations par Mme NECKER DE SAUSSURE et SAINTE-BEUVE. 1 vol

— De l'Allemagne. Edit. revue. 1 v.

— Delphine. Nouv. édit. revue. 1 v.

STERNE. Tristram Shandy. Voyage sentimental. 2 vol.

TABARIN (Œuvres de), *Aventures du Capitaine Rodomont, la Farce des bossus*, pièces tabariniques, 1 vol.

TASSE. Jérusalem délivrée. Trad. de LE PRINCE LEBRUN. 1 vol.

THEATRE DE LA REVOLUTION — Charles IX. — Les Victimes cloîtrées. — Madame Angot. — Madame Angot dans le sérail de Constantinople, introduction, notes par M. MOLAND. 1 vol.

THIERS. Histoire de la Révolution de 1870. Déposition, 1 vol.

THIERRY (Œuvres d'Augustin). Edit. définitive revue par l'auteur. 9 vol.

— Histoire de la conquête de l'Angleterre 4 vol.

— Lettres sur l'Histoire de France. 1 vol.

— Dix ans d'Etudes historiques. 1 v.

— Récits des Temps mérovingiens. 2 vol.

— Essai sur l'Histoire du Tiers-Etat. 1 vol.

THUCYDIDE. Histoire. Traduction LOISEAU. 1 vol.

VADE. Œuvres. La Pipe cassée. — Chansons. — Bouquets poissards, etc. Notice, par J. LEMER. 1 vol.

VAUQUELIN DE LA FRESNAYE (Œuvres poétiques de). Texte conforme à l'édition de 1605. 1 vol.

VAUX DE VIRE D'OLIVIER BASSELIN, et de JEAN DE HOUX, poète virois. Notices et notes par Ch. Nodier, 1 vol.

VEKERLIN. Musiciana. Extraits d'ouvrages rares, bizarres, etc. 1 vol.

VILLENEUVE-BARGEMONT. Le livre des affligés. Douleurs et consolations. 2 vol.

VILLON. Poésies complètes, notes par L. MOLAND. 1 vol.

VOISENON. Contes et poésies fugitives. Notice sur sa vie. 1 vol.

VOLNEY. Les Ruines. — La loi naturelle. — L'histoire de Samuel. Edition revue. 1 vol.

VOLTAIRE. 15 vol.

— Théâtre, contenant tous les chefs-d'œuvre dramatiques. 1 vol.

— Le Siècle de Louis XIV. Edition revue. 1 vol.

— Siècle de Louis XV, histoire du Parlement. 1 vol.

— Histoire de Charles XII. Edition revue. 1 vol.

— La Henriade. Le Poème de Fontenoy. 1 vol.

— Pucelle d'Orléans. Poème, 21 chants. Variantes, Notes. 1 vol.

— Romans et contes en vers. 1 vol.

— Epîtres, contes, satires, épigrammes. 1 vol.

— Lettres choisies. Notice et notes sur les faits et sur les personnages du temps, par L. MOLAND. 2 vol.

— Le Sottisier, suivi des remarques sur le discours sur l'inégal. des condit. 1 vol.

WAREE. Curiosités judiciaires, historiques, anecdotiques. 1 vol.

YSABEAU (Docteur). Le Médecin du Foyer. *Guide médical des Familles*. 1 vol.

NOUVELLE BIBLIOTHÈQUE LATINE-FRANÇAISE

RÉIMPRESSION DES CLASSIQUES LATINS

75 volumes, format grand in-18 à 3 fr.

TRADUCTIONS REVUES ET REFONDUES AVEC LE PLUS GRAND SOIN

Le succès de cette collection est aujourd'hui avéré. Belle impression, joli papier, correction soignée, revision intelligente et sérieuse, rien n'a été négligé pour recommander ces éditions aux amis de la bonne littérature. La modicité du prix, jointe aux avantages d'une bonne exécution, fait rechercher nos *classiques* avec prédilection.

6 volumes à 4 fr. 50

CLAUDIEN. Œuvres complètes, traduites en français par M. HEGUIN DE GUERLE, 1 vol.

SAINT JÉROME. Lettres choisies, texte latin soigneusement revu. Trad. nouvelle et introduction par M. J.-P. CHARPENTIER. 1 vol.

ABÉLARD et HÉLOISE (Lettres d'), latin-français. Trad. de M. GRÉARD, inspect. de l'Académie de Paris. Texte latin revu avec le plus grand soin. 1 v.

OVIDE (Les Métamorphoses). Trad. française de GROS, refondue par M. CABARET-DUPATY. Notice par M. CHARPENTIER. Edition complète en 1 vol.

TÉRENCE (Comédies). Traduction nouvelle par BÉTOLAUD, docteur ès lettres de Paris. 1 fort volume.

VIRGILE (Œuvres complètes), traduites en français. Edition refondue par M. FÉLIX LEMAISTRE. Etude sur Virgile par M. SAINTE-BEUVE. 1 vol.

72 Volumes à 3 fr. — Chaque volume se vend séparément.

APULÉE (Œuvres complètes), traduites par BÉTOLAUD. 2 vol.

AULU-GELLE (Œuvres complètes), édition revue par CHARPENTIER et BLANCHET. 2 vol.

CATULLE, TIBULLE et PROPERCE. Œuvres traduites par HEGUIN DE GUERLE, VALATOUR et GENOUILLE. 1 vol.

CÉSAR. Commentaires sur la Guerre des Gaules et sur la Guerre civile, trad. par M. ARTAUD. Edition revue par LEMAISTRE, notice par M. CHARPENTIER. 2 vol.

CICÉRON (Œuvres complètes), avec la traduction française améliorée et refaite en grande partie par CHARPENTIER, LEMAISTRE, GÉRARD-DELCASSO, CABARET-DUPATY, etc. 20 vol.

TOME I. — Étude sur Cicéron; Vie de Cicéron par Plutarque; Tableau synchronique de la vie et ouvrages de Cicéron.

II. — Traité sur l'art oratoire : Rhétorique; l'Invention.

III. — L'Orateur.

IV. — Brutus; l'Orateur; des Orateurs parfaits; les Topiques; les Partitions oratoires.

V. — Discours; Introduction aux Verrines; Discours pour SEXTIUS ROSCIUS D'AMÉRIE; Discours pour PUBLIUS QUINTUS; Discours pour Q. ROSCIUS, le Comédien; Discours contre Q. CÆCILIUS; Première action contre VERRÈS; Seconde action contre VERRÈS, livre premier.

VI. — Seconde action contre VERRÈS, livre deuxième; Seconde action contre VERRÈS, livre troisième; Seconde action contre VERRÈS, livre quatrième.

VII. — Seconde action contre VERRÈS, livre cinquième; Discours pour A. CÆCINA; Discours pour M. FONTEIUS; Discours en faveur de la loi MANILIA; Discours pour A. CLUENTIUS AVITUS; Premier discours sur la loi agraire; Deuxième discours sur la loi agraire; Troisième discours sur la loi agraire; Discours pour C. RABIRIUS.

VIII. — 1er discours contre L. CATILINA; 2e discours contre L. CATILINA; 3e discours contre L. CATILINA; 4e discours contre L. CATILINA; Discours pour L. LICINIUS MURENA; Discours pour P. SYLLA; Discours pour le poète A. LICINIUS ARCHIAS; Discours pour L. FLACCUS; Discours de CICÉRON au Sénat, après son retour; Discours de CICÉRON au peuple.

IX. — Discours de CICÉRON pour sa maison; Discours pour P. SEXTIUS; Discours contre P. VATINIUS; Discours sur la réponse des aruspices; Discours sur les provinces consulaires; Discours pour L. CORNÉLIUS BALBUS; Discours pour MARCUS CELIUS RUFUS.

X. — Discours contre L. CALPURNIUS PISON; Discours pour CN. PLANCIUS; Discours pour C. RABIRIUS POSTHUMUS; Discours pour T. A. MILON; Discours pour MARCUS MARCELLUS; Discours pour QUINTUS LIGARIUS; Discours pour le roi DÉJORATUS; Première philippique de M. T. CICÉRON contre M. ANTOINE.

XI. — Deuxième, troisième à quatorzième philippique.

XII. — Lettres : Lettres I à CLXXXII; An de Rome 685 à décembre 701.

XIII. — Lettres CLXXXIII à CCCLXXIII; Avril 702 à la fin d'avril 704.

XIV. — Lettres CCCLXXIV à DCLXVI. 2 mai 704 à 708.

XV. — Lettres DCLXVII à DCCCLII; 708 à 710; Dates incertaines des lettres DCCCLIII à DCCCLIX. Lettres à BRUTUS.

XVI. — Ouvrages philosophiques; Académiques; Des vrais biens et des vrais maux; Les Paradoxes.

XVII. — Tusculanes; De l'Amitié; De la Demande du consulat.

XVIII. — Des Devoirs; Dialogue de la vieillesse; De la nature des Dieux.

XIX. — De la Divination; Du Destin; De la République; Des Lois.

XX. — Fragments; Fragments des Discours de M. CICÉRON; Fragments des Lettres; Fragments du Timée, du Protagoras, de l'Economique; Fragments des ouvrages philosophiques; Fragments des Poèmes. Ouvrages apocryphes : Discours sur l'amnistie; Discours au peuple; Invective de SALLUSTE contre CICÉRON; Invective de CICÉRON contre SALLUSTE. Lettre à OCTAVE; La Consolation.

CORNELIUS NEPOS. Traduct. par M. AMÉDÉE POMMIER. EUTROPE. Abrégé de l'histoire romaine, traduit par DUBOIS. 1 vol.

HORACE (Œuvres complètes). Traduction française revue par LEMAISTRE. Etude sur Horace, par M. H. RIGAULT. 1 vol.

JORNANDES. De la succession du royaume, origine et actes des Goths. Trad. de SAVAGNER. 1 vol.

JUSTIN (Œuvres complètes). Abrégé de l'Histoire universelle de Trogue Pompée. trad. par PIERROT. Revue par PESSONNEAUX. 1 vol.

JUVENAL ET PERSE (Œuvres complètes), suivie des fragments de *Turnus* et de *Sulpicia*, traduction de DUSSAULX, LEMAISTRE. 1 vol.

LUCAIN. La Pharsale. Trad. de MARMONTEL, revue par DURAND. 1 v.

LUCRECE (Œuvres complètes), traduction de LAGRANGE, revue par BLANCHET. 1 vol.

MARTIAL (Œuvres complètes), traduction de MM. V. VERGER, DUBOIS et J. MANGEART. Précédée des *Mémoires de Martial*, par JULES JANIN. 2 vol.

OVIDE. — Œuvres. — Les Amours. — L'Art d'aimer. — Edition revue par LEMAISTRE. *Etude sur Ovide et la Poésie amoureuse*, par JULES JANIN. 1 v. — Les Fastes, les Tristes, édition revue par M. PESSONNEAUX. 1 vol. — Les Héroïdes. — Le Remède d'amour. — Les Pontiques. — Petits Poèmes. Edit. revue. 1 vol.

PETITS POETES. ARBORIUS, CALPURNIUS. EUCHARIA, GRATIUS FALISCUS, LUPERCUS, SERVASTUS, NEMESIANUS, PENTADIUS, SABINUS VALERIUS CATO, VESTRITIUS SPURINA et le *Pervigilium Veneris*, traduction de CABARET-DUPATY. 1 vol.

PETRONE (Œuvres complètes), traduites par M. HÉGUIN DE GUERLE. 1 vol.

PHÈDRE (Fables), suivie des Œuvres d'Avianus, de Denis Caton, de Publius Syrus. Edition revue par M. E. PESSONNEAUX. 1 vol.

PLAUTE. Son théâtre. Traduction nouvelle de M. NAUDET, membre de l'Institut. 4 vol.

PLINE L'ANCIEN. L'Histoire des animaux, traduction de GUÉROULT. 1 v.

PLINE LE NATURALISTE (Morceaux extraits). Traduction de GUÉROULT. 1 vol.

PLINE LE JEUNE (Lettres). Trad. par M. CABARET-DUPATY. 1 vol.

QUINTILIEN (Œuvres complètes). Traduction de OUISILLE. Revue par CHARPENTIER. 3 vol.

QUINTE-CURCE (Œuvres complètes). Edition revue par M. E. PESSONNEAUX. 1 vol.

SALLUSTE (Œuvres complètes). Traduction DU ROZOIR. Revue par M. CHARPENTIER. 1 vol.

SÉNEQUE LE PHILOSOPHE (Œuvres complètes), édition revue par CHARPENTIER et LEMAISTRE. 4 v.

SENÈQUE (Tragédies). Edition, revue par CABARET-DUPATY. 1 vol.

SUETONE (Œuvres). Trad. refondue par CABARET-DUPATY. 1 vol.

TACITE (Œuvres complètes), traduction de DUREAU DE LA MALLE, revue par M. CHARPENTIER. 2 vol.

TACITE, trad. de Dureau de la Malle. Suppléments de Brottier. 3 vol.

TITE-LIVE (Œuvres complètes), traduites. Edition revue par E. PESSONNEAUX et BLANCHET. Etude sur Tite-Live, par M. CHARPENTIER. 6 v.

VALÈRE MAXIME (Œuvres complètes), traduction de FRÉMION. Edition revue par M. CHARPENTIER. 2 v.

VELLEIUS PATERCULUS, traduction refondue avec le plus grand soin par M. GRÉARD. — FLORUS (Œuvres). Notice sur Florus, par M. VILLEMAIN. 1 vol.

Nouveau Dictionnaire complet des COMMUNES DE LA FRANCE
Algérie Tunisie, Tonkin et toutes les Colonies françaises.

La nomenclature de toutes les communes, leur division administrative, leur population d'après le dernier recensement, leurs principales sections, les châteaux, les bureaux de poste, leur distance de Paris, les stations de chemins de fer, les bureaux télégraphiques, l'industrie, le commerce, les productions du sol, renseignements relatifs à l'organisation, le tableau des communes annexées à l'Allemagne, etc., par M. GINDRE DE MANCY, cartes. Nouvelle édition, revue, corrigée, augmentée. 1 fort vol. gr. in-8 à 2 col., **15 fr.**; relié 1/2 chagr. **18 fr.** — Relié toile. **17 fr.**

BIBLIOTHÈQUE D'UTILITÉ PRATIQUE

Format in-18, avec planches, vignettes explicatives, gravures.

NOUVEAU GUIDE EN AFFAIRES. Le droit usuel ou l'avocat de soi-même, concernant toutes les notions de droit et tous les modèles d'actes dont on a besoin pour gérer ses affaires, soit en matière civile, soit en matière commerciale, etc., par DURAND DE NANCY, 16e édition, augmentée. 1 fort vol. gr. in-18, 692 pages. 4 fr. 50. — Relié, 5 fr.

GUIDE PRATIQUE DES GARDES-CHAMPETRES et des Gardes particuliers, par M. MARCEL GREGOIRE, secrét. gén. de préfect. 1 vol. in-18. 2 fr.

MANUEL PRATIQUE DES JUGES DE PAIX. Précis raisonné et complet de leurs attributions judiciaires, extra-judiciaires, civiles, administratives, de police et d'instruction criminelle, ouvrage entièrement neuf. Par M. GEORGE MARTIN, juge de paix. 1 vol. gr. in-18. . . . . 6 fr.

LA TENUE DES LIVRES, apprise sans maître, en partie simple et en partie double, mise à la portée de toutes les intelligences : comptabilité des Commerçants, Banquiers, Industriels, Propriétaires, Entrepreneurs, Agents de change, Courtiers, Agriculteurs, Sociétés, etc. Un cours complet de contentieux commercial. Adopté par le Tribunal de commerce et par l'Ecole du Commerce, par Louis DEPLANQUE, expert prof. de comptabilité, 20e éd. 1 fort v. in-8 7 fr. 50

TRAITÉ COMPLET théorique et pratique des comptes en participation, dits vulgairement comptes à 1/2, à 1/3, à 1/4, par DEPLANQUE. 1 vol. in-8 3 fr.

LA TENUE DES LIVRES rendue facile ou méthode raisonnée pour l'enseignement de la comptabilité, comprenant une instruction pratique pour l'application à toute espèce de compte des règles de la comptabilité en partie double et en partie simple, la méthode du journal-grand livre pour simplifier les écritures, par DEGRANGE. Edition revue par LEFEBVRE. 1 vol. in-8. 5 fr.

TENUE DE LIVRES, rendue facile à l'usage des personnes destinées au commerce; instruction pratique pour l'application à toute espèce de compte des règles de la comptabilité en partie double et en partie simple, par un ANCIEN NÉGOCIANT. 1 vol. . . . . 3 fr.

NOUVEAU GUIDE DE LA CORRESPONDANCE COMMERCIALE contenant 515 lettres : circulaires, offres de service, entrée en relations, lettres d'introduction et de recommandation, lettres de crédit, prise d'informations, ordres de bourse, ordres et fabriques, en entrepôts, demandes d'argent à des non-commerçants, remises, traites, lettres de change, consignations transports, assurances, avaries, etc. par HENRI PAGE. 1 volume in-8 6 fr.

LE SECRÉTAIRE COMMERCIAL par HENRI PAGE. Extrait du précédent. 1 volume in-18. . . . . 3 fr.

MANUEL DU CAPITALISTE ou Comptes faits des intérêts à tous les taux, pour toutes sommes, de 1 jusqu'à 366 jours, ouvrage utile aux négociants banquiers, commerçants de tous les états, trésoriers, receveurs généraux, comptables, aux employés des administrations de finances et de commerce et à tous les particuliers, par BONNET. Notice sur l'intérêt, l'escompte, etc., par M. Joseph GARNIER, professeur à l'Ecole supérieure du Commerce revue pour les calculs, par M. X. RYMKIEWICZ, calculateur au Crédit foncier. 1 volume in-8. 6 fr. Relié. . . . . 7 fr. 50

GUIDE DU CAPITALISTE ou Comptes faits d'intérêts à tous les taux, pour toutes les sommes, de 1 à 366 jours, par BONNET. 1 vol. in-18, 3 fr. — Relié, 4 fr.

BARÈME UNIVERSEL. Calculateur du négociant. Comptes faits des prix par pièces, mesures, nombres, kilogr., etc., et des salaires payés à l'heure, au jour et au mois, tableaux relatifs aux poids, mesures et monnaies, etc., par DONCKER et HENRY. 1 v. in-8. 8 fr.

LE LIVRE DE BAREME ou Comptes faits. Comptes faits depuis 0,02 jusqu'à 100 fr. Tableau des jours écoulés et à parcourir du 1er janvier au 31 décembre. Mesures légales, etc. Revu par PONS. 1 vol. in-18, 3 fr. — Relié toile. 4 fr.

GUIDE DU CHASSEUR AU CHIEN D'ARRET sous ses rapports théoriques, pratiques et juridiques, par F. CASSASSOLES. 1 v. in-18, grav. 3 50

LE PÊCHEUR A LA MOUCHE ARTIFICIELLE ET LE PÊCHEUR A TOUTES LIGNES par CHARLES DE MASSAS. Edition revue, étude sur le repeuplement des cours d'eau et la pisciculture, par Albert LARBALÉTRIER. 80 vign., 1 vol. 2 fr.

LA PÊCHE A TOUTES LIGNES, théorique, pratique et raisonnée des poissons d'eau douce. Législation spéciale et les principes d'art culinaire. 40 grav., 4 pl., 60 fig. techniques, par JOHN FISHER. 1 vol. 3 fr. 50

LA PÊCHE EN MER ET LA CULTURE DES PLAGES. Pêches cotières à la ligne et aux filets. Pêches à pied. — Grandes pêches, par ALBERT LARBALÉTRIER. 1 vol. in-18 illustré, 140 gravures . . . . . 3 fr. 50

CHASSES ET PÊCHES ANGLAISES. Variétés de pêches et de chasses. 1 volume in-8 . . . . 4 fr.

NOUVELLE FLORE FRANÇAISE. Description des plantes qui croissent spontanément en France et de celles qu'on y cultive en grand, indication de leurs propriétés et de leurs usages en médecine, en hygiène vétérinaire, dans les arts et dans l'économie domestique, par M. GILLET, vétérinaire principal de l'armée, et par M. J.-H. MAGNE, professeur de botanique. 1 beau vol. in-18, 97 planches, plus de 1,200 fig. 6e édit. 8 fr.

CAUSERIES CHEVALINES, par M. A. GAUME, propriétaire-éleveur. 1 volume grand in-18..... 3 fr. 50

L'ÉCONOMIE. Manuel hygiénique de la santé des animaux domestiques, suivi de la Catégorie des vices rédhibitoires, d'indications hygiéniques et des principes qui consistent à élever et maintenir les bonnes races, par E. BELLOT, maréchal-expert. 1 vol........ 3 fr.

LE CUISINIER EUROPÉEN. Ouvrage contenant les meilleures recettes des cuisines françaises et étrangères pour la préparation des potages, sauces, ragoûts, entrées, rôtis, fritures, entremets, desserts et pâtisseries, complété par un chapitre sur les desserts ou *l'art d'utiliser les restes d'un bon repas*; le service de table, la meilleure manière de faire les honneurs d'un repas et de servir les vins, par JULES BRETEUIL, ancien chef de cuisine. 1 fort volume grand in-18, illustré 300 gravures, 748 pages, relié................... 5 fr.

LE CUISINIER DURAND. Cuisine du Nord et du Midi, 8e édition revue par C. DURAND, petit-fils de l'auteur. 1 vol. in-18 illustré, 160 figures. 6 fr.

TRAITÉ DE L'OFFICE, par T. BERTHE, ex-officier de bouche, indispensable aux Maîtres d'hôtel, Valets de chambre, Cuisiniers, et à tous les gens du monde. 1 vol. in-18... 3 fr. 50

LE CUISINIER ET LE MÉDECIN. L'art de conserver sa santé, suivi d'un livre de cuisine par une Société de médecins, de cuisiniers, sous la direction de LOMBARD, docteur en médecine. 1 vol. in-8.................... 5 fr.

LE CONSERVATEUR OU LIVRE DE TOUS LES MÉNAGES, d'après les travaux de Carême, Appert, etc., par Léon KIRMS. 150 gr. 1 vol. 3 fr. 50

HYGIÈNE VÉTÉRINAIRE APPLIQUÉE, par J.-H. MAGNE, directeur de l'école nationale vétérinaire d'Alfort, membre de l'Académie de médecine. 3e édition, avec gravures. Divisé en 4 volumes.

RACES CHEVALINES ET LEUR AMÉLIORATION. Entretien, multiplication, élevage, éducation du cheval, de l'âne et du mulet. Amélioration des animaux domestiques. 1 v. in-18...................... 8 fr.

RACES BOVINES ET LEUR AMÉLIORATION. Entretien, multiplication, élevage, engraissement du bœuf. 1 vol. in-18........ [illegible]

RACES OVINES ET LEUR AMÉLIORATION. Multiplication, élevage, engraissement. 1 vol. in-18.... [illegible]

RACES PORCINES ET LEUR AMÉLIORATION. Multiplication, élevage, [illegible] 1 vol. in-[illegible]

CHOIX ET NOURRITURE DU CHEVAL, ou description de [illegible] à l'aide desquels on peut reconnaître l'aptitude des [illegible] 1 v. in-18, avec vignettes. 3 [illegible]

MÉDECINE VÉTÉRINAIRE RURALE. Étude des causes des maladies qui affectent les animaux domestiques, les moyens de les prévenir, soins à donner aux malades, suivie d'un Formulaire pharmaceutique, [illegible] VÉTÉRINAIRE. 1 fort vol. in-18. [illegible]

CH. LE BRUN-RENAUD. [illegible] pratique d'équitation, à l'usage des [illegible] sexes. Ouvrage orné de [illegible] figures. 1 beau volume.............. 2 [illegible]

NOBILIAIRE DE NORMANDIE. Publié par une société de généalogistes, avec le concours des principales familles nobles de la Province, sous la direction de M. [illegible] 2 vol. grand in-8........... [illegible]

NOUVEAU TRAITÉ DE BLASON ou science des armoiries mise à la portée des gens du monde et des artistes, d'après le P. MENESTRIER, d'HOZIER, SEGOING, [illegible] BARA, [illegible], par [illegible] héraldique. 1 vol. [illegible] 460 blasons, 8 [illegible] de famille [illegible]

ABRÉGÉ [illegible] SCIENCE [illegible] Suivi d'un [illegible] héraldiques, d'un traité [illegible] ordres modernes de chevalerie et notions sur l'origine des noms de famille et des classes nobles, les anoblissements, les preuves et les titres de noblesse, les usurpateurs et la législation nobiliaire, etc., par M. MAIGNE. Edit. augmentée, ill. 1 v. in-18. 10 [illegible] Imprimé à 124 exemplaires numérotés sur papier de Hollande...... 20 [illegible]

ÉLÉMENTS GÉNÉRAUX DE LÉGISLATION FRANÇAISE. Ou exposition des notions fondamentales du droit civil, du droit pénal et du droit public, par A. BOURGUIGNON. 1 fort vol. in-18, 720 pages. 6 [illegible]

LETTRES D'ABÉLARD ET D'HÉLOÏSE. Trad. nouv. d'après le texte de VICTOR COUSIN, introduction par OCTAVE GRÉARD, inspecteur général de l'Instruction publique. 1 vol. in-8..................... 7 fr. 50

GUIDE DES ASPIRANTS AU VOLONTARIAT D'UN AN

Chaque volume in-18 forme un tout complet.

LOIS, DÉCRETS ET INSTRUCTIONS RELATIFS AU VOLONTARIAT D'UN AN, suivis du règlement ministériel .... 50 c.

PROGRAMME DÉVELOPPÉ DES EXAMENS DU VOLONTARIAT D'UN AN, ou série de questions sur les matières de ces examens. 2e édition conforme aux dernières instructions ministérielles, par A. BOURGUIGNON. 1 volume. . . . . . 1 fr. 50

INSTRUCTION PRIMAIRE, par M. BOURGUIGNON et BERGEROLLE. 1 fort volume............ 3 fr. 50

AGRICULTURE, par M. BOURGUIGNON. 1 volume illustré...... 3 fr.

COMMERCE, par ROGER. 1 v. 3 fr. 50

INDUSTRIE, par M. A. MANGIN. 1 volume avec gravures... 3 fr. 50

CODE DU VOLONTARIAT, 2e édition, Lois, Décrets, Instructions, Circulaires ministérielles, etc., par ROGER, avocat. 1 volume. . . . . . . 1 fr.

MANUEL DES CANDIDATS AUX GRADES D'OFFICIERS dans la réserve de l'armée active et dans l'armée territoriale. Conforme au programme ministériel du 26 juin 1874, avec Commentaires, Explications, Figures. — Fortification, topographie, artillerie, administration et législation, par d'ANCIENS OFFICIERS. 1 v. 3 fr. 50

LOIS ANNOTÉES SUR L'ORGANISATION, LE RECRUTEMENT DE L'ARMÉE ET DES CADRES, décrets, instructions et circulaires ministérielles relatives aux engagements conditionnels d'un an, aux engagements volontaires, aux rengagements, aux opérations des conseils de révision, etc. 1 vol......................... 2 fr.

LOI SUR LE RECRUTEMENT DE L'ARMÉE. Annotée et expliquée, mis à l'usage des employés civils et militaires et des gens du monde. In-32.......................... 50 c.

VIGNOLE
TRAITÉ ÉLÉMENTAIRE PRATIQUE D'ARCHITECTURE

ou étude des cinq ordres d'après JACQUES BAROZZIO DE VIGNOLE. Ouvrage divisé en 72 planches, comprenant les cinq ordres, avec l'indication des ombres nécessaires au lavis, le tracé des frontons, etc., et des exemples relatifs aux ordres; composé, dessiné et mis en ordre par J.-A. LEVEIL, architecte, gr. sur acier par HIBON. **10** fr.

Le beau travail de M. Leveil est le plus complet, le mieux exécuté, en même temps que le plus exact qu'on ait publié jusqu'ici d'après BAROZZIO DE VIGNOLE. Les planches se distinguent par une élégance et un fini remarquables. Le texte se trouve au bas des pages auxquelles il s'applique.

TRAITÉ THÉORIQUE ET DESCRIPTIF
DES ORDRES D'ARCHITECTURE

Ouvrage servant d'introduction développée à l'*Architecture rurale*, avec 42 planches par SAINT-FÉLIX. 1 volume in-4 cartonné.................... **15** fr. Net **10** fr.

COLLECTION D'ANTONIN CARÊME

CHEF DES CUISINES DU PRINCE RÉGENT D'ANGLETERRE, DE L'EMPEREUR ALEXANDRE, DE M. LE BARON DE ROTHSCHILD, ETC.

ANTONIN CARÊME. L'Art de la cuisine française au dix-neuvième siècle, par CARÊME et PLUMEREY. 5 vol. in-8. Les 3 premiers volumes sont épuisés et rares.

— *Les tomes IV et V, composés* pr M. PLUMEREY, chef des cuisines de l'ambassade de Russie, se vendent séparément, contiennent les **entrées chaudes**, les **rôts en gras et en maigre**, **entremets de légumes**, toute la moyenne du beau service précédent et son complément...................... **16** fr.

— **Le Maître d'hôtel français**, par CARÊME. Nouvelle édition. 2 vol. in-8, orné de 10 grandes planches. **16** fr.

— **Cuisinier parisien**, pr CARÊME; 1 vol. in-8, 25 planches. **9** fr.

Traité élégant, classique, de toutes les entrées froides et entremets. Il retrace la disposition d'un déjeuner froid, des buffets et des tables de bal.

— **Le Pâtissier national parisien, ou Traité élémentaire et pratique de la Pâtisserie ancienne et moderne**, par CARÊME. Edition revue, fig. 2 forts vol. in-18.......... **8** fr.

— **Le Pâtissier pittoresque**, chef-d'œuvre d'invention et de dessin de l'art de monter les pièces, de décorer une table. 4e éd. 1 v. gr. in-8, 126 pl. **10** f. **50**

Traité de la fabrication des liqueurs économiques. — Vins, Bières, Cidres, Poirés, Liqueurs de table, Ratafias, etc., par L. KREBS. 1 vol. **3** fr. **50**

OUVRAGES DE JOSEPH GARNIER

MEMBRE DE L'INSTITUT

PROFESSEUR D'ÉCONOMIE POLITIQUE A L'ÉCOLE NATIONALE DES PONTS ET CHAUSSÉES
SECRÉTAIRE PERPÉTUEL DE LA SOCIÉTÉ D'ÉCONOMIE POLITIQUE, ETC.

PREMIÈRES NOTIONS D'ÉCONOMIE POLITIQUE, SOCIALE OU INDUSTRIELLE. *La Science du bonhomme Richard,* par Franklin : *l'Économie politique en une leçon,* par Frédéric Bastiat ; *Vocabulaire de la science économique,* 6e édition. 1 vol. in-18. 2 fr. 50

TRAITÉ D'ÉCONOMIE POLITIQUE, SOCIALE OU INDUSTRIELLE. Exposé didactique des principes et des applications de cette science, avec des développements sur le Crédit, les Banques, le Libre-Échange, la Production, l'Association, les Salaires. — Adopté dans plusieurs Écoles. — 8e édition revue, fort vol. gr. in-18. . . . . 7 fr. 50

TRAITÉ DE FINANCES. — L'impôt en général. — Les diverses espèces d'impôts. — Le Crédit public. — Les Emprunts et l'amortissement. — Les dépenses publiques. — Les Réformes financières. 4e édition. 1 vol. in-8. 8 fr.

NOTES ET PETITS TRAITÉS faisant suite au *Traité d'Économie politique* et au *Traité de finances.* — Éléments de statistique et Opuscules divers : Notice sur l'économie politique ; — questions relatives à la Monnaie, à la Liberté du travail, à la Liberté du commerce ; les Traités de commerce, l'Accaparement, les Changes, l'Agiotage, l'Association. 2e édition augmentée. 1 volume in-18. . . 4 fr. 50

TRAITÉ COMPLET D'ARITHMÉTIQUE *théorique et appliquée au commerce, à la Banque, aux finances, à l'industrie.* Problèmes raisonnés, notes et notions. 3e édit. 1 vol. in-8. . . 8 fr.

TRAITÉ ÉLÉMENTAIRE DES OPÉRATIONS DE BOURSE. Par A. COURTOIS fils, membre de la Société d'économie politique de Paris. Édition remaniée et augmentée. 1 vol. gr. in-18. . . . . 4 fr.

MANUEL DES FONDS PUBLICS ET DES SOCIÉTÉS PAR ACTIONS. Par le même. 8e édition complètement refondue et considérablement augmentée. 1 fort vol. in-8 raisin, 1,300 pages. . . . . 20 fr.

TABLEAU DES COURS DES PRINCIPALES VALEURS. Négociées et cotées aux bourses des effets publics de Paris, Lyon et Marseille, du 17 janvier 1797 (28 nivôse an V) à nos jours, par LE MÊME, 3e édition. 1 vol. album grand in-8 oblong, relié. 15 fr.

ÉTUDES SUR LA CIRCULATION ET LES BANQUES, par M. Alfred SUDRE. 1 vol. grand in-18. 3 fr. 50

GUIDE COMPLET DE L'ÉTRANGER DANS PARIS, par F. DE DONVILLE. Édition refondue, illustrée, vignettes des monuments, plan de Paris. 1 vol. relié. . . . . 4 fr.

NOUVEAU GUIDE PRATIQUE DANS PARIS, à l'usage des étrangers. 1 vol. relié. . . . . 2 fr.

GUIDE UNIVERSEL DE L'ÉTRANGER A LYON, les renseignements nécessaires au voyageur. Illustré. PLAN DE LYON. 1 volume in-32, toile. . . . . 2 fr. 50

GUIDE GÉNÉRAL A MARSEILLE. Description de ses monuments, places. Dictionnaire des rues illustré, vues, plan. 1 volume in-32, relié. . . . 3 fr.

NOUVEAU GUIDE GÉNÉRAL EN ITALIE. Sicile, Sardaigne et autres îles de la Péninsule. A l'usage des personnes qui font en ce pays un voyage d'affaires, d'agrément ou d'études. Plans et vues, carte générale des chemins de fer. 1 volume in-32. Relié. . . . . 6 fr.

ATLAS UNIVERSEL DE GÉOGRAPHIE PHYSIQUE ET POLITIQUE

Par M. L. GRÉGOIRE

Docteur ès lettres, Professeur d'Histoire et de Géographie, auteur du *Dictionnaire des Lettres et des Arts,* du *Dictionnaire d'Histoire et de Géographie,* de la *Géographie illustrée,* etc. 1 volume in-4° cartonné, contenant 80 cartes coloriées et environ 70 petites cartes ou plans en cartouches. 15 fr.

L'ATLAS UNIVERSEL est également divisé en trois parties :

LA FRANCE ET SES COLONIES, 1 volume in-4° contenant 24 cartes. . . . . 6 fr.

L'EUROPE (MOINS LA FRANCE), 1 volume in-4° contenant 32 cartes. . . . . 8 fr.

L'ASIE, L'AFRIQUE, L'AMÉRIQUE et L'OCÉANIE, 1 vol. in-4° contenant 26 cartes 6 f.

Volumes grand in-18 à 2 francs.

BRANTOME. Vie des dames galantes. Edit. revue. 1 vol.

CAGLIOSTRO. Le grand interprète des songes, par le dernier de ses descendants. 1 vol.

DELORD et HUART. Les Cosaques. Relation charivarique, comique. 100 vignettes par CHAM. 1 vol.

DUNOIS (ARMAND). Le Secrétaire des Familles et des Pensions, contenant : 1° les règles du style épistolaire; 2° des exercices sur les sujets de lettres. 1 vol.

— Le Secrétaire universel, modèles de lettres sur toutes sortes de sujets, modèles d'actes sous seing privé avec les instructions détaillées sur ces actes; choix de lettres des écrivains les plus célèbres. 1 beau vol. 422 p.

— Le Secrétaire des compliments, lettres de bonne année, lettres de fêtes, compliments divers, par ARMAND DUNOIS. 1 vol.

FRAISSINET. Le Japon, Histoire et descriptions, mœurs. 1 carte. 2 vol.

LAMARTINE. Raphaël, Pages de la vingtième année, 3e édition. 1 vol.

LAMBERT. Le Galant Secrétaire, encyclopédie à l'usage des amants. 1 vol.

LUCAS. Curiosités dramatiques et littéraires. 1 vol.

MAGUS. L'Art de tirer les cartes. Illustré 150 grav. 1 vol.

MERLIN. Le grand Livre des Oracles. 1 vol.

MULLER. La Politesse, manuel des bienséances et du savoir-vivre. 1 vol.

PHILIPON DE LA MADELAINE. Manuel épistolaire à l'usage de la jeunesse, nombre d'exemples puisés dans les meilleurs écrivains. 17e édition. 1 vol.

PREVOST. Histoire de Manon Lescaut et du chevalier des Grieux. Notice par J. JANIN. 1 vol.

REGNAULT. Histoire de Napoléon Ier. 8 gravures. 4 vol.

Nouveau Secrétaire des amants. Recueil complet de lettres à l'usage des amoureux. 1 vol.

Volumes grand in-18 1 fr. 50

BALSAMO. Les Petits mystères de la destinée, illustré. 1 vol.

BAREME OU COMPTES FAITS en francs et centimes. 1 v. in-32.

BELLOC. Alphabet de la Grand'-mère, causerie d'une grand'mère avec sa fille pour lui enseigner, en moins de trois mois, à bien lire. 1 vol.

BOCHET. Le Livre du Jour de l'An. Recueil de compliments et de lettres pour fêtes et anniversaires. 1 vol.

CAGLIOSTRO. L'interprète des songes, par le dernier de ses descendants. 1 vol.

DUNOIS. Le Petit Secrétaire français. 1 vol.

— Petit Secrétaire des compliments, lettres de fête. 1 vol.

ESMAEL. Manuel de cartomancie, ou l'art de tirer les cartes mis à la portée de tous. 132 figures. 1 vol.

MARTIN. Le Langage des fleurs. 1 v.

MERLIN. Le Livre des Oracles. 1 vol.

MULLER. Petit traité de la Politesse française. 1 vol.

PERIGORD. Le Trésor de la Cuisinière et de la Maîtresse de maison. 7e édition revue. 1 vol.

LE PETIT SECRETAIRE DES AMANTS. 1 vol.

DICK DE LONLAY. Le Siège de Tuyen-Quan. 20 gravures. 1 vol.

— Les Combats du général de Négrier au Tonkin. 30 grav. 1 vol.

— La Marine française en Chine, l'amiral Courbet et « Le Bayard ». 40 gravures. 1 vol.

Récits, faits de l'histoire de France. Cartes, gravures. 1 vol.

Récits, faits de l'histoire de France, *Temps moderne*. grav. 1 vol.

HUMBERT. Le Fablier de la jeunesse, ou choix de fables de LA FONTAINE, FLORIAN ; vignettes. 1 volume.

Volumes in-32, dit Cazin, à 1 franc, net 75 cent.

CHAUVERON et S. BERGER — Du travail des enfants mineures. 1 v.

CONSTANT. Adolphe. 1 vol.

GODWIN. Caleb Williams. 3 vol.

EUGENE SUE. Arthur. 4 vol.

REVEL (TH.). Manuel des Maris. 1 v.

MAITRE PIERRE. Vie de Napoléon, par MARCO DE SAINT-HILAIRE. 1 v.

VOLTAIRE. Epîtres, stances et odes. 2 vol.

— Temple du Goût. 1 vol.

SAINT-REAL. Œuvres. 2 vol.

[illegible]OIS. Œuvres. 7 vol.

DESTOUCHES. Œuvres. 3 vol.

J. MEUGY. De l'extinction de la prostitution. 1 vol.

Les Allopathes et les Homœopathes devant le Sénat, par DUPIN et BONJEAN. 1 vol.

Les Mois, poème en douze chants, par ROUCHER. 2 vol.

La Natation, Art de nager appris seul, avec figures, par P. BRISSET. 1 vol.

GIRARDIN. Dossier de la guerre de 1870-1871. 1 vol.

BONJEAN. Conservation des oiseaux. 1 vol.

DICTIONNAIRE NATIONAL

Par BESCHERELLE Aîné.

MONUMENT ÉLEVÉ A LA GLOIRE DE LA LANGUE ET DES LETTRES FRANÇAISES

Ce grand Dictionnaire classique de la Langue française contient, outre les mots mis en circulation par la presse, et qui sont devenus une des propriétés de la parole, les noms de tous les peuples, anciens et modernes; des Institutions politiques; des Assemblées délibérantes; des Ordres monastiques, militaires; des sectes religieuses, des grands Evénements historiques; Guerres, Batailles, Sièges, Traités de paix, Conciles; des Titres, Dignités; des Personnages historiques de tous les temps: Saints, Martyrs, Savants, Artistes, Ecrivains; des Divinités, Héros et Personnages fabuleux de tous les Peuples; des Religions et Cultes, Fêtes, Jeux, Cérémonies publiques, Mystères, Livres sacrés, avec les Etymologies grecques, latines, arabes, etc. 2 magnifiques volumes in-4°, 3,000 pages environ à 4 col., renfermant la matière de 300 vol. in-4°, **50** fr. — Relié demi-chagrin, plats en toile. . **60** fr.

CHIROMANCIE NOUVELLE EN HARMONIE AVEC LA PHRÉNOLOGIE ET LA PHYSIOGNOMONIE. **LES MYSTÈRES DE LA MAIN**, art de connaître la vie, le caractère, les aptitudes et la destinée de chacun d'après la seule inspection de la main, par A. DESBAROLLES. 17e édition, avec figures. 1 fort vol. grand in-18 . . . . 5 fr.

GRAPHOLOGIE *ou les Mystères de l'Ecriture* par DESBAROLLES et JEAN HIPPOLYTE; autographies. 1 volume in-18. . . . . 4 fr.

MANUEL DU DRAINAGE, publié sous les auspices de MM. les préfets de l'Ain, du Jura et du Doubs, suivi du drainage par perforation, par le baron VAN DER BRAKELL. 1 volume in-18. 7 cart. . . . . 3 fr. 50

MANUEL DES CHAUFFEURS ET DES CONSTRUCTEURS DE MACHINES A VAPEUR. — La conduite, l'entretien et les dérangements des machines à vapeur fixes employées dans l'industrie, par TH. BUREAU, ingén. des ponts et chaussées, dir. de l'École industrielle de Gand. 3e édit. 111 fig. et 5 pl. 1 vol. in-18. . . 5 fr.

LE BARREAU AU XIXe SIÈCLE, par M. O. PINARD, avocat (ex-ministre de l'intérieur). 2 volumes in-8. . . . . 6 fr.

DICTIONNAIRE UNIVERSEL DE LA LANGUE FRANÇAISE, *avec latin et l'étymologie*. Extrait comparatif, concordance, critique et supplément de tous les dictionnaires français; manuel encyclopédique de grammaire, d'orthographe de vieux langages, par BOISTE. Précédé de principes de grammaire d'après l'Académie française, par M. LORAIN, par CHARLES NODIER, 15e édit., revue. 1 vol. in-4. **20** fr., relié *demi-chagrin*. . . . . **25** fr.

SUPPLÉMENT AU DICTIONNAIRE DE LA CONVERSATION ET DE LA LECTURE

16 vol. in-8 de 500 p. ou livraisons pareilles à celles des 52 v., publ. de 1833 à 1839 **80** fr. Aujourd'hui les seuls exemplaires qui conservent *leur valeur primitive* sont ceux qui sont accompagnés du *Supplément*, en d'autres termes des tomes LIII à LXVIII.

DICTIONNAIRE DE LA CONVERSATION ET DE LA LECTURE

8 volumes grand in-8, de 500 pages à 2 colonnes, **200** fr.. . . . . . Net **120** fr.

60,000 volumes complets de l'ILLUSTRATION

DIVISÉS EN 4 CATÉGORIES DE PRIX

1° Volumes 12, 20, 25, 27, 28, 29, 30, 31, 32, 33, 34, 35, 36, 37 à 47, 58 à 60. Le volume **18** fr. Net. . . . . . 6 fr.

2° Série de 46 volumes, 27 à 70, 72 et 73 inclusivement, contenant les *guerres de Crimée, des Indes, de la Chine, d'Italie, du Mexique*, le vol. **18** f. Net **12** fr.

3° Les collections complètes dont il ne nous reste plus qu'un petit nombre d'exemplaires restent fixées au même prix que précédemment, .2 vol. **18** fr.

4° Volumes 55 à 70, 72 et 73. (Le tome 71 est épuisé). à . . . . **18** fr.

Reliure et tranches dorées. Le vol. **6** fr.

NOUVELLE ACADÉMIE DES JEUX. Contenant un dictionnaire des jeux anciens, le nouveau jeu de Croquet, le Besigue chinois et une étude sur les jeux et paris de courses, par JEAN QUINOLA. 1 fort vol. avec fig. **3** fr.

TRAITÉ DU WHIST, par M. DESCHAPELLES. 1 vol. . . . . **3** fr. **50**

ANALYSE DU JEU DES ECHECS, par A.-D. PHILIDOR. Edit. augmentée de 98 parties jouées par Philidor, du traité de Greco, des débuts de Stamma et de Ruy Loppez, par C. SANSON. 1 fort volume in-18, planches. **5** fr.

LE JEU DE TRICTRAC, rendu facile, par J. L., ancien élève de l'Ecole polytechnique. Règles et tables servant à calculer les chances. 2 vol. in-8. **8** fr.

ENCYCLOPEDIANA. Recueil d'anecdotes anciennes, modernes et contemporaines, etc., édition illustrée de 128 vign., 1 vol. in-8 de 840 p **6** fr.

COLLECTION DE NOUVELLES CARTES

Itinéraire *à l'usage des voyageurs et des gens du monde*, chemins de fer et routes, dressées, coloriées, par BERTHE, grand colombier chacune .... 1 fr.
Europe. États de l'Europe.
France en 86 départements.
Espagne et Portugal.
Hollande et Belgique.
Italie et ses divers États, en une feuille.
Confédération Suisse, en 22 cantons.
Russie d'Europe.
Grèce actuelle et Morée.
Turquie d'Europe et d'Asie.
Angleterre, Écosse et Irlande.
Empire de Prusse.
Mappemonde.
Suède et Norvège.
Amérique Méridionale.
Amérique septentrionale.
Asie.
Afrique, plan de l'île Bourbon.
Océanie et Polynésie, Égypte et Palestine.
Amérique méridionale et septentrionale.

Carte de Tunisie. 1 feuille col. 2 fr.

CARTES MURALES écrites, coloriées.
Carte de France en 89 départements. 1 feuille grand monde. . . 4 fr. 50
Carte d'Europe. 1 f. gr. monde. 4 fr. 50
LES MÊMES collées sur toile, vernies et montées sur gorge et rouleaux. 10 fr.
Mappemonde en deux hémisphères. Haut. 0m90, largeur 1m80. . 6 fr. 50
Collée sur toile, montée sur gorge et rouleau..................... 14 fr.

Le Rhin et les pays voisins, de Constance à Cologne. . 1 f. jés. 2 fr.

Carte des environs de Paris. Villes, communes et châteaux desservis par les chemins de fer, 1 f. col. 2 fr.

Carte du Tong-King, de l'Annam, Cochinchine, Cambodge, plan d'Hanoï, demi-colombier . . 60 cent.

Carte de l'Algérie et de la Tunisie, colorié, 1 demi-colombier. . 60 cent.

Carte de la Belgique, demi-jés. 1 fr.

Carte de la Hollande, demi-jés. 1 fr.

Nouvelle carte de l'Italie 2 fr.

Carte de l'Angleterre, de l'Irlande et de l'Écosse. 1 feuil. jés. . 2 fr.

Nouvelle carte de l'Espagne et du Portugal. 1 feuille. jés. . 2 fr.

Nouvelle carte de la Suisse. 2 fr.

Nouvelle carte de l'Allemagne. 1 feuille jésus.................. 2 fr.

Carte physique et politique du Portugal. 1 feuille demi-jés. 1 fr.

Paris fortifié et ses environs. Les nouveaux forts au $\frac{200}{100}$ 1 f. 1/2-jés. 1 fr.

CARTE GÉNÉRALE DES CHEMINS DE FER FRANÇAIS, par CHARLE. Colombier . . . . . . 2 fr.

NOUVELLE CARTE ITINÉRAIRE DES CHEMINS DE FER DE L'EUROPE CENTRALE. Les communications entre les villes capitales, par A. VUILLEMIN. 1 feuille. . 2 fr.

NOUVELLE CARTE ROUTIÈRE ET ADMINISTRATIVE DE LA FRANCE, chemins de fer, stations, divisions civiles et militaires, navigation, d'après celle des Ponts et Chaussées, par BERTHE, 1 feuille col. . 3 fr.

NOUVELLE CARTE PHYSIQUE ET POLITIQUE DE L'EUROPE, routes et chemins de fer, dressée par FREMIN. Feuille grand monde. . 3 fr.

PLANISPHÈRE TERRESTRE, nouvelles découvertes, les colonies européennes et les parcours maritimes, par VUILLEMIN, 1 f. gr. monde, chromo 5 fr.

CARTE PHYSIQUE ET POLITIQUE DE L'ALGÉRIE, divisions administratives et militaires, par M. A. VUILLEMIN. 1 feuille col. . . . 2 fr.

NOUVEAU PLAN DE PARIS ET DES COMMUNES DE LA BANLIEUE. 1 f. gr.-monde, chrom. 4 fr. 50

PARIS ET SES NOUVELLES DIVISIONS MUNICIPALES. Plan-Guide à l'usage de l'étranger, par A. VUILLEMIN. 1 feuile gr.-aigle 1 fr. 60

PLAN DE PARIS. Illustré, itinéraire des rues, demi-colombier. . . . 1 fr.

NOUVEAU PARIS MONUMENTAL. Itinéraire pratique des étrangers dans Paris. Feuille chrom. 1 fr.

ITINÉRAIRE DES OMNIBUS ET TRAMWAYS DANS PARIS. Feuille, colorié, plié. . . . 1 fr. 20

PLAN GÉNÉRAL DE MARSEILLE, travaux en voie d'exécution, par PÉPIN MALHERBE, 1 feuille. 1 fr.

PLAN ILLUSTRÉ DE LYON et de ses faubourgs. 1 feuille grand colombier, indication des tramways. 2 fr.
LE MÊME, sur colombier, en fil. 1 fr.

LEÇONS PRIMAIRES DE LAVIS DES PLANS. Par M. GILLET-DAMITTE, professeur. In-12. . . . 75 c.

TRAITÉ ÉLÉMENTAIRE DE TOPOGRAPHIE et de lavis des plans, illustré planches coloriées, notions de géométrie, avec gravures, par M. TRIPON, professeur de topographie. 1 vol. in-4, relié . . . . 10 fr.

ATLAS HISTORIQUE, CHRONOLOGIQUE, GÉNÉALOGIQUE ET GÉOGRAPHIQUE, A. LESAGE. 1 v. in-f. demi-reliure, maroq. . 77 fr. 50

DICTIONNAIRE GÉNÉRAL DES SCIENCES THÉORIQUES ET APPLIQUÉES, les mathématiques, la physique et la chimie, la mécanique et la technologie, l'histoire naturelle et la médecine, l'économie rurale et l'art vétérinaire, par PRIVAT DESCHANEL et AD. FOCILLON, 2 forts vol. in-8 32 fr.
Relié. . . . . 40 fr

CONTES GAILLARDS ET NOUVELLES PARISIENNES

Cette Collection illustrée se compose de douze volumes in-12, imprimés avec grand luxe papier vélin teinté, le volume 5 fr.

Chair à plaisir, par L.-V. MEUNIER. Illustrations de A. Ferdinandus. 1 vol.

Joyeux Devis, par Th. MASSIAC. Illustrations de Le Natur. 1 vol.

Le Mal d'aimer, par René MAIZEROY. Illustrations de Courboin. 1 vol.

Le péché d'Eve, par A. SILVESTRE. Illustration de Rochegrosse. 1 vol.

Doux Larcins, par FLIRT. Illustrations de Le Natur. 1 vol.

A Huis-Clos, par Carolus BRIO. Illustrations de Marius Perret. 1 vol.

Mire Lon La, par René MAIZEROY. Illustrat. de Jeanniot. 1 vol.

Miettes d'Amour, par L.-V. MEUNIER. Illustr. de A. Ferdinandus. 1 vol.

Chattes et Renards, par Carolus BRIO. Illustr. de Japhet. 1 vol.

Baisers tristes, par L.-V. MEUNIER. Illustr. de R.-V. Meunier. 1 vol.

Pour se damner, par Jeanne THILDA. Illustr. de Henriot. 1 vol.

Peines de Cœur, par W. O'CANTIN. Illustr. de Elaingre. 1 vol.

ROMANS, CONTES ET NOUVELLES, in-18 3 fr. 50, net 2 fr.

SARQUET (L.). Clara de Valor. 1 vol.

BAROT (ODYSSE). Mme la Présidente. 1 vol. 4e éd.

MONTEREL (CLÉMENT). Filles d'amour. 1 vol.

BAROT. L'inceste. 1 vol.

CLADEL. Deuxième mystère de l'Incarnation. 1 vol.

FERRIÈRES. Mémoires d'un Sceptique. 1 vol.

NICOLARDOT. Confession de Sainte-Beuve. 1 vol.

GUERIN - GINISTY. Les Rastaquouères. 1 vol.

RICHARD. Le Bonapartisme sous la République. 1 vol.

SALES (PIERRE). Abandonnées. 1 vol.

PONS (A.-J.). Coups de plume. 1 vol.

MARCADE. Talleyrand. Prêtre et Evêque. 1 vol.

BONSERGENT. Miette et Broscoco. 1 vol.

— Madame Caliban, illustré par Tofani. 1 vol.

CHAPERON. Nouvelles Parisiennes, illustré par Tofani. 1 vol.

GAUTIER. Isoline et la fleur Serpent, illustré. 1 vol.

HERVIEU. Diogène le Chien, illustré 1 vol.

— La Bêtise parisienne, illustré par VIDAL. 1 vol.

D'HERVILLY (ERNEST). La Dame d'Entremont. Récit du temps de Charles IX, illustré par F. RÉGAMEY. 1 vol.

WELSCHINGER. Ranza. 1 vol.

CHESNEAU. Peintres romantiques. 1 vol.

LAFOND DE ST-MAUR. La Terre natale : Impressions. 1 vol.

MONTEIL. Souvenirs de la Commune (1871). Illustré par TOFANI. 1 vol.

POUGIN. Créateurs de l'Opéra Français : Perrin et Cambert, orné de musique. 1 vol.

BARRACAND. Romans Dauphinois, huit compositions de TOFANI. 1 vol.

HENRI BONHOMME. — Grandes dames et Pécheresses. XVIIIe siècle. 1 vol.

CHARDONNE. Mitsa (mœurs valaques). 1 vol.

CHINCHOLLE. Jours d'Absinthe. 1 vol.

DEMESSE. Un Martyre! 1 vol. — Les Vices de M. Benoit. 1 vol.

GOURDON DE GENOUILLAC. — Au Pays des Neiges. 1 vol.

LABITTE. Le 108e Uhlans. 1 vol.

LEPAGE. Dîners artistiques et littéraires de Paris. 1 vol.

LEVERDIER. — La Joie de mourir. 1 vol.

ROD. — L'autopsie du docteur Z***. 1 vol.

SAUVENIÈRE (ALFRED DE) — Sylvaine de Vitray. 1 vol.

THIERY. — Après la défaite. 1 vol.

THYS. — Les Bonnes Bêtes. 1 vol.

STELLO. Sœur Thècle. — Silvia. — Le fauteuil de ma Grand'Mère. — Spirite. Le domino. — 1 vol.

CADOL. — Cathi. 1 vol.

LEROY. Guide du duelliste indélicat. 1 vol.

MILLANVOYE et ÉTIÉVANT. — Les Coquines. 1 vol.

EMILE DE MOLENES. Le Grand-Bouge. 1 vol.

CAPEFIGUE. — Isabelle de Castille. 1 vol.

— La Comtesse de Cayla 1 vol.

Histoire des quatre fils Aymon, de J. DE CALAIS et de J. DE PARIS. 2 vol.

Histoire de Fortunatus et Histre des Enfants de Fortunatus. 1 vol.

Histoire de Robert le Diable, suivie de Richard sans peur, de Pierre de Provence et de la Belle Maguelonne. 1 vol.

MULLER (N.). — L'Ange de Pouliguen. 1 vol.

POUJOULAT. — Lettres sur Bossuet. 1 vol.

TESTE. Notes sur Rome et l'Italie. 1 vol.

TESTUT. Le Livre bleu de l'Internationale, rapports et documents officiels sur le Conseil de Londres et des délégués de l'Internationale. 1 vol.

TEXIER. Lettres sur l'Angleterre. 1 vol.

MAURIE et DUBRUYANT. Les Mésalliances du Cœur. Marie Besson. 1 vol.

GARIN LE LOHERAIN. — Chanson de Geste, composée au XIIe siècle par JEAN DE FLAGY, mise en nouveau langage par A. PAULIN. Paris, 1 vol.

ÉMILE BERGERAT. — Mes Moulins. 1 vol.

CLÉMENT PRIVÉ. — Nouvelles. Le violoncelle. Les cent sous de Fosette. — Le crime de Sainte Sévère. — Silhouettes campagnardes. 1 vol.

TEURY DE BLOCK. — Les douze Travaux d'Ursule. 1 vol.

ŒUVRES DE P.-J. PROUDHON

De la Célébration du dimanche. 1 vol. .... 75 c.

Résumé de la Question sociale. Banque d'échange, 1 vol. **1** fr. **25**

Intérêt et principal, discussion entre *Proudhon* et *Bastiat*. 1 v. **1** fr. **50**

Idée générale de la Révolution au XIXe siècle. 1 volume..... **3** fr.

La Révolution sociale démontrée par le coup d'État. 1 vol. **2** fr. **50**

Des Réformes à opérer dans l'exploitation des Chemins de fer, et des conséquences. 1 vol. **3** fr. **50**

Proposition relative à l'impôt sur le revenu. 1 volume...... **75** c.

LAMENNAIS. **Essai sur l'Indifférence en matière de religion.** 4 vol. in-8................ **20** fr.

— **Esquisse d'une philosophie.** 4 vol. in-8........................ **20** fr.

— **Amschaspands et Darvands.** 1 vol. in-8.................. **2** fr.

— **Discussions critiques.** 1 vol. in-8...................... **1** fr.

— **Correspondance,** notes et souvenirs de l'auteur, 1818 à 1840. 1859. 2 vol. in-8...................... **10** fr.

ROBERTSON, œuvres complètes, notice, par BUCHON. 2 v. gr. in-8. **20** fr.

MACHIAVEL, œuvres complètes, notices, par BUCHON. 2 vol. gr. in-8. **20** fr.

L'ITALIE CONFÉDÉRÉE, Histoire de la campagne de 1859, par AMÉDÉE DE CÉSENA. 4 volumes grand in-8, illustrés.................... **24** fr.

CAMPAGNE DE PIÉMONT ET DE LOMBARDIE, par LE MÊME. 1 vol. gr. in-8 illustré........ **15** fr.

HISTOIRE D'ITALIE, depuis les premiers temps jusqu'à nos jours, par BOTTA. 3 vol. in-8 .... **21** fr.

LAMARTINE. Histoire de la Révolution de 1848. 2 vol. in-8. **12** fr.

LAMARTINE. Raphaël, pages de la 20e année. 2e éd. 1 v. in-8.. **5** fr.

— **Histoire de la Russie,** par LE MÊME. 2 vol. in-8......... **10** fr.

COUR MARTIALE DU SERASKERAT, procès de SULEIMAN PACHA, portraits et cartes, par A. LE FAURE. 1 v. gr. in-8. **7** fr. **50**

TRAITÉ ÉLÉMENTAIRE DE MINÉRALOGIE, p[r] BEUDANT. 2 vol. in-8, 1,500 pages. — 24 planches. — 4,000 sujets.— Paris, Verdière, net, **6** fr.

TABLEAU DE LA LITTÉRATURE ESPAGNOLE. Depuis le XIIe siècle jusqu'à nos jours, M.-F. PIFFERRER. 1 vol. Net ...... **3** fr.

CASTERA. Histoire de Catherine II, Impératrice de Russie. 4 vol. **10** fr.

ÉTUDES SUR L'HISTOIRE DES ARTS. Des progrès et de la décadence de la statuaire et de la peinture antiques, la Grèce et l'Italie, par P.-T. DECHAZELLE. 2 v. in-8. **6** fr.

DE L'UNITÉ SPIRITUELLE ou de la Société et de son but au delà du temps, par BLANC DE SAINT-BONNET. 2e édit. 3 forts vol. in-8.... **24** fr.

DANAÉ, par GRANIER DE CASSAGNAC. 1 vol. in-8 .... **2** fr. **50**

COURS COMPLET DE LANGUE ESPAGNOLE

Par l'abbé PEDRO MARIA DE TORRECILLA. 4 vol. in-8....... **19** fr. Net. **15** fr.

Grammaire complète de la langue espagnole d'après celle de l'Académie de Madrid, complément pour les éléments de la poétique. 1 vol. **6** fr.

Texte grammatical espagnol, indicateur et une liste alphabétique des mots du texte classés par ordre. 1 v. **3** fr.

Exercices pour l'application du texte à la grammaire et pour le génie comparé des deux langues. 1 vol................... 6 fr.

Lexicologie espagnole. Traité de la formation des racines et des familles des mots espagnols. 1 vol..... **4** fr.

HISTORIA DE GIL BLAS DE SANTILANA. Traducida por el P. ISLA. Bella edicion con laminas de acero. 1 tome in-8....... **7** fr. **50**

— MÊME OUVRAGE. 1 vol. in-18. **5** fr.

EL INGENIOSO HIDALGO DON QUIJOTE DE LA MANCHA. Edicion conforme a la ultima corregida por la Academia espanola. Un tomo en 8. *Con retrato y laminas*.. **10** fr.

— MÊME OUVRAGE. 1 v. in-18. **5** fr.

LE MIE PRIGIONI. Memorie di SILVIO PELLICO da Saluzzo, con ritratto ill. In-18............ **2** fr.

— MÊME ÉDITION augm. du *Devoir des hommes*. 1 vol. in-18......... **3** fr.

IL VERO SEGRETARIO ITALIANO, o guida a scrivere ogni sorta di lettere, per cura di B. MELZI. 1 v. grand in-18 jésus............ **2** fr.

IL NUOVISSIMO SEGRETARIO ITALIANO, o guida a scrivere ogni sorta di lettere, per cura di B. MELZI. 1 vol. grand in-18 jésus.. **1** fr. **50**

NUOVISSIMA SCELTA DI PROSE ITALIANE. Tratte da più celebri autori antichi e moderni, con brevi notizie sopra la vita e gli scritti di ciascheduno, per uso de dilettanti della lingua italiana, da TOLA. 1 gr. in-18.................... **1** fr. **50**

PRINCIPES DE GÉOLOGIE

Ou illustrations de cette science empruntés aux changements modernes que la Terre et ses Habitants ont subis, par CHARLES LYELL, baronnet, traduit de l'anglais, sur la 10e édition, par M. Jules Ginestou. 2 volumes in-8.............. 25 fr.

ÉLÉMENTS DE GÉOLOGIE

Ou Changements anciens de la terre et de ses habitants, tels qu'ils sont représentés par les monuments géologiques, par LE MÊME. Traduit de l'anglais par M. GINESTOU. 6e édition, augmentée, illustrée 770 grav. 2 beaux vol. in-8. 20 fr.

ABRÉGÉ DES

ÉLÉMENTS DE GÉOLOGIE

Par le même. Traduit par M. Jules Gineston. Ouvrage illustré de 644 grav. 1 fort volume grand in-18 jésus...................... 10 fr.

GUIDE DU SONDEUR

Ou traité théorique et pratique des sondages, par MM. DEGOUSÉE et CH. LAURENT, ingénieurs civils, fabricants d'équipages de sonde, entrepreneurs de sondages. 2 forts volumes in-8. Gravures dans le texte et accompagné d'un Atlas de 62 planches grav. sur acier. 30 fr.

COURS ÉLÉMENTAIRE

D'HISTOIRE NATURELLE

A l'usage des lycées et des maisons d'éducation, rédigé conformément au programme de l'Université. 3 forts vol. in-12. 2,000 figures intercalées dans le texte. Le cours comprend :

Zoologie, par M. MILNE EDWARDS, membre de l'Institut, professeur au Jardin des Plantes. 1 vol..... 6 fr.

Botanique, par M. A. DE JUSSIEU, de l'Institut, professeur au Jardin des Plantes. 1 vol.................. 6 fr.

Minéralogie et Géologie, par M. F.-S. BEUDANT, de l'Institut, inspecteur gén. des études. 1 vol. 6 fr.

La Géologie seule. 1 volume. 4 fr.

GÉOLOGIE

Par M. E-B. DE CHANCOURTOIS. 1 volume...................... 1 fr. 25

COURS ÉLÉMENTAIRE DE CHIMIE

Par V. REGNAULT, de l'Institut, directeur de la Manufacture nationale de Sèvres. 4 vol. in-18, 700 fig., 5e édit.. 20 fr.

TRAITÉ DE

MÉCANIQUE RATIONNELLE

Éléments de mécanique exigés pour l'admission à l'Ecole polytechnique et toute la partie théorique du cours de mécanique et machines de cette école, par M. DELAUNAY. 6e édition, 1 vol. in-8.......................... 8 fr.

COURS ÉLÉMENTAIRE DE

MÉCANIQUE THÉORIQUE & APPLIQUÉE

A l'usage des Facultés, des établissements d'enseignement secondaire, des écoles normales et des écoles industrielles, par le MÊME. 1 vol. in-8 illustré, 551 figures. 9e édition.................. 8 fr.

COURS ÉLÉMENTAIRE D'ASTRONOMIE

Concordant avec les articles du programme officiel pour l'enseignement de la cosmographie dans les lycées, par le MÊME. 1 vol. in-18, illustré de planches en taille-douce, vignettes. 6e édit. 7 fr. 50

NOTIONS ÉLÉMENTAIRES DE

MÉCANIQUE RATIONNELLE

A l'usage des candidats à l'Ecole forestière et à l'Ecole navale, des aspirants au baccalauréat ès-sciences et au certificat de capacité des sciences appliquées, par M. G. PINET, inspecteur des études à l'Ecole polytechnique. 1 vol. in-18................... 3 fr.

TRAITÉ D'ASTRONOMIE

Appliquée à la géographie et à la navigation, par EMM. LIAIS, astronome, auteur de l'*Espace céleste*. 1 fort vol. gr. in-8........................ 10 fr.

POMOLOGIE FRANÇAISE

Recueil des plus beaux fruits cultivés en France, magnifiques gravures, avec un texte descriptif et usuel, rédigé par M. A. POITEAU, botaniste, membre des Sociétés d'agriculture de la Seine, etc., ancien jardinier en chef du château de Fontainebleau et des pépinières de Versailles. Chaque livraison, planche noire, 421 livraisons à 75 cent.

Planche imprimée en couleur et retouchée au pinceau, 421 livraisons à. 1 fr. 50

Complet en 4 forts vol. in-folio, figures noires...................... 315 fr.

Même ouvrage colorié........ 630 fr.

DE L'EXPLOITATION DES CHEMINS DE FER

Leçons faites à l'Ecole nationale des ponts et chaussées par F. JACQMIN, directeur de la Compagnie des chemins de fer de l'Est. 2 vol. in-8 cavalier. 16 fr.

LES MACHINES A VAPEUR

Leçons faites à l'Ecole nationale des ponts et chaussées, par LE MÊME. 2 forts vol. grand in-8 cavalier..... 16 fr.

TRAITÉ ÉLÉMENTAIRE

DES CHEMINS DE FER

Par AUGUSTE PERDONNET. 3e édition, considérablement augmentée. 4 très forts volumes in-8, avec 1,100 figures, tableaux, etc.................. 70 fr.

PARIS. — SOC. ANON. DE PUBL. PÉRIOD. P. MOUILLOT IM 15879

www.ingramcontent.com/pod-product-compliance
Ingram Content Group UK Ltd.
Pitfield, Milton Keynes, MK11 3LW, UK
UKHW020153250726
13967UKWH00003B/1034